全国住房和城乡建设职业教育教学指导委员会规划推荐教材

流体力学泵与风机

（第三版）

张艳宇 主 编

白 桦 主 审

中国建筑工业出版社

图书在版编目（CIP）数据

流体力学泵与风机/张艳宇主编. — 3 版.
北京：中国建筑工业出版社，2024.9. —（全国住房
和城乡建设职业教育教学指导委员会规划推荐教材）.
ISBN 978-7-112-30003-7

Ⅰ. O35；TH3

中国国家版本馆 CIP 数据核字第 2024UX5044 号

本教材结合专业特点，注重以技能培养为特色，深入浅出地介绍了流体力学泵
与风机的基本概念、基本原理及其在工程中的应用，具有一定的针对性和适用性。
全书包括：绪论，流体静力学，一元流体动力学，流动阻力与能量损失，管路计
算，孔口、管嘴出流和气体射流，流体测量，离心式泵与风机的构造与理论基础，
离心式泵与风机的运行分析与选择，其他常用泵与风机。

本教材适用于供热通风与空调工程技术专业，亦可作为建筑设备工程技术
等相近专业的高等职业教育教学参考书，并可供从事相关专业的工程技术人员
学习参考。

为了便于本课程教学，作者自制免费课件资源，索取方式为：1. 邮箱：jckj@
cabp. com. cn；2. 建筑设备 QQ 服务群：622178184。

* * *

责任编辑：司　汉　齐庆梅
责任校对：赵　力

全国住房和城乡建设职业教育教学指导委员会规划推荐教材
流体力学泵与风机(第三版)
张艳宇　主　编
白　桦　主　审

*

中国建筑工业出版社出版、发行(北京海淀三里河路 9 号)
各地新华书店、建筑书店经销
北京红光制版公司制版
北京中科印刷有限公司印刷

*

开本：787 毫米×1092 毫米　1/16　印张：16¾　字数：415 千字
2024 年 9 月第三版　　2024 年 9 月第一次印刷
定价：**48.00** 元(赠教师课件)
ISBN 978-7-112-30003-7
(42794)

第三版前言

本教材自 2005 年第一版出版以来，截至目前已印刷二十七次。该教材在高等职业教育人才培养中发挥了很好的引领和示范作用，对培养高素质的技能型人才起到了积极作用。为了更好地开展教学，适应当前高职教育的需要，秉承培养高素质技能型人才的宗旨，对本教材进行了修订。

本次修订保持了前一版的基本内容和特色，考虑教材的延续性和目前的教学现状，修订中仍按照以应用为目的，以必须够用为度，以讲清概念、强化应用为教学重点的原则，精选教学内容。全书注意减少数理论证，着重于基本理论、基本概念的理解和基本原理的应用，不追求体系完整和内容全面，注重针对性、实用性和先进性，紧紧围绕专业和工程实际，培养学生学习和应用能力；同时注重与相关课程的关联融合，明确知识点的重点和难点。此外，本教材充分挖掘课程的思政资源，将课程思政巧妙融入教学内容，为每一章节提出了素质目标和切入点，帮助教师在教学过程中贯彻"立德树人"。

本教材尝试打破传统纸质教材局限，以二维码为载体，嵌入部分教学微课视频，满足目前读者碎片化、互动式、主动性学习的新需求。

本教材由江苏建筑职业技术学院张艳宇编写绪论、教学单元 2、教学单元 3，江苏建筑职业技术学院刘红侠编写教学单元 4，内蒙古建筑职业技术学院郭雪梅、李丽春共同编写教学单元 5、教学单元 6，内蒙古建筑职业技术学院王晓博编写教学单元 8、教学单元 9，山西工程科技职业大学崔毅编写教学单元 1，山西工程科技职业大学雒俐暖编写教学单元 7。教材由张艳宇、刘红侠、郭雪梅、吕艳联合审定，张艳宇统稿定稿。各教学单元中涉及的工程案例、例题和习题由内蒙古城市规划市政设计研究院有限公司李凤祥、中核第七研究设计院有限公司王甜、中建安装集团有限公司南京公司王勤虎编写。张艳宇和刘红侠老师完成了本教材数字资源微课的录制工作。

本教材第一版、第二版由江苏建筑职业技术学校白桦老师为主编，为教材奠定良好的基础，起到了重要作用。本次再版由白桦老师担任主审，分别对本教材编写大纲和书稿做了认真仔细的审读，并提出了许多很有见地的宝贵意见与建议。

本教材编写过程中，参考并引用了很多实际工程案例、技术资料和研究成果，在此一并表示感谢！

目录

教学单元 3

教学单元 4

教学单元 5

教学单元 6

教学单元 7

教学单元 8

教学单元 9

参考文献

绪论

【教学目标】通过本单元教学，使学生熟知流体力学的学科定义及其研究对象、应用、学习方法，掌握流体的主要力学性质，了解作用在流体上的力和流体的力学模型。

【素质目标】结合流体力学发展简史，了解中华古文明，增强民族自豪感以及爱国主义情感，树立为国家强盛而奋斗的家国情怀；结合流体力学在专业中的应用，建立专业认同感；结合汽蚀现象，树立严谨的工程质量意识和专业责任感。

0.1 概　　述

0.1.1 流体力学及其研究对象

0-1

流体力学的发展史

流体力学是一门应用性广、基础性强的学科。它研究的对象主要是流体的内部及其与相邻固体和其他流体之间的动量、热量及质量的传递和交换规律，这个问题不仅广泛存在于自然界和各种工程技术中，而且随着生产的发展、科学技术的进步和人民生活的改善，还在不断扩大、充实、更新和提高。

流体是气体和液体的总称。在人们的生活和生产活动中随时随地都可遇到流体，所以流体力学是与人类日常生活和生产事业密切相关的。大气和水是最常见的两种流体，大气包围着整个地球，地球表面约70%是水面。大气运动、海水运动（包括波浪、潮汐、涡旋、环流等）乃至地球深处熔浆的流动都是流体力学的研究内容。

除水和空气以外，流体还包括作为汽轮机工作介质的水蒸气、润滑油、地下石油、含泥沙的江水、血液、超高压作用下的金属和燃烧后产生成分复杂的气体、高温条件下的等离子体等。气象、水利的研究，船舶、飞行器、叶轮机械和核电站的设计及其运行，可燃气体或炸药的爆炸，以及天体物理的若干问题等，都广泛地用到流体力学的知识。许多现代科学技术所关心的问题既受流体力学的指导，又促进了它不断地发展。1950年后，电子计算机的发展又给予流体力学以极大的推动。

流体力学是力学的基本原理在液体和气体中的应用。力学原理包括质量守恒、能量守恒和牛顿运动定律。流体力学的基本内容可以分为：研究流体处于平衡状态时的压力分布和对固体壁面作用的流体静力学；研究不考虑流体受力和能量损失时的流体运动速度和流线的流体运动学；研究流体运动过程中产生和施加在流体上的力和流体运动速度与加速度之间关系的流体动力学。

0.1.2 流体力学的应用

流体及流体力学现象充斥在我们生活的各个方面，如云彩的飘浮、鸟的飞翔、水的流动、天气变化、管道内液体的流动、风道内气体的流动、空气阻力和升力、建筑物上风力的作用、土壤内水分的运动、石油通过地质结构的运动等，都存在于我们日常生活及生产各个方面；血液在血管中的流动，心、肺、肾中的生理流体运动和植物中营养液的输送等使流体力学与生物工程和生命科学相联系；水从地下、湖泊或河流中用泵输送到每家每户的供水系统，再进入废水的排放系统，液体和气体燃料送到炉膛内燃烧产生热水或蒸汽用于供热的供热系统或产生动力的动力系统，将流体携带热量从低温送到高温空气中的制冷系统，在炎热的夏季将室内热量送到室外的制冷与空调系统，废液和废气的处理与排放系统等，使流体力学现象与日常生活密切相关；城市水处理厂、发电厂以及家用电器等等都表明了流体力学及现象无处不在；飞机、船舶和汽车的设计不仅要求它们能够在流体中保持平衡，即使在恶劣的天气下也不会损坏，而且还要求消耗最小的能量以获得最快的速度，所有这些都说明流体力学在工程技术及高新技术领域得到广泛应用。所以说流体力学是动力工程、建筑工程、环境工程、水利工程、机械工程、石油和化学工程、航空航天工程以及生物工程等诸多领域研究和应用的最基础的学科之一。因此，从事与流体流动相关的研究和工程应用的技术人员都应该或必须了解流体力学的基本原理及应用。在供热通风与空调及燃气工程技术专业中，流体力学是一门重要的专业基础课。专业中的供热、供冷、通风除尘、空气调节、给水排水及燃气输配等，都是以流体作为工作介质，应用它们的物理特性、平衡和运动规律，将它们有效组织起来应用于这些技术工程中的。因此，只有学好流体力学才能对专业中的流体力学现象作出科学的定性分析及精确的定量计算；才能正确地解决工程中所遇到的流体力学方面的测试、运行、管理及设计计算等问题。

0.1.3　流体力学的学习

首先，流体力学包含很多内容，在分析和讨论时必须对内容做一定限定，分清研究对象和适用条件。

学习流体力学时需要注意力学原理的应用，把握质量守恒、能量守恒、动量守恒和热力学定律在流体中应用的形式。流体力学中许多理论和概念是建立在这些基本原理和定律以及实验观察之上的。

学习流体力学还要注意从简单的典型事例逐步发展到更为普通的方程和更为复杂的问题，从最初的了解、产生兴趣逐步发展到用流体力学知识进行工程分析和计算。人们每天观察到的液体和气体流动是非常复杂和多变的，通过学习流体力学就可以知道在一个给定条件下将会发生什么并且知道为什么会发生。

流体力学是理论、经验和实验的结合，从事实际应用的工程技术人员，在工程系统的设计和应用中，必须了解使用流体的特性，做到理论和经验数据的统一，并且对两者都能够应用自如。流体力学只能在最简单的流体动力学条件下进行精确的数学求解，但是这个解可能不是唯一的，可能与实际情况不对应，所以需要同时用理论和实验来阐述，还要通过一定的实验观察和适当的公式与应用，这是工程技术人员解决问题的途径。

总之，在学习流体力学中，要注意基本概念、基本原理和基本方法的理解与掌握，只有深刻地理解流体力学原理和掌握这些原理的应用方法才能够解决工程实际中遇到的各种流动问题。所以，将流体力学理论应用到工程实际中是流体力学学习的基本目的之一。

本教材采用国际单位制。学习和应用时，应注意与工程单位制的换算。掌握换算的基本关系——1kgf＝9.807N。

0.2 流体的主要力学性质

流体与固体不同，固体分子通常比较紧密，由于分子间引力很大而使其保持形状。而流体分子间引力小，分子间黏附力小，不能够将流体的不同部分保持住，因此流体没有一定的形状。流体在非常微小的切向力作用下将会流动，并且只要切向力存在流动必将持续，因此流动性是流体最基本的特性。这是它便于用管道、渠道进行输送，适宜做供热、供冷等工作介质的主要原因。

流体中气体分子间距比液体大，气体容易被压缩，当外部压力去除时，气体将不断膨胀，因此，气体只有在完全封闭时才能保持平衡。液体相比较而言是不易被压缩的，如果去除所有的压力，除了其自身具有的蒸汽压力外，分子间的黏附力使其保持在一起，因此，液体不能无限地膨胀。液体有自由表面，即有其蒸汽压力的表面。

本教材中，除了特殊情况外，一般不严格区分液体和气体，统称为流体。因为它们具有相同的行为和现象。现在介绍与流体运动密切相关的主要的流体性质。

0.2.1 惯性和重力特性

惯性是流体保持原有运动状态的性质。质量是用来度量物体惯性大小的物理量，质量愈大，惯性也就愈大。流体和固体一样，也具有质量。通常用密度来表示其特征。

单位体积流体的质量称为流体密度，以符号 ρ 表示，单位是 kg/m^3。对于均质流体，其密度的定义为：

$$\rho = \frac{m}{V}$$

式中 V——流体的体积，m^3；

m——流体的质量，kg。

密度对流体的影响主要体现在单位体积流体的惯性力和加速度的大小。低密度流体，如气体，惯性力小，达到相同加速度时需要的力小。因此，物体在空气中的运动比在液体（如水）中的运动要容易，同样提升相同容积的空气比水要容易得多。

流体处于地球引力场中，它所受的重力是地球对流体的引力。

单位体积流体的重量称为流体的重度，以符号 γ 表示，单位是 N/m^3，对于均质流体，其重度的定义为：

$$\gamma = \frac{G}{V}$$

式中 V——流体的体积，m^3；

G——流体的重量，N。

流体处在地球引力场中，所受引力即重力为 $G＝mg$，故密度与重度的关系为：

$$\gamma = \rho g$$

常用流体的密度和重度见表 0-1。

常用流体的密度和重度（标准大气压下） 表 0-1

名称	水	水银	纯乙醇	煤油	空气	氧	氮
密度（kg/m³）	1000	13590	790	800～850	1.2	1.43	1.25
重度（N/m³）	9807	133277	7748	7846～8336	11.77	14.02	12.26
测定温度（℃）	4	0	15	15	20	0	0

0.2.2 压缩性和热胀性

压缩性是指流体在压力的作用下，改变自身体积的特性。

热胀性是指流体在溶度变化下，改变自身体积的特性。

1. 液体的压缩性和热胀性

液体的压缩性用压缩系数 β 表示。在一定温度下，液体原有的体积为 V，在压强增量 $\mathrm{d}p$ 作用下，体积改变了 $\mathrm{d}V$，则压缩系数为：

$$\beta = -\frac{\mathrm{d}V/V}{\mathrm{d}p} \quad \mathrm{m^2/N}$$

或

$$\beta = \frac{\mathrm{d}\rho/\rho}{\mathrm{d}p}$$

式中的负号是由于 $\mathrm{d}p>0$，$\mathrm{d}V<0$，为使压缩系数为正值而加的。

压缩系数的倒数为液体弹性模量，用 E 表示。即：

$$E = \frac{1}{\beta} = \rho\frac{\mathrm{d}p}{\mathrm{d}\rho} = -V\frac{\mathrm{d}p}{\mathrm{d}V} \quad \mathrm{N/m^2}$$

β 值愈大或 E 愈小，则液体的压缩性也愈大。

表 0-2 为 0℃时水在不同压强下的压缩系数。

0℃时水在不同压强下的压缩系数 表 0-2

压强（kPa）	500	1000	2000	4000	8000
压缩系数（m²/N）	0.538×10^{-9}	0.536×10^{-9}	0.531×10^{-9}	0.528×10^{-9}	0.515×10^{-9}

从表中可以看出，水的压缩系数是很小的。如压强从 4000kPa 增加到 8000kPa 时相对体积的变化为：

$$-\frac{\Delta V}{V} = \beta\Delta p = 0.515\times10^{-9}\times(8000-4000)\times10^3 = 0.21\times10^{-2}$$

该数值表明，此时水的相对体积的变化大约为 0.2%。所以工程上一般可将液体视为不可被压缩的，即认为液体的体积（或密度）与压力无关。但在瞬间压强变化很大的特殊场合（如单元 4 讨论的水击问题），则必须考虑水的压缩性。

液体的热胀性可用热胀系数 α 来表示。在一定的压力下，液体原有的体积为 V，当温度升高 $\mathrm{d}T$ 时，体积变化为 $\mathrm{d}V$，则热胀系数为：

$$\alpha = \frac{\mathrm{d}V/V}{\mathrm{d}T} \quad \mathrm{1/K}$$

或
$$\alpha = -\frac{\mathrm{d}\rho/\rho}{\mathrm{d}T}$$

式中的负号是由于 $\mathrm{d}T>0$，$\mathrm{d}\rho<0$，为使热胀系数为正值而加的。

表 0-3 列举了水在（一个大气压下）不同温度时的重度及密度。

水的重度及密度（一个大气压下）　　　　　　表 0-3

温度 （℃）	重度 （N/m³）	密度 （kg/m³）	温度 （℃）	重度 （N/m³）	密度 （kg/m³）	温度 （℃）	重度 （N/m³）	密度 （kg/m³）
0	9806	999.9	20	9790	998.2	60	9645	983.2
1	9806	999.9	25	9778	997.1	65	9617	980.6
2	9807	1000	30	9755	995.7	70	9590	977.8
3	9807	1000	35	9749	994.1	75	9561	974.9
4	9807	1000	40	9731	992.2	80	9529	971.8
5	9807	1000	45	9710	990.2	85	9500	968.7
10	9805	999.7	50	9690	988.1	90	9467	965.3
15	9799	999.1	55	9657	985.7	100	9399	958.4

水的密度在 4℃时具有最大值，高于 4℃后，水的密度随温度升高而下降，液体热胀性非常小，表 0-3 中，温度升高 1℃时，水的密度降低仅为万分之几。因此，一般工程中也不考虑液体的热胀性。但在热水供暖工程中，需考虑水的热胀性，在供暖系统中设置膨胀水箱。

2. 气体的压缩性和热胀性

压强和温度的改变对气体密度的影响很大，当实际气体远离其液态时，这些气体可以近似地看作理想气体。理想气体的压力、温度、密度间的关系应服从理想气体状态方程：

$$\frac{p}{\rho} = RT$$

式中　p——绝对压强，Pa；

　　　T——绝对温度，K；

　　　ρ——密度，kg/m³；

　　　R——气体常数，其值取决于不同的气体，$R=\dfrac{8314}{n}$，n 为气体的分子量，对于空气 R 为 287N·m/（kg·K）。

理想气体从一个状态到另一个状态下的压强、温度和密度间的关系为：

$$\frac{p_1}{\rho_1 T_1} = \frac{p_2}{\rho_2 T_2}$$

对压强不变的定压情况，则 $p_1=p_2$，状态方程为：

$$\rho_1 T_1 = \rho_2 T_2 \tag{0-1}$$

式（0-1）表明，气体的密度与温度成反比关系。即温度增加，体积增大，密度减小；反之，温度降低，体积缩小，密度增大。这里应指出，当气体的温度降低到气体液化温度时，式（0-1）的规律就不再适用了。

表 0-4 中，列举了空气在［标准大气压（760mmHg）下］不同温度时的重度及密度。

空气的重度及密度（标准大气压下）　　　　　　　　　　表 0-4

温度 (℃)	重度 (N/m³)	密度 (kg/m³)	温度 (℃)	重度 (N/m³)	密度 (kg/m³)	温度 (℃)	重度 (N/m³)	密度 (kg/m³)
0	12.70	1.293	25	11.62	1.185	60	10.40	1.060
5	12.47	1.270	30	11.43	1.165	70	10.10	1.029
10	12.24	1.248	35	11.23	1.146	80	9.81	1.000
15	12.02	1.226	40	11.05	1.128	90	9.55	0.973
20	11.80	1.205	50	10.72	1.093	100	9.30	0.947

对温度不变的等温情况，则 $T_1 = T_2$，状态方程为：

$$\frac{p_1}{\rho_1} = \frac{p_2}{\rho_2} \tag{0-2}$$

式（0-2）表明，气体的密度与压强成正比关系。即压强增加，体积缩小，密度增大。根据这个关系，如果使气体密度增大一倍，则需使压强也增大一倍。但是，气体密度存在一个极限值，当压强增加到使气体密度增大到这个极限值时，若再增大压强，气体的密度也不会再增加，这时，式（0-2）不再适用。对应极限密度下的压强为极限压强。

气体虽然是可以压缩和热胀的，但是具体问题也要具体分析。对于气体速度较低（远小于音速）的情况，在流动过程中压强和温度的变化较小，密度仍可以看作常数，这种气体称不可压缩气体。在供热通风工程中，所遇到的大多数气体流动，都可当作不可压缩气体看待。

0.2.3 黏滞性

流体的黏滞性

黏滞性是流体固有的、有别于固体的主要物理性质。当流体相对于物体运动时，流体内部质点间或流层间因相对运动而产生内摩擦力（切向力或剪切力）以反抗相对运动，从而产生了摩擦阻力。这种在流体内部产生内摩擦力以阻抗流体运动的性质称为流体的黏滞性，简称黏性。

为了说明流体的黏滞性，现分析两块忽略边缘影响的无限大平板间的流体。如图 0-1 所示，平板间距离为 δ，中间充满了流体，下平板静止，上平板在力 F 的作用下以速度 u 作平行移动，平板面积为 A。在平板壁面上，流体质点因黏性作用而黏附在壁面上，壁面处流体质点相对于壁面的速度为 0，称为黏性流体的不滑移边界条件。因此，上平板处流体质点的速度为 u，下平板处流体质点的速度为 0，两平板间流体质点速度的变化称为速度分布。如果平板间距离不

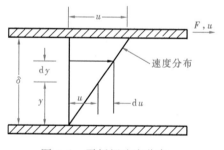
图 0-1　平板间速度分布

是很大，速度不是很高，而且没有流体流入和流出，则平板间的速度分布是线性的。

对于大多数流体，实验结果表明：平板拉力 F 与平板面积 A、平板平移速度 u 成正比，与平板间距离 δ 成反比，即：

$$F \propto \frac{Au}{\delta}$$

根据相似三角形，可以用速度梯度 du/dy 代替 u/δ，并引入与流体性质有关的比例系

数 μ，可以得到任意两个薄平板间的切向应力为：

$$\tau = \frac{F}{A} = \mu\frac{u}{\delta} = \mu\frac{\mathrm{d}u}{\mathrm{d}y} \tag{0-3}$$

式（0-3）称为牛顿内摩擦定律，是常用的黏滞力的计算公式。式中，μ 称为流体动力黏性系数，一般又称为动力黏度，其单位为 N·s/m² 或 Pa·s。不同的流体有不同的 μ 值，μ 值愈大，表明其黏性愈强。

$\frac{\mathrm{d}u}{\mathrm{d}y}$ 项，是流体在垂直其流速方向上的速度梯度，实际上是流体微团的角变形速率。表明黏滞性也具有抵抗角变形速率的能力。

工程问题中还经常用到动力黏度与密度的比值来表示流体的黏滞性，其单位是 m²/s，具有运动学的量纲，故称为运动黏滞系数，以符号 ν 表示。即：

$$\nu = \frac{\mu}{\rho}$$

实际使用中 μ 或 ν 都是反映流体黏滞性的参数。μ 或 ν 值愈大，表明流体的黏滞性愈强。但两个黏滞系数也是有差别的，主要表现在：工程中遇到的大多数流体的动力黏性系数与压力变化无关，只是在较高的压力下，其值略高一些。但是气体的运动黏度随压力显著变化，因为其密度随压力变化。因此，如果要确定非标准状态下的运动黏度可先查得与压力无关的动力黏度，再通过计算得到运动黏度。气体的密度可以由状态方程得到。温度则是影响 μ 和 ν 的主要因素，图 0-2 反映了一般流体的黏性取决于温度的情况。当温度升高时，所有液体的黏性是下降的，而所有

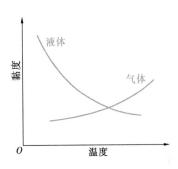

图 0-2　黏度随温度变化趋势

气体的黏性是上升的。原因是黏性取决于分子间的引力和分子间的动量交换。因此，随温度升高，分子间的引力减小而动量交换加剧。液体的黏滞力主要取决于分子间的引力，而气体的黏滞力则取决于分子间的动量交换。所以，液体与气体产生黏滞力的主要原因不同，造成截然相反的变化规律。

表 0-5 列出了水在（一个大气压下）不同温度下的黏性系数。

表 0-6 列出了空气在（一个大气压下）不同温度下的黏性系数。

水的黏性系数（一个大气压下）　　　　　　　　　　　　　　　　表 0-5

温度（℃）	μ（kPa·s）	ν（10^{-6}m²/s）	温度（℃）	μ（kPa·s）	ν（10^{-6}m²/s）
0	1.792	1.792	40	0.656	0.661
5	1.519	1.519	45	0.599	0.605
10	1.308	1.308	50	0.549	0.556
15	1.140	1.140	60	0.469	0.477
20	1.005	1.007	70	0.406	0.415
25	0.894	0.877	80	0.357	0.367
30	0.801	0.804	90	0.317	0.328
35	0.723	0.727	100	0.284	0.296

空气的黏性系数（一个大气压下）   表 0-6

温度（℃）	μ（kPa·s）	ν（$10^{-6}\,\mathrm{m^2/s}$）	温度（℃）	μ（kPa·s）	ν（$10^{-6}\,\mathrm{m^2/s}$）
0	0.0172	13.7	90	0.0216	22.9
10	0.0178	14.7	100	0.0218	23.6
20	0.0183	15.7	120	0.0228	26.2
30	0.0187	16.6	140	0.0236	28.5
40	0.0192	17.6	160	0.0242	30.6
50	0.0196	18.6	180	0.0251	33.2
60	0.0201	19.6	200	0.0259	35.8
70	0.0204	20.5	250	0.0280	42.8
80	0.0210	21.7	300	0.0298	49.9

最后需指出：牛顿内摩擦定律不是对所有流体都适用，有些特殊的流体不满足牛顿内摩擦定律，如人体中的血液、油漆、黏土和水的混合溶液等。对这些流体称为非牛顿型流体。能满足牛顿内摩擦定律的流体称为牛顿型流体，如水、空气和许多润滑油等。本课程仅涉及牛顿型流体的力学问题。

【例题 0-1】 如图 0-3 所示，在两块相距 20mm 的平板间充满动力黏度为 0.065N·s/m² 的油，如果以 1m/s 的速度拉动距上平板 5mm 处，面积为 0.5m² 的薄板，求所需要的拉力大小（5mm=0.005m、15mm=0.015m）。

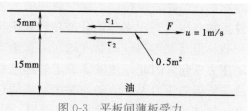

图 0-3　平板间薄板受力

【解】$\tau = \mu \dfrac{\mathrm{d}u}{\mathrm{d}y} \approx \mu \dfrac{u}{\delta}$

$$\tau_1 = 0.065 \times \frac{(1-0)}{0.005} = 13\mathrm{N/m^2}$$

$$\tau_2 = 0.065 \times \frac{(1-0)}{0.005} = 4.33\mathrm{N/m^2}$$

$$F = (\tau_1 + \tau_2)A = (13 + 4.33) \times 0.5 = 8.665\mathrm{N}$$

0.2.4　汽化压强

所有液体都会蒸发或沸腾，将它们的分子释放到表面外的空间中。这样宏观上，在液体的自由表面就会存在一种向外扩张的压强（压力），是使液体沸腾或汽化的压强，这种压强就称为汽化压强（或汽化压力）。因为液体在某一温度下的汽化压强与液体在该温度下的饱和蒸汽压所具有的压强对应相等，所以液体的汽化压强又称为液体的饱和蒸汽压强。

分子的活动能力随温度升高而升高，随压力升高而减小，汽化压强也随温度升高而增大。水的汽化压强与温度的关系见表 0-7。

在任意给定的温度下，如果液面的压力降低到低于饱和蒸汽压力时，蒸发速率迅速增加，称为沸腾。因此，在给定温度下，饱和蒸汽压力又称为沸腾压力，在涉及液体的工程中非常重要。

水在不同温度下的汽化压强　　　　　　　　　　表 0-7

温度 (℃)	汽化压强 (kPa)	温度 (℃)	汽化压强 (kPa)	温度 (℃)	汽化压强 (kPa)
0	0.61	30	4.24	70	31.16
5	0.87	40	7.38	80	47.34
10	1.23	50	12.33	90	70.10
20	2.34	60	19.92	100	101.33

液体在流动过程中，当液体与固体的接触面处于低压区，并低于汽化压强时，液体产生汽化，在固体的表面产生很多气泡；若气泡随液体的流动进入高压区，气泡中的气体便液化，这时，液化过程产生的液体将冲击固体表面。如这种运动是周期性的，将对固体表面造成疲劳并使其剥落，这种现象称为汽蚀。汽蚀是非常有害的，在工程应用时必须避免汽蚀（参见教学单元 8）。

0.3　作用在流体上的力

我们研究流体的平衡和运动规律，除了要了解流体的主要物理性质外，还必须分析作用于流体上的力。力是使流体运动状态发生变化的原因，根据力作用方式的不同，作用在流体上的力可以分为表面力和质量力。

0.3.1　表面力

作用于流体的某一面积上，并与受力面积成正比的力称为表面力。流体的面积可以是流体的自由表面也可以是内部截面积（如图 0-4 所示的隔离体面积 ΔA），因为流体内部几乎不能承受拉力，所以作用于流体上的表面力只可分解为垂直于表面的法向力和平行于表面的切向力。

作用于流体的法向力即为流体的压力，作用于流体的切向力即为流体内部的内摩擦力。

在流体内部，表面力的分布情况可用单位面积上的表面力，即应力来表示。单位面积上的压力称为压应力（或压强），以 p 表示；单位面积上的切向力称为切应力，以 τ 表示。

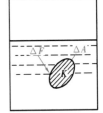

图 0-4　作用在静止液体上的表面力

0.3.2　质量力

作用于流体的每一质点上，并与流体质量成正比的力称为质量力。例如重力场中地球对流体的引力所产生的重力（$G=mg$）、直线运动的惯性力（$F=ma$）和旋转运动中的惯性离心力（$F=mr\omega^2$）等（式中 ω 是角速度）。

质量力常用单位质量力来表示。若某均质流体的质量为 m，所受的质量力为 F，则单位质量力为：

$$f = \frac{F}{m}$$

设 F 在三个空间坐标轴上的分量分别为 F_x、F_y、F_z，则 f 在相应的三个坐标轴上的分量 X、Y、Z 分别可表示为：

$$X = \frac{F_x}{m}, Y = \frac{F_y}{m}, Z = \frac{F_z}{m}$$

单位质量力的单位与加速度的单位相同，即 m/s^2。

0.4　流体的力学模型

客观上存在的流体的流动及其物质结构和物理性质是非常复杂的。如果考虑所有因素，将很难推导出它的力学关系式，为此，在分析研究流体力学问题时，对流体加以科学抽象，建立力学模型，以便列出流体运动规律的数学方程式。下面介绍几个主要的流体力学模型。

0.4.1　连续介质与非连续介质模型

我们知道，流体是由大量的分子构成的，分子与分子间存在空隙。用数学观点分析，流体的物理量在空间上的分布是不连续的，加上分子的随机无规律的热运动，也导致物理量在时间坐标轴上的不连续。但是，流体力学是研究宏观的机械运动（无数分子总体的力学效果），而不是研究微观的分子运动。作为研究单元的质点，也是由无数的分子所组成，并且有一定的体积和质量。因此，可以把流体视为由无数质点组成的没有空隙的连续体，并认为流体的各物理量的变化也是连续的，这种假设的连续体称为连续介质。

把流体视为连续介质，可应用高等数学中的连续函数来表达流体中各种物理量随空间、时间的变化关系。

一般情况下，连续介质假设是合理的。在某些特殊问题中，当所研究问题的尺寸小于或相当于流体分子间距离时，流体就不能看作连续介质。

本课程所涉及的流体力学问题，都是连续介质模型。

0.4.2　不可压缩流体与可压缩流体的力学模型

流体通常可以处理成密度随压力变化的可压缩流体和不随压力变化、密度恒定的不可压缩流体。虽然没有绝对的不可压缩流体，但是当密度随压力变化很小，密度变化可以忽略不计时，可将流体处理成不可压缩流体。

液体通常认为是不可压缩流体。但是当声波即压力波在液体内传递时，液体是可压缩的，如水击（水锤）现象需要考虑液体的压缩性。

当压力变化很小时，气体也可以处理成不可压缩流体。如空气在通风管道内的流动，压力变化很小，密度变化也微不足道，故可视为不可压缩流体。但是当气体或蒸汽以很高的速度在长管内流动时压力降可能非常大，此时不能忽略压力降引起的密度变化，故可视为可压缩流体。

本课程研究的流体力学问题，大多是不考虑流体的压缩性，所用模型是不可压缩流体力学模型。

0.4.3 理想流体与黏性流体（实际流体）的力学模型

一切流体都具有黏性。理想流体通常定义为没有摩擦的流体，也称为无黏性流体。

理想流体内部，即使流体处于运动时，任意一个界面处的力总是与界面垂直，这些力称为压力，即理想流体中只有压力。虽然实际工程中理想流体并不存在，但是许多流体在远离固体表面时可近似地处理成无摩擦的流动。所以假设为理想流体可以更方便地分析流体的流动。如果在某些问题中黏性影响较大而不能忽略摩擦的流体就是实际的流体，称黏性流体。对于实际流体的研究，往往是当作无黏性流体分析，得出主要结论，然后采用实验的方法考虑黏性的影响，加以补充或修正。这种方法在以后的学习中会用到。

以上提出的是三个主要的流体力学模型，以后在分析具体问题时，还会提出其他一些模型。

单 元 小 结

本单元首先对流体力学的学科定义、研究对象、工程应用、学习方法作了概述，然后介绍了流体的基本特征（流动性），阐述了与流体运动相关的几个物理性质，如惯性、重力特性、压缩性、热胀性、黏性等。学习中应该充分理解各物理量的定义及外界因素对其的影响，掌握各物理量的表示方法和相关参数的计算，尤其要切实掌握应用牛顿内摩擦定律的解题方法。理解理想流体、连续介质及不可压缩流体力学模型的内涵，掌握流体力学研究对象和学习的基本方法；了解作用在流体上的力。

思 考 题 与 习 题

1. 流体的密度和重度有何区别和联系？

2. 流体的压缩性与热胀性用什么表示？它们对液体的密度和重度有何影响？

3. 当气体远离液相状态时，可以近似看成理想气体。写出理想气体的状态方程式。当压强和温度改变时，对气体的密度有何影响？

4. 什么是流体的黏滞性？它对流体的运动有何影响？动力黏性系数和运动黏性系数有何区别与联系？液体和气体的黏性随温度的变化相同吗？为什么？

5. 液体汽化压强的大小与液体的温度和外界压强有无关系？根据液体的汽化压强特性，液流在什么条件下会产生不利因素？

6. 可压缩流体与不可压缩流体是怎样定义的？气体和液体的压缩性有什么不同？

7. 如图 0-5 所示，下面三种情况下，试分析水体 A 受哪些表面力和质量力的作用：（1）静止水池；（2）明渠中水流；（3）平面弯道水流。

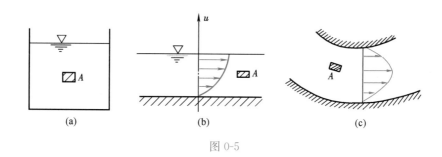

图 0-5

8. 为什么可将流体作为连续介质、不可压缩流体和理想流体处理？分别说明这样对研究流体的运动规律有何意义。

9. 某种液体的密度为 815.5kg/m³，求它的重度。

10. 油的体积为 0.4m³，重量为 350kN，求密度。

11. 求 10m³ 水在以下条件下的体积变化：（1）恒定大气压下温度由 60℃升高到 70℃；（2）温度恒定为 0℃，压力从 500kPa 升高到 1000kPa。

12. 已知压强为 1 个标准大气压，5℃时空气的密度为 1.27kg/m³，求 85℃时空气的密度和重度。

13. 1m³ 的液体重量为 9.71kN，动力黏性系数为 0.6×10^{-3} Pa·s，求其运动黏性系数。

14. 当空气温度从 0℃增加到 20℃时，运动黏度增加 15%，重度减少 10%，问运动黏度变化多少？

15. 两平行平板间距离为 2mm，平板间充满密度为 885kg/m³、运动黏度为 1.61×10^{-3} m²/s 的油，上板匀速运动速度为 4m/s，求拉动平板所需要的力。

16. 底面积为 40cm×50cm 的矩形木板，质量为 5kg，以速度 $v = 1$m/s 沿着与水平面呈 30°倾角的斜面向下作匀速运动，如图 0-6 所示，木板与斜面间的油层厚度 H 为 1mm，求油的动力黏滞系数。

17. 某活塞油缸如图 0-7 所示，油缸直径 $D = 12$cm，活塞直径 $d = 11.96$cm，活塞长 $L = 14$cm，间隙中充满 $\mu = 0.065$N·s/m² 的润滑油，若施于活塞的力 $F = 8.43$N，试计算活塞移动的速度 u 为多少。

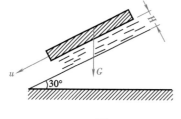

图 0-6

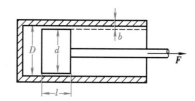

图 0-7

教学单元 1　流体静力学

【教学目标】通过本单元教学，使学生掌握流体静压强的基本概念，基本特性；掌握流体静压强基本方程及其在工程中的应用；熟知压强的两种基准和三种量度方法；理解液柱式测压计的测压原理；理解作用在流体上的力；掌握作用于平面上的液体总压力的计算方法；了解作用于曲面上的液体总压力。

【素质目标】结合压强的不同表示方法，建立透过现象看本质的辩证法思维；结合液柱式测压计的原理，树立理论成果应用转化的意识。

流体静力学研究流体处于静止状态下的力学规律及其实际应用。处于静止状态下的流体与固体边壁之间不存在相对运动，不产生黏滞切应力，同时静止流体又不能承受拉力，所以静止流体质点间的相互作用是通过压力的形式表现出来的。流体静力学的主要任务是研究流体内部静压强的分布规律，并在此基础上解决一些工程实际问题。流体静力学是流体力学的基础，它总结的规律可以用于整个流体力学中。

1.1　流体静压强及其特性

1.1.1　流体静压强的定义

假设有一个盛满水的水箱，如果在侧壁上开个小孔，水会立即喷出来，这就说明静止的水是有压力的。事实上处于静止状态下的流体，不仅对与之相接触的固体边壁有压力作用，而且在流体内部，相邻的流体之间也有压力作用。这种压力称为流体静压力，用符号 P 表示。

静止流体作用在单位面积上的流体静压力称流体静压强，用符号 p 表示。

如图 1-1 所示，在静止或相对静止的均质流体中，任取一体积 V，该流体所受一定的作用力以箭头表示。设用一平面 ABCD 将此流体分为 Ⅰ、Ⅱ 两部分，假设移去 Ⅰ 部分，以等效力代替它对 Ⅱ 部分的作用，显然，余留部分仍保持原有的平衡状态。

从平面 ABCD 上取一小块面积 ΔA，a 点是该平面的几何中心，令力 ΔP 为移去流体作用在面积 ΔA 上的总作用力。在流体力学中，力 ΔP 称为面积 ΔA 上的流体静压力，作用在面积 ΔA 上的平均流体静压强简称平均压强。即：

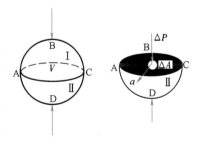

图 1-1　流体静压强

$$\overline{p} = \frac{\Delta P}{\Delta A} \tag{1-1}$$

当作用面 ΔA 无限缩小至 a 点时，平均压强 $\Delta P/\Delta A$ 比值趋近于某一个极限值，此极限值称为 a 点的流体静压强，以 p 表示。即：

$$p = \lim_{\Delta A \to a} \frac{\Delta P}{\Delta A} \tag{1-2}$$

从式（1-2）我们可以看出，流体的静压力和流体静压强都是压力的一种量度。但它们是两个不同的概念。流体静压力是作用在某一面积上的总压力；而流体静压强则是作用在某一面积上的平均压强或某一点的压强。因此，它们的计量单位也不相同。

在国际单位制中，流体压力 P 的单位是牛顿（N）或千牛顿（kN）；流体静压强 p 的单位是帕斯卡，简称帕（Pa），$1Pa = 1N/m^2$，有时会用千帕（kPa），或巴（bar），$1kPa = 1kN/m^2 = 10^3 Pa$，$1bar = 10^5 Pa$。在工程单位制中，流体静压力的单位为千克力（kgf），流体静压强的单位为千克力/平方厘米（kgf/cm^2）。

1.1.2 流体静压强的特性

1. 流体静压强的方向必然是垂直指向受压面的，即与受压面的内法线方向一致。

如图 1-2 所示，假设流体静压力 P 的方向是任意的，根据力学知识，我们将 P 可以分解为垂直于作用面的法向分力 $P\cos\theta$ 和平行于作用面的切向分力 $P\sin\theta$。我们在前面的学习中又知道，静止流体是不能承受拉力和切力的，所以切向的分力为 0，即 θ 角为 $0°$，所以流体静压强的方向只能是垂直指向作用面的。

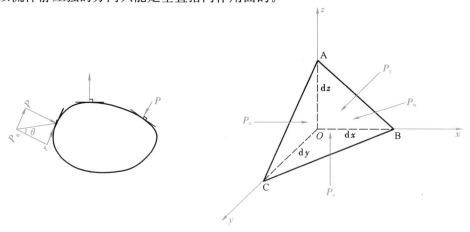

图 1-2　流体静压强的方向　　　　　　图 1-3　微小四面体的平衡

2. 在静止或相对静止的流体中，任一点各方向上的流体静压强大小均相等。

通过某点可以做无数个方向不同的流体静压强，作用于同一点的流体静压强的大小与方向有何关联呢？在平衡流体中任取一点 O，建立直角坐标系如图 1-3 所示，在直角坐标系上，取包括原点 O 在内的无限小四面体 OABC，正交的三个边长分别为 dx、dy、dz，以 p_x、p_y、p_z 和 p_n 分别表示坐标面 OAB、OAC、OBC 和斜面 ABC 上的平均压强。如果能够证明，当四面体 OABC 无限地缩小到 O 时，$p_x = p_y = p_z = p_n$（n 为任意方向），则流体静压强的上述特性得以证明。为此，用 P_x、P_y、P_z 和 P_n 分别表示垂直于 x、y、z 的坐标面及斜面的总压力（图 1-3）。

现在我们对微小四面体 OABC 进行受力分析。

（1）表面力

由于静止或相对静止的流体不存在拉力和切力，因此，表面只有压力，即 P_x、P_y、P_z 和 P_n，根据压力与压强间的关系，则有：

$$P_x = \frac{1}{2} \mathrm{d}y\mathrm{d}z p_x$$

$$P_y = \frac{1}{2} \mathrm{d}x\mathrm{d}z p_y$$

$$P_z = \frac{1}{2} \mathrm{d}x\mathrm{d}y p_z$$

$$P_n = \mathrm{d}S p_n \text{（dS 为斜面 ABC 的面积）}$$

（2）质量力

作用在微小四面体 ABC 的质量力，各轴向的分力等于单位质量力在各轴向的分力与流体质量的乘积。四面体 OABC 的质量为流体密度 ρ 与微小四面体的体积 $\mathrm{d}V = \frac{1}{6}\mathrm{d}x\mathrm{d}y\mathrm{d}z$ 的乘积，令 X、Y、Z 分别为流体单位质量的质量力在相应坐标轴 x、y、z 方向的分量，则质量力 F 在各坐标轴方向的分量分别为：

$$F_X = X\rho \mathrm{d}V = X\rho \frac{1}{6}\mathrm{d}x\mathrm{d}y\mathrm{d}z$$

$$F_Y = Y\rho \mathrm{d}V = Y\rho \frac{1}{6}\mathrm{d}x\mathrm{d}y\mathrm{d}z$$

$$F_Z = Z\rho \mathrm{d}V = Z\rho \frac{1}{6}\mathrm{d}x\mathrm{d}y\mathrm{d}z$$

以 θ_x、θ_y、θ_z 分别表示倾斜面法向 n 与 x、y、z 轴的交角。由于流体处于平衡状态，利用理论力学中作用于平衡体上的合力为零的原理，分别写出作用在四面体 OABC 各种力对各坐标轴投影的平衡方程为：

$$P_x - P_n\cos\theta_x + F_x = 0$$
$$P_y - P_n\cos\theta_y + F_y = 0$$
$$P_z - P_n\cos\theta_z + F_z = 0 \tag{1-3}$$

下面我们来讨论各式中的第二项，以对 x 轴的投影为例，其中 $P_n\cos\theta_x = p_n\mathrm{d}S\cos\theta_x = p_n\frac{1}{2}\mathrm{d}y\mathrm{d}z$（$\frac{1}{2}\mathrm{d}y\mathrm{d}z$ 为斜面 dS 在坐标面 yoz 上的投影值），将上述各式代入后，式（1-3）中第一式可写为：

$$\frac{1}{2}\mathrm{d}y\mathrm{d}zp_x - \frac{1}{2}\mathrm{d}y\mathrm{d}zp_n + \frac{1}{6}\mathrm{d}x\mathrm{d}y\mathrm{d}z\rho X = 0 \qquad (1\text{-}4)$$

以 $\frac{1}{2}\mathrm{d}y\mathrm{d}z$ 除全式后，得：

$$p_x - p_n + \frac{1}{3}\mathrm{d}x\rho X = 0 \qquad (1\text{-}5)$$

当四面体无限地缩小时，上述方程式中的 $\frac{1}{3}\mathrm{d}x\rho X$ 便趋近于 0，而压强 p_x 与 p_n 的值是有限的。因此：

$$p_x - p_n = 0 \text{ 或 } p_x = p_n$$

同理可得：

$$p_y = p_n$$
$$p_z = p_n$$

因为斜面的方向是任意选取的，所以当四面体无限缩小至一点时，各个方向的流体静压强均相等，即：

$$p_x = p_y = p_z = p_n \qquad (1\text{-}6)$$

如若不相等，则必然破坏流体的静止平衡状态，而发生流动与静止流体前提不符。式(1-6)说明在静止或相对静止的流体中，任一点的流体静压强的大小与作用面的方向无关，只与该点在静止或相对静止流体中的位置有关。即任一点各方向上的流体静压强大小均相等。

这个特性告诉我们：各点的位置不同，压强可能不同；位置一定，则不论取哪个方向，压强的大小完全相等。因此，流体静压强的分布规律问题，就简化为研究压强函数 $p = f(x, y, z)$ 的问题。我们将在后续章节中详细讨论。

1.2 流体静压强的分布规律

在实际应用中，作用于平衡流体的质量力常常只有重力，即所谓静止流体。下面来讨论静止流体中压强的分布规律。

由于流体本身有重量和易流动性，对容器的底部和侧壁产生静压强，现在我们来分析静压强的分布规律。假设在容器侧壁上开三个小孔，如图1-4所示，容器内灌满水，然后把三个小孔的塞头打开，这时可以看到水流分别从三个小孔喷射出来，孔口愈低，水喷射愈急。这个现象说明水对容器侧壁不同深度处的压强是不一样的，即压强随着水深

1-1

流体静压强的
分布规律

的增加而增大，如果在容器侧壁同一深度处开几个小孔，则我们可以看到从各孔口喷射出来的水流都一样，这说明水对容器侧壁同一深度处的压强相等。

观察这些现象，我们可以感性地认识到流体对容器侧壁的压强，随着深度增加而增大，且同一深度处的压强相等。下面我们来进行具体的分析。

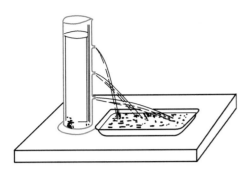

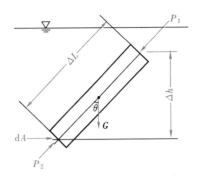

图 1-4　侧壁开有小孔的容器　　　　　　图 1-5　液体内压强的分析

1.2.1　流体静压强的基本方程

在静止液体内，任意取出一微小圆柱体如图 1-5 所示，设微小圆柱体端面积为 dA，长为 ΔL，圆柱体轴线与垂直面夹角为 θ。现在我们来分析作用在液体柱上的力。

1. 表面力

周围的静止液体对圆柱体作用的表面力有侧面压力及两端面的压力。作用在液柱两端的压力沿轴向从端面反方向，作用的压力分别为 P_1 和 P_2；作用在液体柱侧面上的压力，垂直指向作用面，所以侧面压力与轴向正交，沿轴向分力为 0。

2. 质量力

静止液体受的质量力只有重力 G，而重力的方向铅垂向下作用，与轴线夹角为 θ，G 可以分解为平行于轴向的力 $G\cos\theta$ 和垂直于轴向的力 $G\sin\theta$。

由于液体是处于静止状态的，所以根据力的平衡原理，该微小圆柱体的受力在任何方向上都应平衡，列沿轴线方向的平衡方程式：

$$P_2 - P_1 - G\cos\theta = 0$$

因为微小圆柱体的端面面积 dA 很小，可以认为断面上压强是处处相等的。则得：

$$P_1 = p_1 dA$$
$$P_2 = p_2 dA$$

式中，p_1、p_2 分别表示圆柱体两端上的压强。

微小圆柱体为均质液体，所以所受的重力为液体的重度乘以圆柱体的体积，即 $G = \gamma \Delta L dA$，则：

$$p_2 dA - p_1 dA - \gamma \Delta L dA \cos\theta = 0 \tag{1-7}$$

消去 dA 整理得：

$$p_2 - p_1 - \gamma \Delta L \cos\theta = 0$$

而 $\Delta L \cos\theta = \Delta h$，所以：

$$p_2 - p_1 = \gamma \Delta h$$

即

$$p_2 = p_1 + \gamma \Delta h$$

或写成

$$\Delta p = \gamma \Delta h \tag{1-8}$$

因为倾斜圆柱体是任意选取的，因此式（1-8）具有普遍意义，即静止液体中任两点的压强差等于两点间的深度差乘以重度。

现在,把压强关系式应用于静止液体内某一点的压强。如图 1-6 所示,则根据式(1-8)得:

$$p = p_0 + \gamma h \tag{1-9}$$

式中　p——静止液体内某点的压强，Pa；

　　　p_0——静止液体的液面压强，Pa；

　　　γ——液体的重度，N/m³；

　　　h——该点在液面下的深度，m。

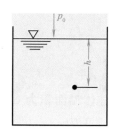

图 1-6　敞口容器

这就是液体静力学的基本方程式。它表示静止液体中，压强随深度的变化规律。

根据液体静压强基本方程式（1-9），可以得出以下结论：

（1）静止液体中任一点的压强是由液面压强 p_0 和该点在液面下的深度与重度的乘积 γh 两个部分组成。压强的大小与容器的形状无关，即只要知道液面压强 p_0 和该点在液面下的深度 h，就可求出该点的压强。

（2）当液面压强 p_0 增大或减小时，液体内各点的流体静压强亦相应地增加或减少，即液面压强的增减将等值传递到液体内部其余各点，这就是著名的帕斯卡原理。水压机、液压千斤顶及液压传动装置都是利用了这一原理。

（3）液体中的压强的大小是随液体深度逐渐增大的。当重度一定时，压强随水深按线性规律增加。在实际工程中修堤筑坝，愈到下面的部分愈要加厚，以便承受逐渐增大的压强，其道理也在于此。

【例题 1-1】敞口水池中盛水如图 1-7 所示。已知液面压强 $p_0 = 98.07 \text{kN/m}^2$，求池壁 A、B 两点、C 点以及池底 D 点所受的静水压强。

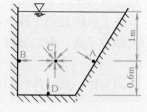

图 1-7　敞口水池

【解】　$p_C = p_0 + \gamma h = 98.07 + 9.807 \times 1 = 107.88 \text{kN/m}^2 = 107.88 \text{kPa}$

A、B、C 三点在同一水平面上，水深 h 均为 1m，所以压强相等。即：

$$p_A = p_B = p_C = 107.88 \text{kPa}$$

D 点的水深是 1.6m，故：

$$p_D = p_0 + \gamma h = 98.07 + 9.807 \times 1.6 = 113.76 \text{kPa}$$

关于压强的作用方向，静压强的作用方向垂直于作用面的切平面且指向受力物体（流体或固体）系统表面的内法线方向。A、B、D 三点在容器的壁面上，液体对固体边壁的作用和方向如图 1-7 中所示，C 点在各个方向上都存在大小相等的静压强。

液体静力学基本方程式（1-9），还可以表示为另一种形式，如图 1-8 所示，设水箱水面的压强为 p_0，水中 1、2 点到任选基准面 0-0 的高度为 z_1、z_2，压强为 p_1 及 p_2，将式

中的深度 h_1 和 h_2 分别用高度差（$z_0 - z_1$）和（$z_0 - z_2$）表示后得：

$$p_1 = p_0 + \gamma(z_0 - z_1)$$

$$p_2 = p_0 + \gamma(z_0 - z_2)$$

上式除以重度 γ，并整理后得：

$$z_1 + \frac{p_1}{\gamma} = z_0 + \frac{p_0}{\gamma}$$

$$z_2 + \frac{p_2}{\gamma} = z_0 + \frac{p_0}{\gamma}$$

两式联立得：

$$z_1 + \frac{p_1}{\gamma} = z_2 + \frac{p_2}{\gamma} = z_0 + \frac{p_0}{\gamma}$$

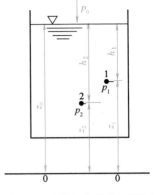

图 1-8　液体静力学方程推证

水中 1、2 点是任选的，故可将上述关系式推广到整个液体，得出具有普遍意义的规律，即：

$$z + \frac{p}{\gamma} = C（常数） \tag{1-10}$$

这就是液体静力学基本方程式的另一种形式，也是我们常用的液体静压强分布规律的一种形式。它表示在同一种静止液体中，不论哪一点的 $\left(z + \frac{p}{\gamma}\right)$ 总是一个常数。

1.2.2　液体静压强基本方程式的意义

方程式 $\left(z + \frac{p}{\gamma}\right) = C$ 中，从物理学的角度来说，z 项是单位重量液体质点相对于基准面的位置势能，p/γ 项是单位重量液体质点的压力势能，$z + \frac{p}{\gamma}$ 项是单位重量液体的总势能，$\left(z + \frac{p}{\gamma}\right) = C$ 表明在静止液体中，各液体质点单位重量的总势能均相等；从水力学的角度来说，z 为该点的位置相对于基准面的高度，称位置水头，p/γ 是该点在压强作用下沿测压管所能上升的高度，称压强水头，$z + \frac{p}{\gamma}$ 称测压管水头，它表示测压管液面相对于基准面的高度。如图 1-9 所示，$\left(z + \frac{p}{\gamma}\right) = C$ 表示同一容器的静止液体中，所有各点的测压管水头均相等。即使各点的位置水头 z 和压强水头 p/γ 互不相同，但各点的测压管水头必然相等。因此，在同一容器的静止液体中，所有各点的测压管液面必然在同一水平面上，测压管水头中的压强 p 必须采用相对压强表示，关于相对压强的概念在下节中讲述。

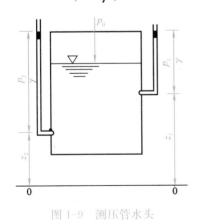

图 1-9　测压管水头

以上规律是在液体的基础上分析而得的，对于不可压缩气体也同样适用。只是气体的重度较小，所以在高差不是很大的时候，气体所产生的压强很小，认为 $\gamma h = 0$。压强基本方程式简化为：

$$p = p_0 \qquad\qquad (1\text{-}11)$$

即认为空间各点的压强相等。但是如果高差超过一定的范围时，还应使用公式（1-9）来计算气体压强。

1.2.3 等压面

在静止液体中，由压强相等的点组成的面称为等压面。根据流体静力学基本方程（1-9）可知：在连通的同种静止液体中，深度 h 相同的各点静水压强均相等。由此可得出如下结论：

（1）在连通的同种静止液体中，水平面必然是等压面；

（2）静止液体的自由液面是水平面，该自由液面上各点压强均相等，所以自由液面是等压面；

（3）两种不同液体的分界面是水平面，故该面也是等压面。

现在我们以图 1-10 来具体分析判断等压面。图 1-10（a）中，位于同一水平面上的 A、B、C、D 各点压强均相等，通过该四点的水平面为等压面。图 1-10（b）中，由于液体不连通，故位于同一水平面上的 E、F 两点的静水压强不相等，因而通过 E、F 两点的水平面不是等压面。图 1-10（c）中，连通器中装有两种不同液体，且 $\rho_水 > \rho_油$，通过两种液体的分界面的水平面为等压面，位于该水平面上的 G、H 两点压强相等。而穿过两种不同液体的水平面不是等压面，位于该水平面上方的 I、J 两点压强则不等。

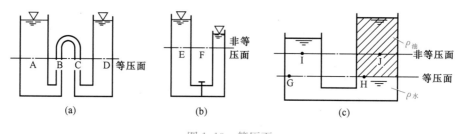

图 1-10 等压面

等压面是流体静力学中的一个重要概念，利用它来推算静止液体中各点的压强，可使许多复杂问题得到简化。

1.3 压强的表示方法

量度流体中某一点或某一空间点的压强，可以有不同的计量基准和量度单位，在实际工程中，可以选择其中的某种表示方法以方便使用。

1.3.1 压强的表示方法

压强的大小，根据不同的计量基准可以分为：

（1）绝对压强：以没有气体存在的绝对真空状态作为零点起算的压强称为绝对压强，以 p' 表示。当要解决的问题涉及流体本身的性质时，采用绝对压强，例如采用气体状态方程式进行计算时。在表示某地当地大气压强时也常用绝对压强值。

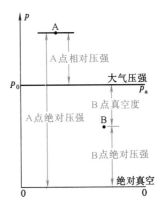

压强的分类和测量

（2）相对压强：以当地大气压强 p_a 为零点起算的压强值称为相对压强，以符号 p 表示。在工程上，相对压强又称表压。采用相对压强表示时，则大气压强值为 0，即 $p_a=0$。相对压强、绝对压强和当地大气压强三者的关系是：

$$p = p' - p_a \tag{1-12}$$

注意，此处的 p_a 是指大气压强的绝对压强值。

（3）真空压强：若流体某处的绝对压强小于大气压强，则该处处于真空状态，其真空程度一般用真空压强 p_v 表示。

$$p_v = p_a - p' \tag{1-13}$$

即

$$p_v = -p \tag{1-14}$$

图 1-11 压强计量基准图示

图 1-11 表示了上述三种压强之间的关系。在实际工程中，常用相对压强。这是因为在自然界中，任何物体均放置在大气压中，所感受到压强大小也是以大气压为其基准，引起物体的力学效应只是相对压强的数值，而不是绝对压强，因此，在工程技术中广泛采用相对压强。在讨论问题中，如不加说明，压强均指相对压强。

1.3.2 压强的量度单位

1. 用单位面积上所受的压力来表示，这是从压强的基本定义出发。国际单位制中压强的单位是 N/m²，也可用帕斯卡表示，符号为 Pa。较大的单位可以用 kPa 或 MPa 来表示。

2. 用液柱高度来表示，常用的有水柱高度和汞柱高度，如 mH_2O、mmHg 和 mmH_2O。压强的单位由单位面积上所受的压力换算成液柱高度 h 的关系式为：

$$h = \frac{p}{\gamma} \tag{1-15}$$

式中　γ——液体的重度，N/m³。

3. 用大气压的倍数来表示，其单位为标准大气压和工程大气压。国际上规定温度为 0℃，纬度 45° 处海平面上的绝对压强为标准大气压，用符号 atm 表示，其值为 101.325kPa，即 1atm＝101.325kPa。而在工程上，为了计算方便，规定了工程大气压，用符号 at 表示，其值为 98.07kPa，即 1at＝98.07kPa。

换算关系为：

$$1atm = 101325Pa = 10.33mH_2O = 760mmHg$$
$$1at = 98070Pa = 10mH_2O = 736mmHg$$

表 1-1 列出国际单位制和工程单位制中各种压强单位的换算关系，以供换算用。

压强单位的换算关系 表 1-1

压强单位	标准大气压 (atm)	工程大气压 (at)	Pa (N/m²)	kPa (10³N/m²)	bar (10⁵N/m²)	mH₂O	minH₂O	mmHg
换算关系	1	1.03	101325	101.325	1.01325	10.332	10332	760
	9.68×10^{-1}	1	9.807×10^4	98.07	0.9807	10	10^4	735.6
	9.68×10^{-2}	10^{-1}	9807	9.807	9.807×10^{-2}	1	10^3	7.356×10^{-2}
	9.68×10^{-5}	10^{-4}	9.807	9.807×10^{-3}	9.807×10^{-5}	10^{-3}	1	7.356×10^{-5}
	1.32×10^{-3}	1.36×10^{-3}	133.33	0.13333	1.33×10^{-3}	0.0136	13.595	1

【例题 1-2】 虹吸输水管中某点的绝对压强为 58.5kPa，大气压强为 98.07kPa。试求该点相对压强，判断该点是否存在真空度，真空压强为多少？

【解】 相对压强计算：

$$p = p' - p_a = 58.5 - 98.07 = -39.57kPa$$

因为该点的相对压强为负值，所以该点存在真空度，真空压强为：

$$p_v = p_a - p' = 98.07 - 58.5 = 39.57kPa$$

【例题 1-3】 假设自由液面的绝对压强为一个工程大气压，求自由表面下 2m 深处的绝对压强 p' 和相对压强 p，分别用 kPa、工程大气压、液柱表示。

【解】 绝对压强计算：

$$p' = p_0 + \gamma h = p_a + \gamma h = 98070 + 9807 \times 2 = 117684N/m^2 = 117.7kPa$$
$$= 1.2at = 12mH_2O = 883.2mmHg$$

相对压强计算：

$$p = \gamma h = 9807 \times 2 = 19614\ Pa = 19.6kPa = 0.2at = 2mH_2O$$
$$= 147.2\ mmHg$$

【例题 1-4】 如图 1-12 所示，油罐中 A 点的相对压强 $p_A = 5mH_2O$，A、B 两点在高度上相距 $h = 2.5m$，已知油的重度 $\gamma_{油} = 7263N/m^3$，试求 B 点的相对压强 p_B 值。

【解】 根据静水压强基本方程式：

$$p_A = p_B + \gamma_{油} h$$
$$p_B = p_A - \gamma_{油} h$$

其中

$$p_A = 9.807 \times 5 = 49.04kPa$$
$$h = 2.5m$$
$$\gamma_{油} = 7263N/m^3 = 7.263kN/m^3$$

代入上式得：

$$p_B = 49.04 - 7.263 \times 2.5 = 30.88kPa$$

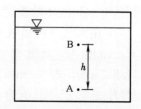

图 1-12

1.4 液柱式测压计

流体中某点所受的压强值，不仅可以通过流体静压强方程式计算确定，更多的时候，我们是通过测量得到压强值，这种方法直观简单。量测压强的仪器很多，常用的有金属压力表、液柱式测压计和电测式测压计三种，下面介绍几种常用的液柱式测压计。

1.4.1 测压管

这是一种最简单的量测仪器，利用开口一端直接和大气相通的玻璃直管或 U 形管，另一端连接在需测定的管道或容器的侧壁上，如图 1-13 所示。由于相对压强的作用，与大气相接触的液面相对压强为 0，根据水在玻璃管中上升或下降的高度，直接测得水柱高度。

如图 1-13（a）所示，液体在玻璃管中上升高度 h_A，可得出 A 点相对压强为 $p_A = \gamma h_A$，如图 1-13（b）所示，如测压管液面低于 A 点，则 A 点相对压强或真空度分别为：

$$p_A = -\gamma h'_A$$

$$p_V = \gamma h'_A$$

如果测定气体压强，可以采用 U 形管盛水，如图 1-13（b）。此时所测量的压强为容器中气体压强值，因为在气体高度不大时认为静止气体充满的空间各点压强相等。如果测压管中液体的压强较大，对于水来说，测压管高度太大，使用和观测非常不便，因此常用水银测压计，即在 U 形管中装入水银，如图 1-13（c）、图 1-13（d）所示。在某水管中 A 点的压强，若大于大气压强，则 U 形管左管液面低于右管液面，如图 1-13（c）所示；若小于大气压强，则 U 形管左管液面高于右管液面，A 点为负压出现真空，如图 1-13（d）所示。需要指出的是，等到 U 形管中水银面平衡不动时，才能读数。取等压面 1-1 如图 1-13（c）所示，设液体重度为 γ，水银重度为 γ_{Hg}，则根据静压强基本方程式可得：

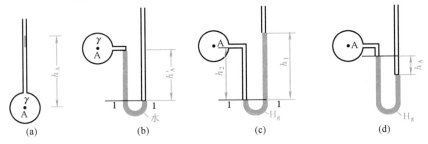

图 1-13 测压管

$$p_1 = \gamma_{Hg} h_1$$

而 $$p_1 = p_A + \gamma h_2$$

所以 $$p_A = \gamma_{Hg} h_1 - \gamma h_2$$

当管道或容器中为气体，因气体重度较小，气柱高度可以忽略不计。此时 $p_A = \gamma_{Hg} h_1$。

为了消除测压管内液面上升时，受毛细管作用的影响，规定测压管内径不得小于 5mm，一般采用内径为 10mm 左右的玻璃管作为测压管。

1.4.2 压差计

这是用来量测两点压强差的，而不是单独量测某一点的压强。如图 1-14 所示，压差计两端分别接到需要量测的 A、B 点上，当 U 形管中水银面平衡不动时，根据水银面的高度差，即可计算 A、B 两点的压强差。

在图中，取等压面 0-0，根据静压强基本方程式，左右两管中 1、2 两点的压强为：

$$p_1 = p_A + \gamma_A h_1 + \gamma_A h_3$$
$$p_2 = p_B + \gamma_B h_2 + \gamma_{Hg} h_3$$

由于 1、2 两点都在等压面 0-0 上，$p_1 = p_2$，因此：

$$p_A + \gamma_A h_1 + \gamma_A h_3 = p_B + \gamma_B h_2 + \gamma_{Hg} h_3$$

A、B 两点的压强差为：

$$p_A - p_B = \gamma_B h_2 + \gamma_{Hg} h_3 - \gamma_A (h_1 + h_3) \tag{1-16}$$

若两个管道或容器中为同种介质，即 $\gamma_A = \gamma_B$，则：

$$p_A - p_B = \gamma h_2 + \gamma_{Hg} h_3 - \gamma(h_1 + h_3) = \gamma(h_2 - h_1) + (\gamma_{Hg} - \gamma)h_3 \tag{1-17}$$

若两个管道或容器中为同种介质，且 A、B 两点位于同一高程，即 $\gamma_A = \gamma_B$、$h_1 = h_2$，则：

$$p_A - p_B = (\gamma_{Hg} - \gamma)h_3 \tag{1-18}$$

与水银测压计一样，若两个管道或容器中都为气体，则气柱高度 $\gamma_A h_1$、$\gamma_B h_2$ 和 $\gamma_A h_3$ 都可以忽略不计，则：

$$p_A - p_B = \gamma_{Hg} h_3 \tag{1-19}$$

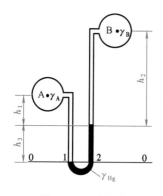
图 1-14 压差计

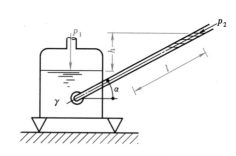
图 1-15 微压计

1.4.3 微压计

在量测微小压强时，为了提高量测精度，经常采用微压计，也叫斜管压力计，如图 1-15所示。左端容器与需要量测压强的点相连，右端玻璃管改为斜放，设斜管与底板的夹角为 α，斜管读数为 l，则容器与斜管液面的高度差 $h = l\sin\alpha$，由于 $\alpha < 90°$，$\sin\alpha < 1$，所以 l 必大于 h，量测同一微小压强，斜管读数 l 比用直管量测的读数 h 要大，这就使读数

更精确。

在图 1-15 中，根据静压强基本方程式，等压面上的压强为：

$$p_1 = p_2 + \gamma h = p_2 + \gamma l \sin\alpha$$

由于 $p_2 = p_a$，所以微压计量测的绝对压强与相对压强为：

$$p'_1 = p_a + \gamma l \sin\alpha \tag{1-20}$$
$$p_1 = \gamma l \sin\alpha \tag{1-21}$$

微压计常用来量测通风管道的压强，因空气重度与微压计内液体重度相比要小得多，空气的重力影响可以不考虑，我们将微压计液面上的压强 p 就看作是通风管道量测点的压强。

为了量测精确，微压计必须保持底板水平，如图 1-15 所示可用螺钉来调整。有的微压计可以根据需要调整 α 角，其范围在 $10°\sim30°$，这就使斜管读数比直管放大 $2\sim5$ 倍，如果微压计内液体不用水，选择重度比水小的，例如酒精 $\gamma_{jo} = 7.85\text{kN/m}^3$，则微压计斜管读数又可放大 $\dfrac{\gamma_{H_2O}}{\gamma_{jo}} = \dfrac{9.807}{7.85} = 1.25$ 倍。

另外，量测压强的仪器还有金属测压计、电磁测压计等。

【例题 1-5】 如图1-16所示，用水银测压计量测容器内气体的压强。已知测压计水银面高度差如图 1-16 （a）所示 $h = 30\text{cm}$，图 1-16 （b）所示 $h = 12\text{cm}$，试求容器内气体的压强分别为多少。

【解】 在图 1-16 （a）、（b）中分别取等压面 0-0 面，则：

1. 在图 1-16 （a）中，容器内压强为：

绝对压强　　$p' = p_a + \gamma_{Hg}h = 98.07 + 13.6 \times 9.807 \times 0.3 = 138.08\text{kPa}$

相对压强　　$p = \gamma_{Hg}h = 13.6 \times 9.807 \times 0.3 = 40.01\text{kPa}$

2. 在图 1-16 （b）中，容器内压强为：

绝对压强　　$p' = p_a - \gamma_{Hg}h = 98.07 - 13.6 \times 9.807 \times 0.12 = 82.06\text{kPa}$

相对压强　　$p = -\gamma_{Hg}h = -13.6 \times 9.807 \times 0.12 = -16.01\text{kPa}$

通过计算我们可以得知，图 1-16 （a）中的气体处于正压状态，而图 1-16 （b）中的气体处于负压状态。

【例题 1-6】 在图 1-17 中，已知两根输水管道 A、B 间的高度差 $a = 1.2\text{m}$，压差计水面的高度差为 $h_m = 0.5\text{m}$，试求 A、B 处水的压强差。

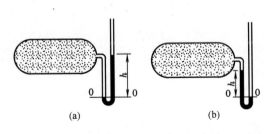

图 1-16　水银测压计量测气体压强

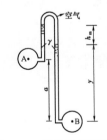

图 1-17　压差计量测压强

【解】 压差计顶部为空气，而且高度很小，所以认为在顶部空间中压强处处相等。根据公式：

$$p_A = p + \gamma_{H_2O}(h_m + y - a)$$
$$p_B = p + \gamma_{H_2O}y$$

可得 A、B 处水的压强差：

$$p_A - p_B = \gamma_{H_2O}(h_m - a)$$

因为 $\qquad\qquad\qquad\qquad a > h_m$

所以 $\qquad p_B - p_A = \gamma_{H_2O}(a - h_m) = 9.807 \times (1.2 - 0.5) = 9.807 \times 0.7 = 6.86\text{kPa}$

【例题 1-7】在通风管道上连接一个微压计，量测 A 点的风压，如图 1-18 所示。若斜管倾斜 $\alpha = 30°$，读数 $l = 20\text{cm}$，微压计内液体是酒精，重度 $\gamma_{jo} = 7.85\text{kN/m}^3$，试求通风管道 A 点的相对压强。

【解】根据公式，微压计量测 A 点的相对压强：

$$p_A = \gamma_{jo} l \sin\alpha = 7.85 \times 0.2 \times \sin30° = 0.785\text{kPa}$$

【例题 1-8】当量测密闭容器的较高压强时，为了增加量程，可用复式水银测压计，如图 1-19 所示。若各玻璃管中液面高程的读数为，$\nabla_1 = 1.5\text{m}$，$\nabla_2 = 0.2\text{m}$，$\nabla_3 = 1.2\text{m}$，$\nabla_4 = 0.4\text{m}$，$\nabla_5 = 2.1\text{m}$，试求容器水面上的相对压强 p_5。

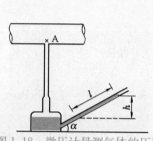
图 1-18 微压计量测气体的压强

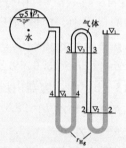
图 1-19 复式水银测压计

【解】在图中，取等压面 2-2、4-4，设等压面上相对压强为 p_2、p_4。根据静压强基本方程式，从右向左推算各处的相对压强：

$p_1 = p_a = 0$

$p_2 = p_1 + \gamma_{Hg}(\nabla_1 - \nabla_2) = 0 + 13.6 \times 9.807 \times (1.5 - 0.2) = 173.4\text{kPa}$

由于气体重度相对于液体来说是微小的，不考虑气体重力的影响，则：

$p_3 = p_2 = 173.4\text{kPa}$

$p_4 = p_3 + \gamma_{Hg}(\nabla_3 - \nabla_4) = 173.4 + 13.6 \times 9.807 \times (1.2 - 0.4) = 280.1\text{kPa}$

由此可得容器水面上的相对压强：

$p_5 = p_4 - \gamma_{H_2O}(\nabla_5 - \nabla_4) = 280.1 - 9.807 \times (2.1 - 0.4) = 263.4\text{kPa}$

1.5 作用于平面上的液体总压力

在工程实践中，不仅需要了解液体静压强的分布规律，而且还要确定整个受压面上的液体总压力的大小、方向及作用点。

在学习静止液体总压力的知识之前，我们需要掌握水静压强分布图。水静压强分布图是根据流体静压强特性和流体静压强基本方程式绘制的，是用具有一定长度的有向比例线段表示流体静压强的大小及方向的形象化的几何图形。

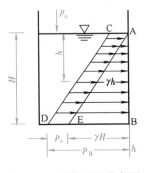

图 1-20 水静压强分布图

如图 1-20 所示，AB 为一铅垂直壁，其左侧受到水的压力作用。水静压强分布图绘制方法如下：以自由液面与铅垂直壁的交点为坐标原点，横坐标为压强 p，纵坐标为水深 h，压强 p 与水深 h 按线性规律变化，在自由液面上，$h=0$，$p=0$；在任意深度 h 处，$p=\gamma h$，连接 AE，即得到相对压强分布图三角形 ABE。液面压强 p_0 根据帕斯卡等值传递原理，其压强分布图为平行四边形 ACDE。

在工程实践中，受压面四周都处在大气中，各个方向的大气压力可互相抵消，故对工程计算有用的部分只是相对压强分布图，即三角形 ABE。

图 1-21 绘出了几种有代表性的相对静压强分布图。

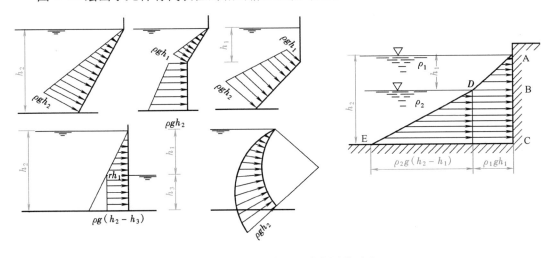

图 1-21 几种水静压强分布图的画法

现在我们来学习作用在平面壁上的液体总压力的有关计算。确定作用在平面壁上的液体总压力的方法有两种，即解析法与图解法。下面我们分别来介绍这两种方法。

1.5.1 解析法

设有一放置在水中任意位置的任意形状的倾斜平面 ab，该平面与水面的夹角为 α，如图 1-22 所示，平面面积为 A。平面的左侧承受水的压力作用，水面压强为大气压强 p_a。由于 ab 面的右侧也有大气压强 p_a 作用，所以在讨论液体的作用力时只要计算相对压强所引起的液体总压力。选取平面的延长面与水面的交线为 Ox 轴（Ox 轴垂直于纸面），垂直于 Ox 轴沿该平面向下为 Oy 轴，并将 Oxy 平面绕 Oy 轴旋转 $90°$，受压平面就在 xy 面上清楚地表现出来了。如图 1-22 所示。

1. 总压力大小的确定

在 ab 平面内任取一微小面积 dA，其中心点 A
在水面下的深度为 h，纵坐标为 y，由于所取的微
小面积尺寸很小，故可以认为微小面积上所有的点
的静压强均相等，且与轴线上的各点的压强相同，
则作用在 dA 上的静水压力：

$$dP = p\,dA = \gamma h\,dA$$

由于 ab 为一平面，故根据静水压强基本特性，
可以判定各微小面积 dA 上的液体压力 dP 的方向
是互相平行的，所以作用在整个受压面 A 上的液体

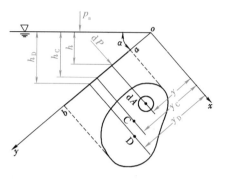

图 1-22 平面液体压力分析

总压力等于各微小面积 dA 上的液体压力 dP 的代数和，即求平面上总静压力问题实际上
是求平行力系合力问题。

作用在平面上的总压力 P 为：

$$P = \int dP = \int_A \gamma h\,dA = \int_A \gamma y \sin\alpha\,dA = \gamma \sin\alpha \int_A y\,dA$$

由理论力学可知，$\int_A y\,dA$ 是面积 A 对 Ox 轴的静面矩，其值为：

$$\int_A y\,dA = y_C A$$

故 $$P = \gamma \sin\alpha\, y_C A$$

而其中 $$y_C \sin\alpha = h_C,\ \gamma h_C = p_C$$

所以平面上所受液体总压力大小的计算公式：

$$P = p_C A \tag{1-22}$$

式中 h_C——该平面形心 C 点在液面下的淹没深度，m；

p_C——面积 A 形心 C 处的液体静压强，Pa。

式（1-22）表明，作用在任意形状平面上的液体总压力的大小，等于受压面形心点液
体压强与其面积的乘积。

当受压壁面水平放置，即当所讨论的面积是容器的底壁时，该壁面是压强均匀分布的
受压面，如图 1-23 所示。若图中容器形状不同，但底面积相等，装入的又是同一种液体，
其液深也相同，自由表面上均为大气压，则液体作用在底面上的总压力必然相等。因而，
容器底面所受压力的大小仅与受压面的面积大小和液体深度有关，而与容器的容积和形状
无关。

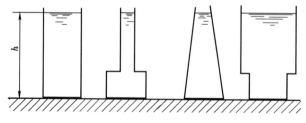

图 1-23 作用在容器底面上的液体总压力

2. 总压力的方向

由于静止液体不存在切向力，故液体总压力 P 的方向总是垂直指向受压面。

3. 总压力的作用点

总压力 P 的作用点称为压力中心，用 D 表示。在大多数情况下，受压面都具有位于垂直平面上的对称轴。这时，压力中心位于对称轴上，即 D 点在水平方向上的位置可以很容易地确定，只要再将 D 点的垂直坐标找到，作用点 D 点的位置就可以确定了。D 点的位置可根据合力矩定理（即合力对某一轴的力矩等于各分力对同一轴的力矩的代数和）求得。即：

$$Py_D = \int y\,dP = \int_A y\gamma h\,dA = \int_A y\gamma y\sin\alpha\,dA = \gamma\sin\alpha\int_A y^2\,dA = \gamma\sin\alpha J_x$$

由理论力学可知，J_x 是受压面面积 A 对 Ox 轴的惯性矩，即：

$$J_x = \int_A y^2\,dA$$

于是

$$y_D = \frac{\gamma\sin\alpha J_x}{P} = \frac{\gamma\sin\alpha J_x}{\gamma\sin\alpha y_C A} = \frac{J_x}{y_C A} \tag{1-23}$$

式（1-23）表明，总压力作用点 D 的纵坐标 y_D 等于受压面积 A 对 Ox 轴的惯性矩与静矩之比。根据惯性矩平行移轴定理：

$$J_x = J_C + y_C^2 A$$

式中，J_C 为面积 A 对通过其形心 C 且与 Ox 轴平行的轴的惯性矩。于是总压力作用点的位置：

$$y_D = \frac{J_C + y_C^2 A}{y_C A} = y_C + \frac{J_C}{y_C A} \tag{1-24}$$

由式（1-24）可知，$y_D > y_C$，即总压力作用点 D 一般在受压面形心 C 点之下，只有当受压面为水平面时（即 $\sin\alpha = 0$），D 点才与 C 点重合。

同理可求出液体总压力作用点 D 的横坐标 x_D，但前面已经提到了，实际工程中所遇到的平面多为轴对称平面，其总压力作用点 D 必然位于对称轴上，故无需计算 x_D。

当受压面为水平面时，作用点的位置在受压面的形心。

为方便计算，现将工程上几种常见平面的 J_C 及其形心点 C 的计算公式列于表 1-2 中，以供参考。

常见平面的 J_C 及其形心点 C 的计算公式　　　　　　表 1-2

图　名	平面形状	惯性矩 J_C	形心 C 距下底的距离 s
矩　形		$J_C = \dfrac{bh^3}{12}$	$s = \dfrac{h}{2}$
三角形		$J_C = \dfrac{bh^3}{36}$	$s = \dfrac{1}{3}h$
圆　形		$J_C = \dfrac{\pi d^4}{64}$	$s = \dfrac{1}{2}d$

续表

图　名	平面形状	惯性矩 J_C	形心 C 距下底的距离 s
梯　形		$J_C = \dfrac{h^3}{36} \cdot \dfrac{m^2 + 4mn + n^2}{m+n}$	$s = \dfrac{h}{3} \cdot \dfrac{2m+n}{m+n}$

1.5.2　图解法

在求矩形平面所受液体总压力及作用点的问题上，采用图解法求解较为简便。

现取一矩形受压面如图 1-24 所示，有一铅垂矩形平面，宽度为 b，高度为 h，顶边与液面平齐。

1. 液体总压力的大小

根据作用在平面上液体总压力公式（1-22）有：

$$P = p_C A = \gamma h_C A = \gamma \frac{h}{2} bh = \frac{1}{2} \gamma bh^2$$

式中，$\frac{1}{2} \gamma h^2$ 为液体静压强分布图面积，用 Ω 表示。故上式可写为：

$$P = b\Omega \qquad (1\text{-}25)$$

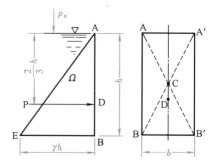

图 1-24　平面受液体总压力图解法

式（1-25）表明，作用在矩形平面上的液体总压力的大小等于该平面压强分布图的体积。

2. 液体总压力的方向

液体总压力的方向总是垂直指向受压面，这一点是不变的。

3. 液体总压力的作用点

由于受压面为矩形平面，故总压力 P 的作用点位置必然位于该平面的对称轴上，同时 P 的作用线一定通过压强分布图体积形心，且垂直指向受压面。

当压强分布图为三角形时（图 1-24），静水总压力 P 的作用线距压强分布图△ABE 的 BE 底边以上 $\frac{1}{3} h$ 处，即：

$$h_D = \frac{2}{3} h \qquad (1\text{-}26)$$

当压强分布图为梯形时，可以将梯形划分为一个矩形和一个三角形，使矩形和三角形上两个分力对某轴的矩等于总压力 P 对同一轴的矩。这样就可以求出总压力的作用线。

另外，还可以通过作图法求出梯形断面的形心，详见例题 1-10。

【例题 1-9】如图 1-25 所示，有一铅垂矩形闸门。已知 h_1 为 2m，h_2 为 4m，宽 b 为 1.5m，求作用此闸门上的静水总压力及其作用点。

【解】总压力为：

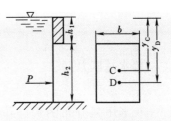

$$P = p_C A = \gamma h_C A = 9.807 \times \left(2 + \frac{4}{2} \right) \times 4 \times 1.5 = 235.4\text{kN}$$

压力作用点的位置确定：

$$y_D = y_C + \frac{J_C}{y_C A} = 4 + \frac{\frac{1}{12} \times 1.5 \times 4^3}{4 \times 1.5 \times 4} = 4.33\text{m}$$

$$x_D = \frac{b}{2} = \frac{1.5}{2} = 0.75\text{m}$$

图 1-25　铅垂矩形闸门

【例题 1-10】如图1-26所示，一引水涵洞的进水口设一高度 a 为 2.5m 的矩形平板闸门，闸门宽 $b=2$m，闸门前水深 $h_2=7$m，闸门倾斜角 $\theta=60°$，试求闸门上所受静水总压力的大小及作用点。

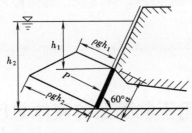

图 1-26

【解】1. 解析法

先求闸门形心处的水深：

$$h_C = h_2 - \frac{a}{2}\sin 60° = 7 - \frac{2.5}{2} \times 0.866 = 5.92\text{m}$$

则静水总压力：

$$P = \rho g h_C A = \rho g h_C ab = 9.807 \times 5.92 \times 2.5 \times 2 = 290\text{kN}$$

$$y_C = \frac{h_C}{\sin 60°} = \frac{5.92}{0.866} = 6.84\text{m}$$

$$J_C = \frac{1}{12}bh^3 = \frac{1}{12} \times 2 \times 2.5^3 = 2.6\text{m}^4$$

$$y_D = y_C + \frac{J_C}{y_C A} = 6.84 + \frac{2.6}{6.84 \times 2.5 \times 2} = 6.92\text{m}$$

静水总压力作用点 D 在水面下的深度为：

$$h_D = y_D \sin 60° = 6.92 \times 0.866 = 5.99\text{m}$$

2. 图解法

先绘制压强分布图，如图 1-26 中的梯形，再求闸门上下缘的静水压强 p_1、p_2：

$$h_1 = h_2 - a\sin 60° = 7 - 2.5 \times 0.866 = 4.84\text{m}$$

$$p_1 = \rho g h_1 = 9.807 \times 4.84 = 47.5\text{kPa}$$

$$p_2 = \rho g h_2 = 9.807 \times 7 = 68.6\text{kPa}$$

梯形面积：

$$\Omega=\frac{p_1+p_2}{2}a=\frac{47.5+68.6}{2}\times 2.5=145.1\text{m}^2$$

静水总压力：

$$P=\Omega b=145.1\times 2=290.2\text{kN}$$

梯形压强分布图形心位置，可以按式（1-22）计算，也可以通过以下作图法求得：如图 1-27 所示，设梯形上、下底边长分别为 b_1、b_2。将上底向一侧延长 b_2，下底向另一侧延长 b_1，将上下底延长线的端点用直线 cd 连接，并与上下底中点的连线 mn 相交于 O 点，该点 O 即为梯形的形心。形心至下底的距离 $On=e$。

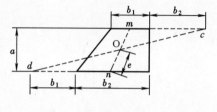

图 1-27 作用点的求解

按本题中 $b_1=47.5\text{kPa}$，$b_2=68.6\text{kPa}$，$a=2.5\text{m}$，作图得 $e=1.17\text{m}$，则静水总压力作用点在水面下的深度 h_D 为：

$$h_D=h_2-e\sin 60°=7-1.17\times 0.866=5.99\text{m}$$

1.6　作用于曲面上的液体总压力

在实际工程中常遇到受压面为曲面的情况。如贮水池壁面、圆管管壁、弧形闸门等。这些曲面多为二向曲面（或称柱面），因此，本节只讨论二向曲面静水总压力的问题。

1.6.1　作用在曲面上的液体总压力

图 1-28 为一母线垂直于纸面（即平行于 Oy 轴）的二向曲面，母线长（即柱面长）为 b，曲面的一侧受液体静压力的作用。现在讨论作用在曲面 AB 上的静水总压力的大小、方向和作用点。

1. 作用在曲面上的液体静压力的大小

由于压强与受压面正交，作用在曲面各微小面积上的压力正交于各自的微小面积，其方向是变化的。这样就不能像求平面总压力那样用直接积分求和的办法去求得全部曲面上的总压力。为此，可将曲面 A 看作由无数微小面积 dA 所组成，而作用在每一微小面积上的压力 dP 可分解成水平分力 dP_x 及垂直分力 dP_z。然后分别积分 dP_x 及 dP_z 得到 P 的水平分力 P_x 及垂直分力 P_z。这样便把求曲面总压力 P

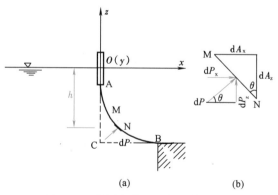

(a)　　　　　(b)

图 1-28　作用在曲面上的液体静压力

的问题也变为求平行力系合力 P_x 与 P_z 的问题。通常采用将曲面总压力分解为水平分力和铅垂分力，然后再求合力的方法求解。

为此，作许多母线分 AB 曲面为无穷多个微小曲面，以 MN 示其中之一，由于微小面积非常小所以可以认为它是个平面，其面积为 dA，水深为 h，作用在这一微小面积上的力 dP 在水平和垂直方向的投影为：

水平分力为：
$$dP_x = dP\cos\theta = \gamma h dA\cos\theta$$

铅直分力为：
$$dP_z = dP\sin\theta = \gamma h dA\sin\theta$$

又因为：
$$dA\sin\theta = dA_x;\quad dA\cos\theta = dA_z$$

则：
$$dP_x = \gamma h dA_z,\quad dP_z = \gamma h dA_x$$

式中　h——dA 面积的形心在液面以下的深度，m；

dA_x——dA 面在水平面 xOy 上的投影大小；

dA_z——dA 面在垂直面 yOz 上的投影大小。

将上式积分得：

$$P_x = \int dP_x = \int_{A_z} \gamma h dA_z = \gamma\int_{A_z} h dA_z \tag{1-27}$$

$$P_z = \int dP_z = \int_{A_x} \gamma h dA_x = \gamma\int_{A_x} h dA_x \tag{1-28}$$

式中，$h dA_z$ 为平面 dA_z 对水平轴 Oy 的静矩。由理论力学可知，积分 $\int h dA_z$ 等于曲面 AB 在铅垂平面上的投影面积 A_z 对自由液面 y 轴的静矩，它等于 A_z 与其形心在水面下的淹没深度 h_c 之乘积，即 $\int_{A_z} h dA_z = h_c A_z$ 以此代入上式，得：

$$P_x = \gamma\int_{A_z} h dA_z = \gamma h_c A_z$$

式中　A_z——曲面 AB 在垂直面 yOz 上的投影面面积，m²；

h_c——投影面 A_z 的形心在水面下的深度，m。

由此可见，作用在曲面 AB 上的静水总压力的水平分力 P_x 等于作用于该曲面的垂直投影面上的液体总压力。P_x 的作用方向是水平指向受压面，其作用点可按式（1-24）计算。

对垂直分力 P_z，由几何学知，式（1-28）右边的积分式中 $h dA_x$ 为作用在微小曲面 MN 上的液体体积。所以 $\int_{A_x} h dA_x$ 为作用在曲面 AB 上的液体体积 $OABDO'A'B'D'$（图 1-29），即：

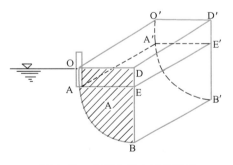

图 1-29　曲面上压力体的组成

$$P_z = \gamma\int_{A_x} h dA_x = \gamma V \tag{1-29}$$

式中　　$h dA_x$——微小平面 MN 所托液体的体积，m³；

$\int_{A_x} h dA_x$ ——代表曲面 AB 所托液体的体积，即以截面积为 OABD，长为 b 的柱体体积，以 V 表示，称为压力体。

式（1-29）表明，作用在曲面上静水压力的铅垂分力 P_z，等于该曲面的压力体液体的重量。

求 P_z 的关键是求出压力体体积。压力体即以曲面为底，以其在自由面或其延长面上的投影面为顶，曲面四周各点向上投影的垂直母线作侧面所包围的一个空间体积。

P_z 的作用线通过压力体的重心。

如果压力体和水体位于受压面的同侧，液体位于受压曲面的上方，在压力体内充满液体，称为实压力体，则 P_z 的方向向下，如图 1-30（a）所示。如压力体和液体分别位于受压曲面的两侧，液体位于受压曲面的下方，压力体内无液体，称为虚压力体，则 P_z 的方向向上，如图 1-30（b）所示。

作用在曲面上的静水总压力为：

$$P = \sqrt{P_x^2 + P_z^2} \tag{1-30}$$

2. 作用在受压曲面上的总压力的方向

P 的作用线与水平线的夹角 θ 为：

$$\theta = \arctan \frac{P_z}{P_x} \tag{1-31}$$

3. 作用在受压曲面上的总压力的作用点

静水总压力的作用线必然通过 P_x 与 P_z 的交点，对于圆柱体曲面，必定通过圆心。总压力 P 的作用线与曲面的交点，即为静水总压力的作用点。

以上推导的作用在平面与曲面上液体总压力 P 的公式只适用于液面压强为大气压。对密闭容器，当液面压强大于或小于大气压时，则应以相对压强为 0 的液面（即测压管水头所在的液面）求总压力和压力作用点。这个相对压强为 0 的液面和容器实际液面的距离为 $\left| p_0 - p_a \right| / \gamma$。

【例题 1-11】如图 1-31 所示，AB 为 $\frac{1}{4}$ 圆柱体曲面，半径 $R = 2.5$m，宽 $b = 4.0$m，A 点的水深 $OA = 2.0$m，求作用在曲面上的静水总压力及其作用点。

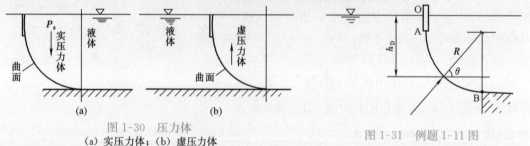

图 1-30 压力体
(a) 实压力体；(b) 虚压力体

图 1-31 例题 1-11 图

【解】 1. 求水平分力 P_x

$$P_x = \gamma h_c A_z = 9.807 \times \left(2.0 + \frac{2.5}{2}\right) \times 2.5 \times 4 = 318.7 \text{kN}$$

2. 求铅重分力 P_z

$$P_z = \gamma V = \gamma Ab = 9.807 \times \left(2.5 \times 2.0 + \frac{\pi}{4} \times 2.5^2\right) \times 4 = 388.6\text{kN}$$

3. 求合力 P

$$P = \sqrt{P_x^2 + P_z^2} = \sqrt{318.7^2 + 388.6^2} = 502.6\text{kN}$$

4. 求作用点

$$\theta = \arctan\frac{P_z}{P_x} = \arctan\frac{388.6}{318.7} = 50.6°$$

$$h_D = OA + R\sin\theta = 2.0 + 2.5\sin50.6° = 3.93\text{m}$$

【例题 1-12】已知管径为 2.0m，管内水压为 100mH$_2$O，管材容许应力 $[\sigma] = 150$MPa，如图 1-32 所示。试设计钢管的壁厚（忽略管路自重与水重）。

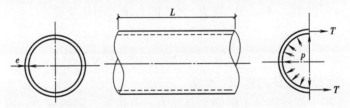

图 1-32　作用在管壁上的液体静压力

【解】由管内各点因位置高度不同所引起的压强差与管内设计压强 100mH$_2$O 相比较是很微小，可忽略不计。因此，认为管内同一横断面上各点处的压强分布是均匀的。

则作用在半环管内壁面上的静水总压力 P 的水平分力 P_x 等于半环垂直投影面上的压力：

$$P_x = pA_z = pLD$$

式中　p——管内静水压强，Pa；

$\quad$ A_z——管道横断面在铅垂方向投影面积，m^2；

$\quad$ L——管道长度，m；

$\quad$ D——管径，m。

作用于管内壁面上的静水总压力水平分力 P_x 应与半环管壁承受的拉力 T 相平衡，即：

$$P_x = 2T$$

则

$$T = \frac{P_x}{2} = \frac{1}{2}pLD$$

设 T 在管壁厚度 e 内是均匀分布的。根据安全的要求，管壁承受的拉应力应不大于容许拉应力，即：

$$[\sigma] \geqslant \frac{T}{eL} = \frac{pLD}{2eL} = \frac{pD}{2e}$$

由此可求出管壁厚度 e 为：$e \geqslant \dfrac{pD}{2[\sigma]} = \dfrac{100 \times 9.807 \times 2.0}{2 \times 150000} = 0.00654\text{m}$，取 $e = 7\text{mm}$。

1.6.2 液体的浮力

在工程设计与施工中，常常会遇到物体所受浮力及其稳定性的问题。

浮力是指浸入液体中的物体所受到的竖直向上的静水总压力。

如图 1-33 所示，有一淹没于静止液体中的六面体，各面均受到静水总压力的作用。作用在该六面体四个垂直面上的静水总压力，其大小相等、方向相反，因此互相抵消。

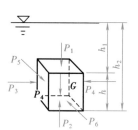

图 1-33 物体的浮力

作用在六面体顶面、底面上的静水总压力分别为 P_1、P_2，其值为：

$$P_1 = \gamma h_1 A \qquad 方向向下$$
$$P_2 = \gamma h_2 A \qquad 方向向上$$

因为 $h_1 < h_2$，所以 $P_2 > P_1$。P_2 与 P_1 之差即为该六面体所受浮力，用 P_z 表示，即：

$$P_z = P_2 - P_1 = \gamma h_2 A - \gamma h_1 A = \gamma h A = \gamma V$$

式中 V——物体所排开液体的体积，m^3。

上式表明，作用于淹没物体上的静水总压力只有铅垂方向的分力，因该力方向铅垂向上，故称浮力。其大小等于物体所排开的同体积的液体的重力，这就是著名的阿基米德原理。浮力的作用点通过所排开液体的体积形心，该点称为浮心。

下面我们来讨论物体的沉浮。

沉浸在液体中的物体受到两个力的作用，即物体的重力 G 和浮力 P_z。G 与 P_z 的相对大小决定着物体的沉浮：

当 $G > P_z$ 时，物体下沉。这种物体称为沉体，例如石块在水中下沉等。

当 $G = P_z$ 时，物体可在水中任何深度保持平衡。这种物体称为潜体，例如潜水艇。

当 $G < P_z$ 时，物体浮出水面，当物体在水下部分所排开液体重力刚好等于物体所受重力时，物体保持平衡。这种物体称为浮物，例如船舶、比重计等。

单 元 小 结

本单元重点介绍了根据力学平衡条件研究静压强的空间分布规律，围绕流体静压强介绍了其定义、特性、两种基准和三种量度方法以及常用测量仪器等，重点介绍了流体静压强的基本方程式及其在工程中的实际应用，对作用于平面和曲面上液体压力进行了分析，给出了分析思路和计算公式。学习中应该充分掌握流体静压强基本方程的应用方法，利用等压面的概念正确求解静压强的大小，能够熟练绘制静压分布图，切实掌握作用于平面上的液体总压力的计算方法。

思 考 题 与 习 题

1. 流体静压强和流体静压力有何不同？

2. 流体静压强基本方程的两种形式是什么？它们分别表示了什么含义？

3. 在静止液体中，各点的位置水头、压强水头和测压管水头均相等吗？

4. 流体静压强有几种表示方法，它们之间的关系是什么？

5. 在工程计量中，为何常采用工程大气压计量而不用标准大气压计量？

6. 从点的流体静压强到平面或曲面的静水总压力，然后到整个物体所受的浮力，相互之间有什么联系？

7. 在计算曲面静水总压力时，实压力体和虚压力体如何构成？

8. 某地大气压强为 98.07kN/m²，求（1）绝对压强为 117.7kN/m² 时的相对压强及其水柱高度；（2）相对压强为 8mH₂O 时的绝对压强；（3）绝对压强为 78.3kN/m² 时的真空压强。

9. 封闭容器水面绝对压强 p_0' 为 85kPa，中央的玻璃管是两端开口的，如图 1-34 所示，求玻璃管应伸入水面下多少深度时，既无空气通过玻璃管进入容器，又无水进入玻璃管？

10. 密闭容器（图 1-35）的水面的绝对压强 p_0'=107.7kN/m²，当地大气压强 p_a=98.07kN/m²。试求（1）水深 h=0.8m 时，A 点的绝对压强和相对压强；（2）若 A 点距基准面的高度 Z=4m，求 A 点的测压管高度及测压管水头；（3）压力表 M 和酒精（γ=7.944kN/m³）测压计的读数分别为多少？

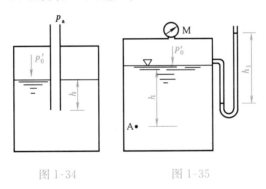

图 1-34   图 1-35

11. 在盛满水的容器顶口安置一活塞 A，如图 1-36 所示，其直径 d 为 0.5m，容器底部直径 D 为 1.0m，高 h 为 2.0m，如活塞 A 上加力 G 为 3000N（包括活塞自重），求容器底的压强及总压力。

12. 如图 1-37 所示的 1、2、3 点的位置水头、压强水头及测压管水头是否相等？

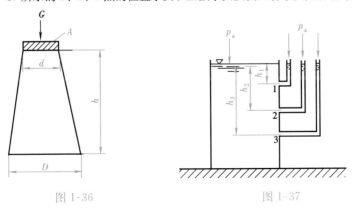

图 1-36   图 1-37

13. 如图 1-38 所示为复式水银测压计，试判断 A-A、B-B、C-C、D-D、C-E 中哪个是等压面，哪个不是等压面？

14. 水管上安装一复式水银测压计如图 1-39 所示。问 p_1、p_2、p_3、p_4 哪个最大？哪个最小？哪些相等？

15. 如图 1-40 所示，管路上安装一 U 形测压计，测得 $h_1=30\text{cm}$，$h_2=60\text{cm}$，又已知（1）γ 为油（$\gamma_{油}$ $=8.354\text{kN/m}^3$），γ_1 为水银；（2）γ 为油，γ_1 为水；（3）γ 为气体，γ_1 为水，求 A 点相对压强的水柱高度。

16. 重度为 γ_a 和 γ_b 的两种液体，装在同一容器中，各液面深度如图 1-41 所示。现已知 $\gamma_b=$ 9.807kN/m^3，大气压强 $p_a=98.07\text{kN/m}^2$，求 γ_a 及 p_A。

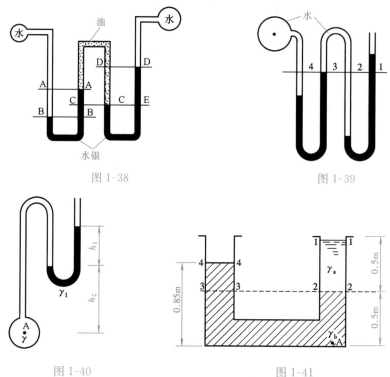

图 1-38　　　　　　　　　　　　　　图 1-39

图 1-40　　　　　　　　　　　　图 1-41

17. 一盛水的封闭容器，其两侧各接一根玻璃管，如图 1-42 所示。一管顶端封闭，其液面绝对压强 p_0' 为 88.29kN/m^2。另一管顶端敞开，液面与大气接触。已知 h_0 为 2m，试求：（1）容器内液面绝对压强 p_c'；（2）敞口管与容器内的液面高差 x；（3）用真空值表示封闭管液面压强。

18. 封闭水箱如图 1-43 所示，各测压管的液面高度为：$\triangledown_1=100\text{cm}$，$\triangledown_2=20\text{cm}$，$\triangledown_4=60\text{cm}$，则 $\triangledown_3$ 为多少？

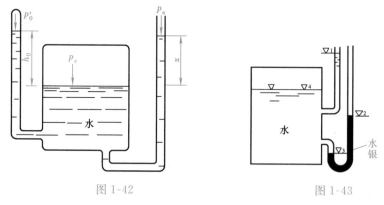

图 1-42　　　　　　　　　　　图 1-43

19. 如图 1-44 所示，两高度差 $Z=20\text{cm}$ 的水管，当 γ_1 为空气及油（$\gamma_{油}=9\text{kN/m}^3$）时，$h$ 均为 10cm，试分别求两管的压差。

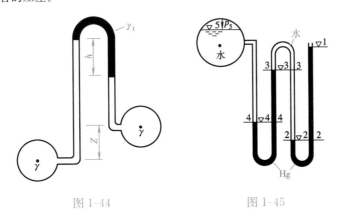

图 1-44　　　　　　　　　　　图 1-45

20. 如图 1-45 所示，复式测压计各液面高程为：$\triangledown_1=3.0\text{m}$，$\triangledown_2=0.6\text{m}$，$\triangledown_3=2.5\text{m}$，$\triangledown_4=1.0\text{m}$，$\triangledown_5=3.5\text{m}$，求 p_5。

21. 如图 1-46 所示，水平桌面上的形状不同的盛水容器，当容器底面积 A 及水深 h 均相等时，问：

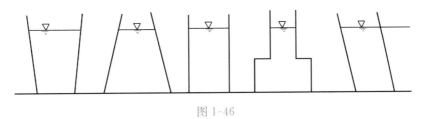

图 1-46

(1) 各容器底面上所受的液体静压力是否相等？为什么？
(2) 容器底面上所受的液体静压力与桌面上所受的压力是否相等？为什么？
(3) 液体静压强的大小与容器的形状有无关系？为什么？

22. 绘制出图 1-47 中各受压面的液体静压强分布图。

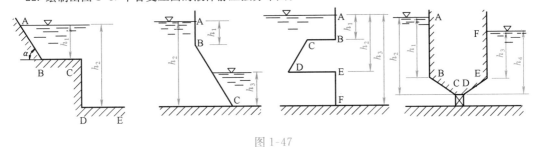

图 1-47

23. 有一矩形水箱，如图 1-48 所示，已知长 $l=2\text{m}$，宽 $b=1.2\text{m}$，水深 $h=1.0\text{m}$，试求水箱底面及侧面 ABCD 所受的总静压力及作用点。

24. 如图 1-49 所示，水下矩形闸门高 $h=2.5\text{m}$，宽 $b=2.3\text{m}$，闸门两侧都有水作用，求作用在闸门上的静水总压力及其作用点。

25. 绘制出如图 1-50 所示的两个曲面上的压力体。若图（b）为宽 1m 的半圆柱面，且 D 为 3m，求作用在该面上的静水总压力及作用点。

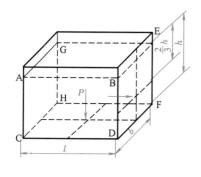

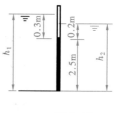

图 1-48   图 1-49

26. 有一圆滚门，如图 1-51 所示，长度 $l=10\text{m}$，直径 $D=4\text{m}$，上游水深 $H_1=4\text{m}$，下游水深 $H_2=2\text{m}$，求作用于圆滚门上的水平和铅直分压力。

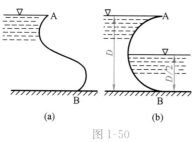

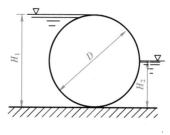

图 1-50   图 1-51

教学单元 2 　一元流体动力学

【教学目标】通过本单元教学，使学生熟练掌握恒定流连续性方程式及其应用，恒定流能量方程式及其方程式的意义；理解气流方程表达式与液流方程表达式的区别；掌握恒定流能量方程及气流能量方程在工程中的应用，以及管路水头线、压力线的绘制方法和管网的压力分布图；理解流体运动的基本概念，如流线、恒定流、渐变流等；了解描述流体运动的两种方法以及恒定流动量方程。

【素质目标】结合恒定流能量方程式的推导过程，学习科学家锲而不舍的研究精神；树立抓住主要矛盾、解决关键问题的自然辩证法思维；结合精选的暖通、空调、环境等专业涉及的工程实例，加深专业认同感，树立工程意识。

在自然界或工程实际中，流体的静止、平衡状态都是暂时的、相对的，是流体运动的特殊形式，运动才是绝对的。流体最基本的特征就是它的流动性。因此，进一步研究流体的运动规律具有更重要、更普遍的意义。

流体动力学就是研究流体运动规律及其在工程上的实际应用的科学。本教学单元研究流体的运动要素——压强、密度、速度、作用力、加速度间的相互关系；并根据流体运动实际情况，研究反映流体运动基本规律的三个方程式，即：流体的连续性方程式、能量方程式和动量方程式。这三个方程式称为流体动力学三大基本方程式，它们在整个工程流体力学中占有非常重要的地位。

流体静力学与流体动力学的主要区别是：

一是在进行力学分析时，静力学只考虑作用在流体上的重力和压力；动力学除了考虑重力和压力外，由于流体运动，还要考虑因流体质点速度变化所产生的惯性力和流体流层与流层间、质点与质点间因流速差异而引起的黏滞力。二是在计算某点压强时，流体的静压强只与该点所处的空间位置有关，与方向无关；动力学中的压强，一般指动压强，不仅与该点所处的空间位置有关，还与方向有关。但是由理论推导可以证明，任意一点在三个正交方向上流体动压强的平均值是一个常数，不随这三个正交方向的选取而变化，这个平均值作为点的动压强，它也只与流体所处的空间位置有关。因此，为不至于混淆，流体流动时的动压强和流体静压强均可简称为压强。

2.1　描述流体运动的两种方法

2.1.1　拉格朗日法

拉格朗日法是沿袭固体力学的方法，把流体看作是由无数连续质点所组成的质点系，以研究个别流体质点的运动为基础，通过对每个流体质点运动规律的研究来确定整个流体的运动规律，这种方法称为拉格朗日法。

拉格朗日法的特点是追踪流体质点的运动，这和研究固体质点运动的方法完全相同，因而它的优点就是可以直接运用固体力学中早已建立的质点系动力学来进行分析。然而，由于流体质点的运动轨迹非常复杂，实际上难以实现，因此拉格朗日法在流体动力学的研究中很少采用。

2.1.2　欧拉法

欧拉法是以流体运动所处的固定空间为研究对象，考察每一时刻通过各固定点、固定断面或固定空间的流体质点的运动情况，从而确定整个流体的运动规律，这种方法称为欧拉法。

实际上，绝大多数的工程问题并不要求追踪质点的来龙去脉，而只分析一些有代表性的断面、位置上流体的速度、压强等运动要素的变化情况。例如，扭开龙头，水从管中流出；打开门窗，空气从门窗流入；开动风机，风从工作区间抽出，我们并不追踪水的各个质点的前前后后，也不探求空气的各个质点的来龙去脉，而是研究：水从管中以怎样的速度流出；空气经过门窗，以什么流速流入；风机抽风，工作区间风速如何分布。只要分析出每一时刻流体质点经过水龙头处、门窗洞口断面上、工作区间内时的运动要素，就能确定其运动规律。这种方法比较简单，在流体动力学的研究中得到广泛采用。

在以后的讨论中，如不加说明，均以欧拉法为描述问题的方法。

2.2　描述流体运动的基本概念

2.2.1　压力流与无压流

流体运动时，流体充满整个流动空间并在压力作用下的流动，称为压力流。压力流的特点是没有自由表面，且流体对固体壁面的各处包括顶部（如管壁顶部）有一定的压力，如图 2-1 (a) 所示。

液体流动时，具有与气体相接触的自由表面，且只依靠液体自身重力作用下的流动，称为无压流。无压流的特点是具有自由表面，液体的部分周界与固体壁面相接触，如图 2-1 (c) 所示。

在压力流中，流体的压强一般大于大气压强（水泵吸水管等局部地区可以小于大气压强），工程实际中的给水排水、供暖、通风等管道中的流体运动，都是压力流。在无压流中，自由表面上的压强等于大气压强，实际中的各种排水管、明渠、天然河流等液流都

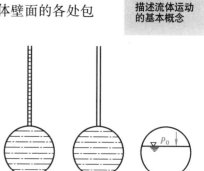

图 2-1　压力流与无压流
(a) 圆管压力流；(b) 圆管满流；
(c) 圆管无压流

是无压流。在压力流与无压流之间有一种满流状态，如图 2-1（b）所示。其流体的整个周界均与固体壁面相接触，但对管壁顶部没有压力。在工程中，近似地按无压流看待。

2.2.2　恒定流与非恒定流

流体运动时，流体任意一点的压强、流速、密度等运动要素不随时间而发生变化的流动，称为恒定流。如图 2-2（a）所示，水从水箱侧孔出流时，由于水箱上部的水管不断充水，使水箱中水位保持不变，因此水流任意点的压强、流速均不随时间改变，所以是恒定流。

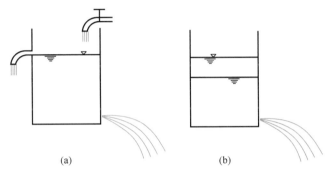

图 2-2　液体经孔口出流

（a）恒定流；（b）非恒定流

流体运动时，流体任意一点的压强、流速、密度等运动要素随时间而发生变化的流动，称为非恒定流。如图 2-2（b）所示，水从水箱侧孔出流时，由于水箱上无充水管，水箱中的水位逐渐下降，造成水流各点的压强、流速均随时间改变，所以是非恒定流。

工程流体力学以恒定流为主要研究对象。水暖通风给水排水、环境化工等工程中的一般流体运动均按恒定流考虑。

2.2.3　流线与迹线

流线是指同一时刻流场中一系列流体质点的流动方向线，即在流场中画出的一条曲线，在某一瞬时，该曲线上的任意一点的流速矢量总是在该点与曲线相切。如图 2-3 所示，由于流体的每个质点只能有一个流速方向，所以过一点只能有一条流线，或者说流线不能相交；流线只能是直线或光滑曲线，而不能是折线，否则折点上将有两个流速方向，显然是不可能的。因此，流线可以形象地描绘出流场内的流体质点的流动状态，包括流动方向和流速的大小，流速大小可以由流线的疏密得到反映。流线是欧拉法对流动的描绘，如图 2-4 所示。

迹线是指某一流体质点在连续时间内的运动轨迹。

流线和迹线，是两个截然不同的概念，学习时注意区别。对于恒定流，因为流速不随时间变化，流线与迹线完全重合，所以可以用迹线来反映流线。

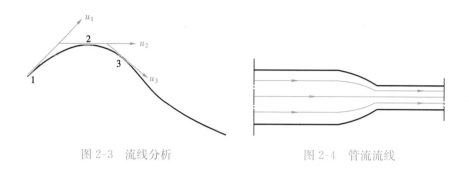

图 2-3　流线分析　　　　　　　图 2-4　管流流线

2.2.4　一元、二元和三元流

一元流是指流速等运动要素只是一个空间坐标和时间变量的函数的流动。如管道内的流动，当忽略横向尺寸上各点速度的差别时，速度只沿着管长 x 方向上有变化，其他方向无变化，这就是一元流。其数学表达式为：

$$v_x = f(x,t)$$

二元流是指流速等运动要素是两个空间坐标和时间变量的函数的流动。如流体流过无限长圆柱的流动就属于二元流。其数学表达式为：

$$v_x = f_1(x,y,t)$$

$$v_y = f_2(x,y,t)$$

流体流过有限长圆柱时，圆柱两端亦有绕流，这时流速等运动要素是三个空间坐标和时间变量的函数，就是三元流。其数学表达式为：

$$v_x = f_1(x,y,z,t)$$
$$v_y = f_2(x,y,z,t)$$
$$v_z = f_3(x,y,z,t)$$

工程中大多是三元流问题，但由于三元流的复杂性，往往根据具体问题的性质把其简化为二元或一元流来处理亦能得到满意的结果。

2.2.5　元流与总流

在流体运动的空间内，任取一封闭曲线 S，过曲线 S 上各点作流线，这些流线所构成的管状流面称为流管，充满流体的流管称为流束，把面积为 dA 的微小流束称为元流，面积为 A 的流束则是无数元流的总和，称为总流，如图 2-5 所示。

元流横断面积无限小，其上的流速、压强等可以认为是相等的。

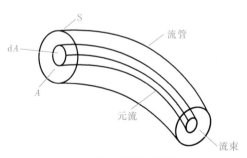

图 2-5　元流与总流

2.2.6　过流断面、流量和断面平均流速

1. 过流断面

在流束上作出的与流线相垂直的横断面，称为过流断面，如图 2-6 所示。流线互相平行时，过流断面为平面；流线互相不平行时，过流断面为曲面。

2. 流量

单位时间内通过某过流断面的流体量称为流量，通常用流体的体积、质量和重量来计量，分别称为体积流量 Q（m³/s），质量流量 m（kg/s），重量流量 G（N/s）。

如图 2-7 所示，设元流过流断面的面积为 $\mathrm{d}A$，流速为 u，经过时间 $\mathrm{d}t$，元流相对于断面 1-1 的位移 $\mathrm{d}l=u\mathrm{d}t$，则该时间内通过断面 1-1 的流体体积：

$$\mathrm{d}V=\mathrm{d}l\mathrm{d}A=u\mathrm{d}t\mathrm{d}A$$

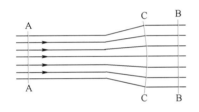

图 2-6　过流断面

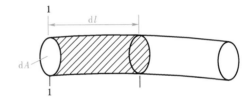

图 2-7　流量分析

将等式两端同除 $\mathrm{d}t$，即得元流体积流量：

$$\mathrm{d}Q=\frac{\mathrm{d}V}{\mathrm{d}t}=u\mathrm{d}A \tag{2-1}$$

由于总流是无数元流的总和，则总流的体积流量：

$$Q=\int_{\mathrm{A}}u\mathrm{d}A \tag{2-2}$$

3. 断面平均流速

我们知道，流体运动时，由于黏性影响，过流断面上的流速分布是不相等的。以管流为例，管壁附近流速较小，轴线上流速最大，如图 2-8 所示。为了便于计算，设想过流断面上流速 v 均匀分布，通过的流量与实际流量相等，流速 v 称为该断面的平均流速，即：

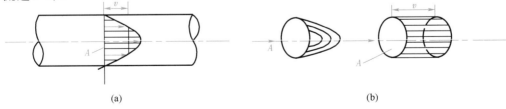

(a)

(b)

图 2-8　断面平均流速

$$vA = \int_A u\mathrm{d}A = Q \qquad (2\text{-}3)$$

则
$$v = \frac{Q}{A} \qquad (2\text{-}4)$$

式中　Q——流体的体积流量，$\mathrm{m^3/s}$；

　　　v——断面平均流速，$\mathrm{m/s}$；

　　　A——总流过流断面面积，$\mathrm{m^2}$。

【例题 2-1】有一矩形通风管道，断面尺寸为：高 $h=0.3\mathrm{m}$，宽 $b=0.5\mathrm{m}$，若管道内断面平均流速 $v=7\mathrm{m/s}$，试求空气的体积流量和质量流量（空气的密度 $\rho=1.2\mathrm{kg/m^3}$）。

【解】根据公式（2-4），空气的体积流量为：
$$Q=vA=7\times0.3\times0.5=1.05\mathrm{m^3/s}$$

空气的质量流量为：
$$m=\rho Q=1.2\times1.05=1.26\mathrm{kg/s}$$

【例题 2-2】已知蒸汽的重量流量 $G=19.62\mathrm{kN/h}$，重度 $\gamma=25.7\mathrm{N/m^3}$，断面平均流速 $v=25\mathrm{m/s}$，试求蒸汽管道的直径。

【解】由于蒸汽管道的过流面积 $A=\frac{1}{4}\pi d^2$，则：
$$G=\gamma Q=\gamma vA=\frac{1}{4}\pi d^2\gamma v$$

代入 $v=25\mathrm{m/s}$，$\gamma=25.7\mathrm{N/m^3}$，$G=19.62\mathrm{kN/h}=\frac{19.62}{3600}\times10^3=5.45\mathrm{N/s}$

由此可得蒸汽管道的直径：
$$d=\sqrt{\frac{4G}{\pi\gamma v}}=\sqrt{\frac{4\times5.45}{3.14\times25.7\times25}}=0.104\mathrm{m}=104\mathrm{mm}$$

2.2.7　均匀流与非均匀流、渐变流与急变流

均匀流是指过流断面的大小和形状沿程不变，过流断面上流速分布也不变的流动，凡不符合上述条件的流动则为非均匀流，由此可见，均匀流的特点是流线互相平行，过流断面为平面，均匀流是等速流。

工程中存在的流动大多数都不是均匀流，在非均匀流中，按流线沿流向变化的缓急程度又可分为渐变流和急变流。渐变流是指流速沿流向变化较缓，流线近似平行直线的流

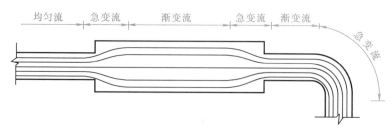

图 2-9　渐变流和急变流

动；凡不符合上述条件的流动则为急变流，如图 2-9 所示。渐变流的特点是只受重力和压力作用，无离心力作用，过流断面近乎平面。

2.3　恒定流连续性方程式

流体的运动，属于机械运动范畴。因此，物理学中的质量守恒定律、能量转换与守恒定律以及动量定律等也适用于流体。本节利用质量守恒定律，分析研究流体在一定空间内的质量平衡规律。

在总流中，任取一元流段面积为 dA_1 和 dA_2 的 1-1、2-2 两个过流断面为研究对象，如图 2-10 所示，设 dA_1 的流速为 u_1，dA_2 的流速为 u_2，则 dt 时间内流入断面1-1的流体质量为 $\rho_1 dA_1 u_1 dt$，流出断面 2-2 的流体质量为 $\rho_2 dA_2 u_2 dt$。在恒定流条件下，两断面间流动空间内流体质量不变，流体又是连续的，根据质量守恒定律流入 1-1 断面的流体质量必等于流出 2-2 断面的流体质量。即：

$$\rho_1 u_1 dA_1 dt = \rho_2 u_2 dA_2 dt$$

两端同除 dt 得：

$$\rho_1 u_1 dA_1 = \rho_2 u_2 dA_2 \qquad (2\text{-}5)$$

式（2-5）即为恒定流可压缩流体的连续性方程式。

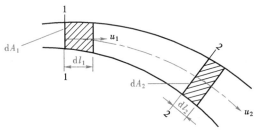

图 2-10　总流的质量平衡

当流体不可压缩时密度为常数 $\rho_1 = \rho_2$，有：

$$u_1 dA_1 = u_2 dA_2 \qquad (2\text{-}6)$$

对总流过流断面 A_1 和 A_2 积分，则得总流连续性方程为：

$$\int_{A_1} u_1 dA_1 = \int_{A_2} u_2 dA_2 \qquad (2\text{-}7)$$

即

$$v_1 A_1 = v_2 A_2$$

亦即

$$Q_1 = Q_2 \qquad (2\text{-}8)$$

或

$$\frac{v_1}{v_2} = \frac{A_2}{A_1} \qquad (2\text{-}9)$$

上式表明：不可压缩流体在管内流动时，管径越大，断面上的流速越小；反之，管径越小，断面上的流速越大。

上述连续性方程所讨论的只是单进单出的简单管道。从此原理出发很容易将连续性方程推广到复杂管道，如三通的合流与分流，据质量守恒定律可得：

分流时

$$Q_1 = Q_2 + Q_3$$
$$v_1 A_1 = v_2 A_2 + v_3 A_3$$

合流时

$$Q_1 + Q_2 = Q_3$$
$$v_1 A_1 + v_2 A_2 = v_3 A_3$$

由于连续性方程式并未涉及作用在流体上的力，因此对于理想流体和实际流体均适用。

【例题 2-3】 如图2-11所示，有一变径水管，已知管径 $d_1=200\text{mm}$，$d_2=100\text{mm}$，若 d_1 处的断面平均流速 $v_1=0.25\text{m/s}$，试求 d_2 处的断面平均流速 v_2。

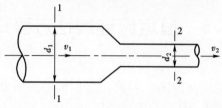

图 2-11 变径水管

【解】 由于圆管的面积 $A=\dfrac{1}{4}\pi d^2$，根据公式（2-9）可得：

$$\frac{v_1}{v_2}=\frac{A_2}{A_1}=\frac{\frac{1}{4}\pi d_2^2}{\frac{1}{4}\pi d_1^2}=\frac{d_2^2}{d_1^2}$$

即

$$\frac{v_1}{v_2}=\frac{d_2^2}{d_1^2}$$

上式表明断面平均流速与圆管直径的平方成反比。

把 $v_1=0.25\text{m/s}$，$d_1=200\text{mm}$，$d_2=100\text{mm}$ 代入上式，由此解得 d_2 处的断面平均流速为：

$$v_2=v_1\frac{d_1^2}{d_2^2}=0.25\left(\frac{0.2}{0.1}\right)^2=0.25\times4=1\text{m/s}$$

2.4 恒定流能量方程式

从物理学中我们知道，自然界的一切物质都在不停地运动着，它们所具有的能量也在不停地转化。在转化过程中，能量既不能创造，也不能消灭，只能从一种形式转化为另外一种形式，这就是能量转换与守恒定律。

本节利用能量转换与守恒定律，分析恒定流条件下，流体在一定空间内的能量平衡规律。流体和其他物质一样，具有动能和势能两种机械能。流体的动能和势能之间，机械能与其他形式的能量之间，也可以互相转化，并且它们之间的转化关系，同样遵守着能量转换与守恒定律。

2.4.1 元流能量方程

根据功能原理可以推导出元流能量方程式。在恒定流中任意取一元流断面 1-1 与 2-2 之间的元流流段为研究对象，如图2-12所示。两断面的高程和面积分别为

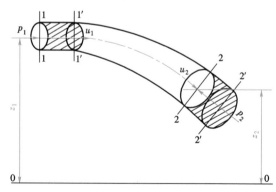

图 2-12 元流能量方程式推导

z_1、z_2 和 dA_1、dA_2，两断面的流速和压强分别为 u_1、u_2 和 p_1、p_2。经过 dt 时间，流段由原来的位置 1-2 移到新的位置 $1'$-$2'$。

现讨论该流段中能量的变化与外界做功的关系，即外界对流段所做的功等于流段机械能的变化。

压力做功，包括断面 1-1 所受压力 $p_1 dA_1$ 所做的正功 $p_1 dA_1 u_1 dt$，和断面 2-2 所受压力 $p_2 dA_2$ 所做的负功 $p_2 dA_2 u_2 dt$。做功的正或负，根据压力方向和位移方向是相同或相反确定。元流侧面压力和流段正交，不产生位移，不做功。

所以压力做功为：

$$p_1 dA_1 u_1 dt - p_2 dA_2 u_2 dt = (p_1 - p_2) dQdt \tag{2-10}$$

流段所获得的能量，可以对比流段在 dt 时段前后所占有的空间来确定。流段在 dt 时段前后所占有的空间虽然有变动，但 $1'$、2 两断面空间则是 dt 时段前后所共有。在这段空间内的流体，不但位能不变，动能由于流动的恒定性，各点流速不变，也保持不变。所以，能量的增加，只应就流体占据的新位置 2-$2'$ 所增加的能量，和流体离开原位置 1-$1'$ 所减少的能量来计算。

由于流体不可压缩，新旧位置 1-$1'$、2-$2'$ 所占据的体积等于 $dQdt$，质量等于 $\rho dQdt = \dfrac{\gamma dQdt}{g}$。根据物理公式，动能为 $\frac{1}{2}mu^2$，位能为 mgz。所以，动能增加为：

$$\frac{\gamma dQdt}{g}\left(\frac{u_2^2}{2} - \frac{u_1^2}{2}\right) = \gamma dQdt\left(\frac{u_2^2}{2g} - \frac{u_1^2}{2g}\right) \tag{2-11}$$

位能增加为：

$$\gamma(z_2 - z_1)\,dQdt \tag{2-12}$$

根据压力做功等于机械能增加量原理，即式（2-10）＝式（2-11）＋式（2-12）得：

$$(p_1 - p_2)dQdt = \gamma(z_2 - z_1)dQdt + \gamma\left(\frac{u_2^2}{2g} - \frac{u_1^2}{2g}\right)dQdt$$

将上式中各项除以 $\gamma dQdt$，并按断面分别列入等式两边，则：

$$z_1 + \frac{p_1}{\gamma} + \frac{u_1^2}{2g} = z_2 + \frac{p_2}{\gamma} + \frac{u_2^2}{2g} \tag{2-13}$$

这就是理想不可压缩流体元流能量方程，或称为伯努利方程。在方程的推导过程中，两断面的选取是任意的。所以，很容易把这个关系推广到元流的任意断面。即：

$$z + \frac{p}{\gamma} + \frac{u^2}{2g} = 常数 \tag{2-14}$$

实际流体考虑黏性阻力，元流的黏性阻力做负功，使机械能沿流向不断衰减。以符号 h'_w 表示元流 1、2 两断面间单位能量的衰减，则单位能量方程式（2-13）将变为：

$$z_1 + \frac{p_1}{\gamma} + \frac{u_1^2}{2g} = z_2 + \frac{p_2}{\gamma} + \frac{u_2^2}{2g} + h'_w \tag{2-15}$$

2.4.2　总流能量方程

总流是无数元流的总和，总流的能量方程就应是元流能量方程在两过流断面范围内的积分。

在公式（2-15）等号两边同乘 γdQ，方程变为单位时间通过总流两过流断面的总能量方程，积分则有：

$$\int_Q \left(z_1 + \frac{p_1}{\gamma} + \frac{u_1^2}{2g}\right)\gamma\,\mathrm{d}Q = \int_Q \left(z_2 + \frac{p_2}{\gamma} + \frac{u_2^2}{2g} + h_w'\right)\gamma\,\mathrm{d}Q$$

或　　$$\int_Q \left(z_1 + \frac{p_1}{\gamma}\right)\gamma\,\mathrm{d}Q + \int_Q \frac{u_1^2}{2g}\gamma\,\mathrm{d}Q = \int_Q \left(z_2 + \frac{p_2}{\gamma}\right)\gamma\,\mathrm{d}Q + \int_Q \frac{u_2^2}{2g}\gamma\,\mathrm{d}Q + \int_Q h_w'\gamma\,\mathrm{d}Q$$

$$(2\text{-}16)$$

1. 势能项积分

我们先来讨论势能积分这一项，即：

$$\int_Q \left(z + \frac{p}{\gamma}\right)\gamma\,\mathrm{d}Q$$

$$\int_Q \left(z + \frac{p}{\gamma}\right)\gamma\,\mathrm{d}Q = \gamma\int_A \left(z + \frac{p}{\gamma}\right)u\,\mathrm{d}A$$

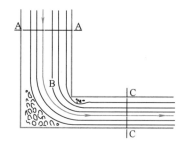

图 2-13　渐变流与急变流

这一积分的确定，需要知道 $\left(z + \frac{p}{\gamma}\right)$ 即流体势能在总流过流断面上的分布情况。而过流断面上流体势能的分布规律与流体的运动状况有关。如图 2-13 所示，流体在 A、C 区内的流动为渐变流；在 B 区内的流动为急变流。

这里，我们根据渐变流的定义，来分析渐变流过流断面上流体质点所受到的作用力。

流体在运动过程中，一般要受到重力、黏性力、惯性力和压力四个力的作用。其中，重力是不变的，黏性力和惯性力与流体质点的流速有关，而压力则是平衡其他三力的结果。

由于流体做渐变流动时，流速沿流向变化较缓，即流速的大小和方向沿流向变化均比较缓慢。因此，由流速大小改变引起的直线惯性力以及由流速方向改变所引起的离心惯性力均很小，所以它们在渐变流过流断面上的投影可以忽略不计。这就是说，在渐变流过流断面上，可以不考虑惯性力作用。

又由于流体渐变流时，流线近乎平行直线，因此其过流断面可以认为是平面。据此分析，并由过流断面的定义可知，流线即流速方向线与该平面是相垂直的，而阻滞流体运动的黏性力，沿着流速方向作用，即黏性力也与渐变流过流断面相垂直，因而它在该平面上的投影为 0。

事实上，渐变流过流断面并不是一个真正的平面，而是一个近似的平面（其曲率很小），因而黏性力在它上面的投影不为 0，但是由于这一投影很小，可以忽略不计。所以，在渐变流过流断面上也可以不考虑黏性力作用。

综上所述，在渐变流过流断面上只考虑重力和压力作用，这与静止流体所处的条件相同。所以，渐变流过流断面上的压强分布服从静力学规律，即在同一断面上（图 2-14），流体各质点的测压管水头 $z + \frac{p}{\gamma} = $ 常数。

应当指出，对于不同的过流断面，由于流体在运动过程中，要克服流动阻力而引起能量损失，所以渐变流各断面的测压管水头一般是不相等的。如在图 2-14 中：

$$z_A + \frac{p_A}{\gamma} \neq z_B + \frac{p_B}{\gamma}$$

至于急变流，由于流速沿流向变化较急，因流速大小改变所引起的直线惯性力和因流速方向改变所引起的离心惯性力均不能忽略。另外，由于急变流的流线不是平行直线，因而其过流断面为曲面（其曲率一般较大），所以黏性力在它上面的投影也不能忽略，也就是说，在急变流过流断面上，同时受到了重力、压力、黏性力和惯性力四力作用。这与静止流体所处的条件截然不同。因此，急变流过流断面上的压强分布不同于静压强分布规律。

如图 2-15 所示，流体在弯管中的流动情况，是流速方向沿流向急剧改变的典型例子。为了简单起见，我们把图中的 A-A 断面近似地看作为急变流的过流断面，在该断面上，由于流体受到了离心惯性力的作用，致使过流断面上流体质点的测压管水头随着离心力的增大而增大，表明在急变流的同一过流断面上，流体各点的测压管水头 $z + \frac{p}{\gamma} \neq$ 常数。

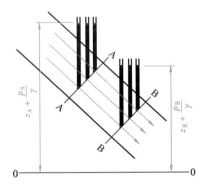

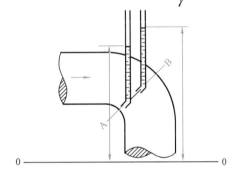

图 2-14　渐变流的测压管水头　　　　图 2-15　急变流的测压管水头

现在，让我们回到上面所讨论的第一项积分，当我们选取的过流断面为渐变流断面时，由于其过流断面上各流体质点的测压管水头 $\left(z + \frac{p}{\gamma}\right) =$ 常数，于是：

$$\int_Q \left(z + \frac{p}{\gamma}\right) \gamma \, dQ = \gamma \int_A \left(z + \frac{p}{\gamma}\right) u \, dA = \left(z + \frac{p}{\gamma}\right) \gamma Q$$

2. 动能项积分

$$\int_Q \frac{u^2}{2g} \gamma \, dQ = \int_A \frac{u^3}{2g} \gamma \, dA = \frac{\gamma}{2g} \int_A u^3 \, dA$$

恒定总流过流断面上的各点的流速不同，为使能量方程得以简化，引入动能修正系数 α，定义如下：

$$\alpha = \frac{\int_A u^3 \, dA}{\int_A v^3 \, dA} = \frac{\int_A u^3 \, dA}{v^3 A}$$

则

$$\frac{\gamma}{2g} \int_A u^3 \, dA = \frac{\gamma}{2g} \int_A \alpha v^3 \, dA = \frac{\alpha v^2}{2g} \gamma Q$$

α 值根据流速在断面上分布的均匀性来决定。流速分布均匀，$\alpha=1$；流速分布愈不均匀，α 值愈大。一般在管流的紊流流动中，流速分布较均匀，$\alpha=1.05\sim1.1$。在实际工程计算中，常取 $\alpha=1$。

3. 能量损失项积分

$$\int_Q h'_w \gamma dQ$$

表示单位时间内流过断面的流体克服 1～2 流段的阻力做功所损失的能量。总流中各元流能量损失也是沿断面变化的。为了计算方便，设 h_w 为平均单位能量损失。则：

$$\int_Q h'_w \gamma dQ = h_w \gamma Q$$

现将以上各项积分值代入原积分式（2-16），则有：

$$\left(z_1+\frac{p_1}{\gamma}\right)\gamma Q+\frac{\alpha_1 v_1^2}{2g}\gamma Q=\left(z_2+\frac{p_2}{\gamma}\right)\gamma Q+\frac{\alpha_2 v_2^2}{2g}\gamma Q+h_w\gamma Q \qquad(2\text{-}17)$$

这就是总流能量方程式。方程式表明，若以两断面之间的流段作为能量收支平衡运算的对象，则单位时间流入上游断面的能，等于单位时间流出下游断面的能量加上单位时间流段所损失的能量。

如用 $H=z+\frac{p}{\gamma}+\frac{\alpha v^2}{2g}$ 表示断面全部单位机械能，则两断面间能量的平衡可表示为：

$$H_1\gamma Q=H_2\gamma Q+h_w\gamma Q \qquad(2\text{-}18)$$

现将式（2-17）各项除以 γQ，得出单位重量流量的能量方程：

$$z_1+\frac{p_1}{\gamma}+\frac{\alpha_1 v_1^2}{2g}=z_2+\frac{p_2}{\gamma}+\frac{\alpha_2 v_2^2}{2g}+h_w \qquad(2\text{-}19)$$

这就是极其重要的恒定总流能量方程式，或称恒定总流伯努利方程式。

2.4.3 能量方程式的意义

能量方程式中各项的意义，可以从物理学和几何学来解释：

1. 物理意义

式（2-19）中，z 表示单位重量流体的位置势能，简称位能；$\frac{p}{\gamma}$ 表示单位重量流体的压力势能，简称压能；$\frac{\alpha v^2}{2g}$ 表示单位重量流体的平均动能，简称动能。h_w 表示克服阻力所引起的单位能量损失，简称能量损失。$z+\frac{p}{\gamma}$ 表示单位势能；$z+\frac{p}{\gamma}+\frac{\alpha v^2}{2g}$ 表示单位总机械能。

2. 几何意义

式（2-19）中，各项的单位都是米（m），具有长度量纲 $[L]$，表示某种高度，可以用几何线段来表示，流体力学上称为水头。z 称为位置水头，$\frac{p}{\gamma}$ 称为压强水头，$\frac{\alpha v^2}{2g}$ 称为流速水头，h_w 称为水头损失。$z+\frac{p}{\gamma}$ 称为测压管水头（H_p），$z+\frac{p}{\gamma}+\frac{\alpha v^2}{2g}$ 称为总水头（H）。

水头损失 h_w 包含沿程水头损失和局部水头损失。具体计算将在下个教学单元讨论。

能量方程式，确立了一元流中动能和势能，流速和压强相互转换的普遍规律。提出了理论流速和压强的计算公式。在水力学和流体力学中，有极其重要的理论分析意义和极其广泛的实际运算作用。

2.4.4　总水头线与测压管水头线

用能量方程计算一元流，能够求出水流某些个别断面的流速和压强。但并未回答一元流的全线问题。现在，我们用总水头线和测压管水头线来求得这个问题的图形表示。

直接在一元流上绘出总水头线和测压管水头线，以它们距基准面的铅直距离分别表示相应断面的总水头和测压管水头，如图 2-16 所示。它们是在一元流的流速水头已算出后绘出的。

我们知道，位置水头、压强水头和流速水头之和 $\left(z+\dfrac{p}{\gamma}+\dfrac{\alpha v^2}{2g}=H\right)$ 称为总水头。则能量方程式写为上下游两断面总水头 H_1、H_2 的形式是：

$$H_1=H_2+h_w \text{ 或 } H_2=H_1-h_w$$

即每一个断面的总水头，是上游断面总水头减去两断面之间的水头损失。根据这个关系，从最上游断面起，沿流向依次减去水头损失，求出各断面的总水头，一直到流动的结束。将这些总水头以水流本身高度的尺寸比例，直接点绘在水流上，这样连成的线就是总水头线。由此可见，总水头线是沿水流逐段减去水头损失绘出来的。若是理想流动，水头损失为 0，总水头线则是一条以 H_1 为高的水平线。

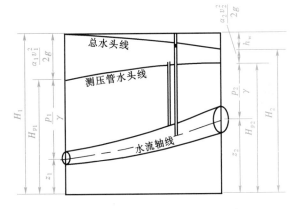

图 2-16　总水头和测压管水头

在绘制总水头线时，需注意区分沿程损失和局部损失在总水头线上表现形式的不同。沿程损失假设为沿管线均匀发生，表现为沿管长倾斜下降的直线。局部损失假设为在局部障碍处集中作用，表现为在障碍处垂直下降的直线。

测压管水头是同一断面总水头与流速水头之差。即 $H_p=H-\dfrac{v^2}{2g}$，根据这个关系，从断面的总水头减去同一断面的流速水头，即得该断面的测压管水头。将各断面的测压管水头连成的线，就是测压管水头线。所以，测压管水头线是根据总水头线逐断面减去流速水头绘出的。在液体管路中，测压管水头线也称为水压曲线，它可直观地表达管路中液体压力的分布状况，因而也称其为水压图。

在利用水压图分析液体管路的水力工况时，下面几点是很重要的。

（1）利用水压曲线图，可以确定管道中任何一点的压力值。管道中任意点的压力等于该点测压管水头高度和该点所处的位置标高之间的高差（mH₂O）。如 1 点的压力就等于

$(H_{p1} - z_1)\mathrm{mH_2O}$。

（2）利用水压曲线，可表示出各管段的压力损失值。由于液体网路管道中各处的流速差别不大，式（2-19）中 $\dfrac{\alpha_1 v_1^2 - \alpha_2 v_2^2}{2g}$ 的差值与管段 1-2 的 h_w 相比，可以忽略不计，因而式（2-19）可改写为：

$$\left(z_1 + \frac{p_1}{\gamma}\right) - \left(z_2 + \frac{p_2}{\gamma}\right) = h_w$$

因此可以认为，管道中任意两点的测压管水头高度之差就等于液体流过该两点之间的管道压力损失值。

（3）根据水压曲线的坡度，可以确定管段的单位管长的平均压降的大小。水压曲线越陡，管段的单位管长的平均压降就越大。

（4）由于液体管路系统是一个水力连通器，因此，只要已知或固定管路上任意一点的压力，则管路中其他各点的压力也就已知或固定了。

下面先以一个简单的机械循环室内热水供暖系统为例，说明绘制水压曲线的方法，并分析该系统工作和停止运行时的压力状况。

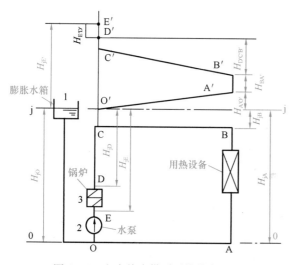

图 2-17　室内热水供暖系统的水压图

设有一机械循环供暖系统，膨胀水箱 1 连接在循环水泵 2 进口侧 O 点处。如设其基准面为 0-0，并以纵坐标代表系统的高度和测压管水头的高度，横坐标代表系统水平干线的管路计算长度；利用前述方法，可在此坐标系统内绘制出系统供、回水管的水压曲线和纵断面图。这个图组成了室内热水供暖系统的水压图，如图 2-17 所示。

设膨胀水箱的水位线为 j—j，其水头高度 H_{jO}。如系统中不考虑漏水或加热时水膨胀的影响，即认为系统已处于稳定状况，因而在循环水泵运行时，膨胀水箱的水位是不变的。O 点处的压头（压力）就等于 $H_{jO}(\mathrm{mH_2O})$。

当系统工作时，由于循环水泵驱动水在系统中循环流动，A 点的测压管水头必然高于 O 点的测压管水头，其差值应为管段 OA 的压力损失值。同理根据系统水力计算结果或运行时的实际压力损失，就可确定 B、C、D 和 E 各点的测压管水头高度，亦即 B′、C′、D′ 和 E′ 各点在纵坐标上的位置。

如顺序连接各点的测压管水头的顶端，就可组成热水供暖系统的水压图。这是系统工作时的水压图，称为动水压图。其中，线 O′A′ 代表回水干线的水压曲线，线 D′C′B′ 代表供水干线的水压曲线。

$H_{A'O'}$ 代表动水压图上 O、A 两点的测压管水头的高度差，亦即水从 A 点流到 O 点的压力损失，同理：

$H_{\mathrm{B'A'}}$——水流经立管 B、A 的压力损失；

$H_{\mathrm{D'C'B'}}$——水流经立管 D、C、B 的压力损失；

$H_{\mathrm{E'D'}}$——从循环水泵出口侧到锅炉出水管段的压力损失；

$H_{\mathrm{jE'}}$——循环水泵的扬程。

利用动态水压图，可清晰地看出系统工作时各点压力的大小。如 A 点的压头就等于 A 点测压管水头 A′点到该点的位置高度差（以 $H_{\mathrm{A'A}}$ 表示）。同理，B、C、D、E 和 O 点的压头分别为 $H_{\mathrm{B'B}}$、$H_{\mathrm{C'C}}$、$H_{\mathrm{D'D}}$、$H_{\mathrm{E'E}}$ 和 $H_{\mathrm{jO}}(\mathrm{mH_2O})$。

系统循环水泵停止工作时的水压曲线，称为静水压图。整个系统的水压曲线呈一条水平线。各点的测压管水头都相等，其值为 H_{jO}。系统中 A、B、C、D、E 和 O 点的压头分别为 H_{jA}、H_{jB}、H_{jC}、H_{jD} 和 $H_{\mathrm{jO}}(\mathrm{mH_2O})$。

通过上述分析可见，当膨胀水箱的安装高度超过系统用户的充水高度，而膨胀水箱的膨胀管又连接在靠近循环水泵进口侧时，就可以保证整个系统，无论在运行或停止时，各点的压力都超过大气压力。这样，系统中不会出现负压，而引起液体汽化或吸入空气等，从而保证系统可靠地运行。

由此可见，在机械循环热水供暖系统中，膨胀水箱不仅起着容纳系统水膨胀体积之用，还起着系统定压的作用。对热水供暖系统起定压作用的设备，称为定压装置。膨胀水箱是一种最简单的定压装置。

应当注意，热水供暖系统水压曲线的位置，取决于定压装置对系统施加压力的大小和定压点的位置。采用膨胀水箱定压的系统各点压力，取决于膨胀水箱安装高度和膨胀管与系统的连接位置。

如将膨胀水箱连接在热水供暖系统的供水管上（图 2-18），则系统的动水压曲线位置与图 2-17 不同，应该为图 2-18 所示的位置。运行时，整个系统各点的压力都降低了。同时，如供暖系统的水平供水干管过长，阻力损失较大，则有可能在干管上出现负压（如图 2-18 中，FB 段供水干管的压力低于大气压力，就会吸入空气或发生水的汽化，影响系统的正常运行）。由于这个原因，从安全运行角度出发，在机械循环热水供暖系统中，应将膨胀水箱的膨胀管连接在循环水泵吸入侧的回水干管上。

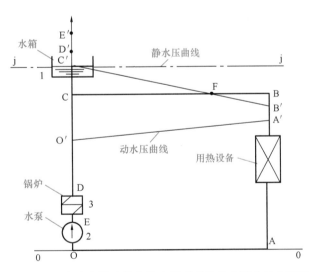

图 2-18　膨胀水箱连接在热水供暖系统供水管上的水压图

对于自然循环热水供暖系统，由于系统的循环作用压头小，水平供水干管的压力损失只占一部分，膨胀水箱水位与水平供水干线的标高差，往往足以克服水平供水干管的压力损失，不会出现负压现象，所以可将膨胀水箱连接在供水干管上。

利用膨胀水箱安装在用户系统的最高处对系统定压的方式，称为高位水箱定压方式。高位水箱定压方式的设备简单，工作安全可靠。它是机械循环低温水供暖系统最常用的定压方式。

对于工厂或街区的较大型集中供热系统，特别是采用高温水的供热系统，由于系统要求的压力高，以及往往难以在热源或靠近热源处安装比所有用户都高并保证高温水不汽化的膨胀水箱来对系统定压，因此需要采用其他的定压方式。最常用的方式是利用压头较高的补给水泵来代替膨胀水箱定压。

2.4.5 能量方程在生活中的应用

伯努利方程在生活中无处不在，现选取几个常见的现象进行简单解释。

1. 船吸现象

2-3

伯努利方程的物理意义及其应用

两船靠近并行，由于船型的特点，两船间的水道如同变截面水道，两船间的水流速度比船外侧的水流速度快，根据伯努利方程可以定性判断，两船之间水的压力比外侧小。在这种压力差的作用下，两船将相互靠拢，这种现象称为船吸现象（图 2-19）。1912 年，铁甲巡洋舰"豪克号"，突然撞向与其平行行驶的大型远洋轮"奥林匹克号"，酿成一件重大海难事故，当时的人们并不明白这个原理，事件在诸多疑点中草草收场。为了避免这样的事故再次发生，国际海事组织对航海规则做出了严格的规定，它包括两船同向而行时两船的间隔，在狭窄地带大船和小船应各自如何规避等。

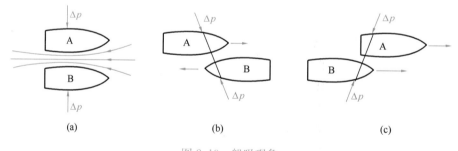

(a)   (b)   (c)

图 2-19　船吸现象

2. 轿车发飘

小轿车高速行驶时会出现车速越高，车身越"轻"的发飘现象，这也可以用伯努利方程做初步说明。车身纵剖面上凸下平，如图 2-20 所示，形状和机翼剖面有些类似。行驶时，车上面气流的相对速度比下面的快，因此上表面压力比下面的小。上下面的压力差形成一种向上的升力，车速越快，升力也越大，车身也就显得更"轻"。这种发漂的车操作性能很差，容易发生危险。有些赛车加装了能产生负升力的翼板，就是为了解决这个问题。

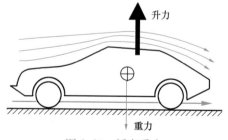

图 2-20　轿车受力

3. 香蕉球

足球比赛中的任意球阶段，球员常以"香蕉球"破门得分。球员将球踢成旋球，四周的空气也被带动形成旋风式的流动。足球的两侧，一侧是逆风另一侧顺风，因此存在速度差，根据伯努利方程，足球的两侧就产生压力差，这个压力差形成了一个侧向力，也称马格纳斯力，导致运动轨迹的弯曲，与香蕉形状相似，故称"香蕉球"。除此之外，乒乓球中，运动员削球或拉弧圈球；排球中的飘球等，都是相同的原理。

4. 安全黄线

乘坐火车、高铁、地铁等交通工具时，我们在站台上会看到一条长长的安全黄线。这是因为列车进站时速度都比较快，高速行驶的列车会带动车厢两侧的空气快速流动，而站台上的空气流速较小。根据伯努利方程可知这个时候人体两侧就会产生一个压力差，感觉就像有一股力将人推向列车。因此列车即将进站时，站台的广播和工作人员都会要求乘客站在安全黄线外等候。

2.4.6　能量方程的应用条件、解题步骤及注意事项

1. 应用条件

能量方程和连续性方程联立，可以解决工程实际问题：一是求流速，二是求压强，三是求流量。但是，必须明白能量方程式是在一定条件下推导出来的，在应用时要注意其适用条件：

（1）流体流动是恒定流；

（2）流体是不可压缩的；

（3）建立方程式的两断面必须是渐变流断面（两断面之间可以是急变流）；

（4）建立方程式的两断面间无能量的输入与输出；

若总流的两断面间有水泵等流体机械输入机械能或有水轮机输出机械能时，能量方程式应改写为：

$$z_1 + \frac{p_1}{\gamma} + \frac{\alpha_1 v_1^2}{2g} \pm H = z_2 + \frac{p_2}{\gamma} + \frac{\alpha_2 v_2^2}{2g} + h_w \tag{2-20}$$

式中　$+H$——单位重量流体获得的能量；

　　　$-H$——单位重量流体失去的能量。

（5）建立方程式的两断面间无分流或合流。

如果两断面之间有分流或合流，应当怎样建立两断面的能量方程呢？

若 1、2 断面间有分流，如图 2-21 所示。纵然分流点是非渐变流断面，而离分流点稍远的 1、2 或 3 断面都是均匀流或渐变流断面，可以近似认为各断面通过流体的单位能量在断面上的分布是均匀的。而 $Q_1 = Q_2 + Q_3$，即 Q_1 的流体一部分流向 2 断面，一部分流向 3 断面。无论流到哪一个断面的流体，在 1 断面上单位重量流体所具有的能量都是 $z_1 + \frac{p_1}{\gamma} + \frac{v_1^2}{2g}$，只不过流到 2 断面时产生的

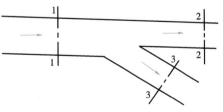

图 2-21　流动的分流

单位能量损失是 $h_{\text{w1-2}}$ 而已。能量方程是两断面间单位能量的关系，因此可以直接建立 1 断面和 2 断面的能量方程：

$$z_1 + \frac{p_1}{\gamma} + \frac{\alpha_1 v_1^2}{2g} = z_2 + \frac{p_2}{\gamma} + \frac{\alpha_2 v_2^2}{2g} + h_{\text{w1-2}}$$

或 1 断面和 3 断面的能量方程：

$$z_1 + \frac{p_1}{\gamma} + \frac{\alpha_1 v_1^2}{2g} = z_3 + \frac{p_3}{\gamma} + \frac{\alpha_3 v_3^2}{2g} + h_{\text{w1-3}}$$

可见，两断面间虽分出流量，但写能量方程时，只考虑断面间各段的能量损失，而不考虑分出流量的能量损失。

同样，可以得出合流时的能量方程。

2. 应用能量方程解题的一般步骤及注意事项

应用能量方程式解题的一般步骤：分析流动总体，选择基准面，划分计算断面，写出方程并求解。但须注意以下几点：

（1）基准面的选取，虽然可以是任意的，但是为了计算方便起见，基准面一般应选在下游断面中心、管流轴心或其下方，这样可使位置水头 z 不出现负值。但是对于不同的计算断面，必须选取同一基准面。

（2）压强基准的选取，可以是相对压强，也可以是绝对压强，但方程式两边必须选取同一基准。工程上一般选取相对压强。当问题涉及流体本身的性质（如相变等问题）时，则必须采用绝对压强。

（3）计算断面（即所列能量方程式的两个断面）的选取，一般应选在压强或压差已知的渐变流断面上，并使所求的未知量包含在所列方程之中，这样可简化运算过程。例如水箱水面、管道出口断面等。

（4）在计算过流断面的测压管水头 $\left(z + \dfrac{p}{\gamma}\right)$ 时，可以选取过流断面上的任意一点来计算。因为在渐变流的同一过流断面上，任意一点的测压管水头 $\left(z + \dfrac{p}{\gamma}\right)$ 为常数，具体选用哪一点，以计算方便为宜。对于管流，一般可选在管轴中心点。

（5）方程式中的能量损失（h_w）一项，应加在流动的末端断面即下游断面上。由于本单元没有单独讨论能量损失的计算问题，因此在本单元中，能量损失值，或直接给出，或按理想流体处理不予考虑。

【例题 2-4】如图 2-22 所示，水箱中的水经底部立管恒定出流，已知水深 $H = 1.5\text{m}$，管长 $L = 2\text{m}$，管径 $d = 200\text{mm}$，不计能量损失，并取动能修正系数 $\alpha = 1.0$，试求：

（1）立管出口处水的流速；

（2）离立管出口 1m 处水的压强。

【解】（1）立管出口处水的流速

本题水流为恒定流，水箱水面和欲求流速的出口断面均为渐变流断面，满足能量方程的应用条件。

在立管出口处取基准面 0-0，列出水箱水面 1-1 与出口断面 2-2 的能量方程式：

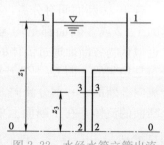

图 2-22　水经水箱立管出流

$$z_1 + \frac{p_1}{\gamma} + \frac{\alpha_1 v_1^2}{2g} = z_2 + \frac{p_2}{\gamma} + \frac{\alpha_2 v_2^2}{2g} + h_{\text{wl-2}}$$

式中的七项，按断面从左至右逐项确定如下：

断面 1-1 距离基准面的垂直高度：

$$z_1 = 1.5 + 2 = 3.5\text{m}$$

断面 1-1 处与大气相接触，按相对压强考虑 $p_1 = p_a = 0$。

断面 1-1 与 2-2 相比，面积要大得多，因此流速 v_1 比 v_2 小得多。而流速水头 $\frac{\alpha_1 v_1^2}{2g}$ 远小于 $\frac{\alpha_2 v_2^2}{2g}$，可以忽略不计，即认为 $\frac{\alpha_1 v_1^2}{2g} = 0$。

断面 2-2 与基准面重合，$z_2 = 0$。断面 2-2 处直通大气，取与 1-1 断面相同压强基准，即相对压强，则 $p_2 = p_a = 0$。

不计能量损失，即 $h_{\text{wl-2}} = 0$。且动能修正系数 $\alpha_1 = \alpha_2 = 1.0$。

把上述已知条件代入能量方程式后，可得，$3.5 + 0 + 0 = 0 + 0 + \frac{v_2^2}{2g} + 0$

即

$$\frac{v_2^2}{2g} = 3.5$$

所以立管出口处水的流速：

$$v_2 = \sqrt{3.5 \times 2g} = \sqrt{7 \times 9.807} = 8.29\text{m/s}$$

（2）离立管出口 1m 处水的压强

基准面 0-0 仍取在立管出口处，2-2 断面也不变，3-3 断面则必须取在离立管出口 1m 处，以便确定其压强。

断面 3-3 与 2-2 的能量方程为：

$$z_3 + \frac{p_3}{\gamma} + \frac{\alpha_3 v_3^2}{2g} = z_2 + \frac{p_2}{\gamma} + \frac{\alpha_2 v_2^2}{2g} + h_{\text{w3-2}}$$

在这里，能量损失已加在流动的末端断面即下游断面上。

由于 $z_3 = 1\text{m}$，$z_2 = 0$，$p_2 = p_a = 0$，$\alpha_3 = \alpha_2 = 1$，$h_{\text{w3-2}} = 0$ 代入上式得：

$$1 + \frac{p_3}{\gamma} + \frac{v_3^2}{2g} = 0 + 0 + \frac{v_2^2}{2g} + 0$$

已知立管的直径不变，则流速水头相等，即 $\frac{v_2^2}{2g} = \frac{v_3^2}{2g}$，所以上式为：

$$1 + \frac{p_3}{\gamma} = 0 \quad \text{或} \quad \frac{p_3}{\gamma} = -1$$

因此离立管出口 1m 处的压强为：

$$p_3 = -1 \times \gamma = -1 \times 9807 = -9807\text{N/m}^2 = -9.81\text{kPa}$$

在解题过程中，我们采用了相对压强为基准，所以计算结果 p_3 为相对压强。

【例题 2-5】水流由水箱经前后相接的两管流入大气中。大小管断面的比例为 2：1。全部水头损失的计算式参见图 2-23。

（1）求出口流速 v_2；

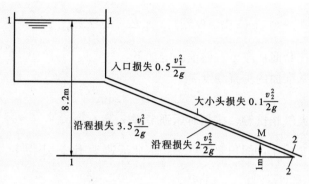

图 2-23　水头损失的计算

（2）绘总水头线和测压管水头线；

（3）根据水头线求 M 点的压强 p_M。

【解】　（1）划分水面 1-1 断面及出流断面 2-2，基准面通过管轴出口。则：

$$p_1=0 \quad z_1=8.2m \quad v_1=0$$
$$p_2=0 \quad z_2=0$$

能量方程：

$$8.2+0+0=0+0+\frac{v_2^2}{2g}+h_w$$

根据图 2-23 得：

$$h_w=0.5\frac{v_1^2}{2g}+0.1\frac{v_2^2}{2g}+3.5\frac{v_1^2}{2g}+2\frac{v_2^2}{2g}$$

由于两管断面之比为 2：1，两管流速之比为 1：2，即 $v_2=2v_1$ 则将 $\frac{v_2^2}{2g}=4\frac{v_1^2}{2g}$ 代入上式得：

$$h_w=3.1\frac{v_2^2}{2g}$$

则

$$8.2=4.1\frac{v_2^2}{2g}$$

$$\frac{v_2^2}{2g}=2m \quad v_2=\sqrt{2\times9.807\times2}=6.26m/s$$

$$\frac{v_1^2}{2g}=0.5m$$

（2）现在从 1-1 断面开始绘总水头线，水箱静水水面高 $H=8.2m$，总水头线就是水面线。入口处有局部损失，$0.5\frac{v_1^2}{2g}=0.5\times0.5=0.25m$。则 1-a 的铅直向下长度为 0.25m。从 A 到 B 的沿程损失为 $3.5\frac{v_1^2}{2g}=1.75m$，则 b 低于 a 的铅直距离为 1.75m。依此类推，直至水流出口，图 2-24 中 1-a-b-b_0-c 即为总水头线。

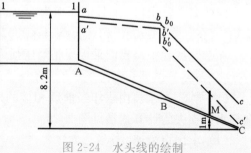

图 2-24　水头线的绘制

测压管水头线在总水头线之下，距总水头线的铅直距离：在 A-B 管段为 $\dfrac{v_1^2}{2g}=0.5$m，在 B-C 管段的距离为 $\dfrac{v_2^2}{2g}=2$m。由于断面不变，流速水头不变。二管段的测压管水头线，分别与各管段的总水头线平行。图 2-22 中 1-a'-b'-b'₀- c' 即为测压管水头线。

（3）从图中量测出测压管水头线至 BC 管中点的距离，求出 M 点的压强。得出：

$$\frac{p_{\mathrm{M}}}{\gamma}=1\mathrm{m}$$

所以 $p_{\mathrm{M}}=9807\mathrm{N/m}^2$。

从例题 2-5 可以看出，绘制测压管水头线和总水头线之后，图形上出现四根有能量意义的线：总水头线，测压管水头线，水流轴线（管轴线）和基准面（线）。这四根线的相互铅直距离，反映了全线各断面的各种水头值。这样，水流轴线到基准线之间的铅直距离，就是断面的位置水头。测压管水头线到水流轴线之间的铅直距离，就是断面的压强水头。而总水头线到测压管水头线之间的铅直距离，就是断面流速水头。

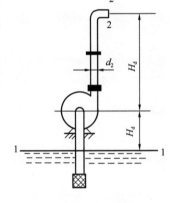

图 2-25　水泵排水

【例题 2-6】如图 2-25 所示，某矿井输水高度 $H_{\mathrm{s}}+H_{\mathrm{d}}=300$m，出水管直径 $d=200$mm，流量 $Q=200\mathrm{m}^3/\mathrm{h}$，总水头损失 $h_{\mathrm{w}}=0.1H$，试求水泵扬程 H 应为多少？

【解】由于管路系统中有能量输入，所以要用式（2-20），以吸水池液面 1-1 为基准面，在 1-1 和出水管出口 2-2 断面之间列能量方程：

$$z_1+\frac{p_1}{\gamma}+\frac{\alpha_1 v_1^2}{2g}+H=z_2+\frac{p_2}{\gamma}+\frac{\alpha_2 v_2^2}{2g}+h_{\mathrm{w1-2}}$$

由于 $\quad z_1=0$，$p_1=0$，$\dfrac{v_1^2}{2g}\approx 0$

$$z_2=H_{\mathrm{s}}+H_{\mathrm{d}}=300\mathrm{m}，p_2=0$$

$$v_2=\frac{4Q}{\pi d_2^2}=\frac{4\times 200}{3600\times \pi \times 0.2^2}=1.77\ \mathrm{m/s}$$

$$\alpha_1=\alpha_2=1.0，h_{\mathrm{w1-2}}=0.1H$$

代入方程式得，$0+0+0+H=300+0+\dfrac{1.77^2}{2\times 9.807}+0.1H$

得 $\qquad\qquad\qquad\qquad H=334\mathrm{m}$

【例题 2-7】某虹吸管直径为 100mm，各管段长度及 B 点到水面的垂直距离如图 2-26 所示。不计水头损失，求虹吸管流量和 A、B 点的相对压强。

【解】先求流量。

以虹吸管出口 C 点为基准面，确定计算断面 0-0 和断面 C，由于：

$$z_0=1+3.5=4.5\mathrm{m}，p_0=0，\frac{v_0^2}{2g}\approx 0$$

$$p_{\mathrm{C}}=0\quad z_{\mathrm{C}}=0$$

建立 0-0 断面与 C 断面的能量方程：

$$4.5 + 0 + 0 = 0 + 0 + \frac{v_C^2}{2g}$$

$$v_C = \sqrt{2g \times 4.5} = \sqrt{2 \times 9.807 \times 4.5} = 9.4 \ \text{m/s}$$

$$Q = vA = v\frac{\pi}{4}d^2 = 9.4 \times \frac{\pi}{4} \times 0.1^2 = 0.074 \ \text{m}^3/\text{s}$$

再求 p_A、p_B。

由于 $d_A = d_B = d_C = 0.1 \ \text{m}$，所以 $v_A = v_B = v_C = 9.4$ m/s。

仍以 C 断面为基准面，列 0—0 断面和 A 断面的能量方程：

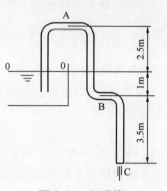

图 2-26　虹吸管

$$4.5 + 0 + 0 = 2.5 + 4.5 + \frac{p_A}{\gamma} + \frac{v_A^2}{2g}$$

$$p_A = -\gamma\left(2.5 + \frac{v_C^2}{2g}\right) = -9.807 \times \left(2.5 + \frac{9.4^2}{2 \times 9.807}\right) = -68.7 \ \text{kPa}$$

同理，列 0-0 断面和 B 断面的能量方程：

$$4.5 + 0 + 0 = 3.5 + \frac{p_B}{\gamma} + \frac{v_B^2}{2g}$$

$$p_B = \gamma\left(1 - \frac{v_B^2}{2g}\right) = 9.807 \times \left(1 - \frac{9.4^2}{2 \times 9.807}\right) = -34.4 \ \text{kPa}$$

2.5　气流的能量方程式

前面讲到，总流能量方程式是对不可压缩流体导出的，而气体是可压缩流体，但是对流速不太高（小于 68m/s）、压强变化不大的系统，如通风空调管道、烟道等，气流在运动过程中密度变化很小，在这样的条件下，能量方程式也可用于气体。下面分两个方面来讨论气流的能量方程。

2.5.1　通风空调系统中的气流

在这种系统中的气流因高差往往不大，系统内外气体的重度差也甚小，所以式（2-19）中的位能项 z_1 和 z_2 可以忽略不计。同时考虑到对于气流，水头的概念不像液流那样具体明确，因此将式（2-19）的各项都乘以气体重度 γ，转变为压强的因次。则可得出：

$$p_1 + \frac{\rho v_1^2}{2} = p_2 + \frac{\rho v_2^2}{2} + p_w \tag{2-21}$$

式中，$p_w = \gamma h_w$ 为两断面间的压强损失。由于气流的过流断面上流速分布比较均匀，可取 $\alpha_1 = \alpha_2 = 1$。

气流能量方程与液流的相比较，除各项单位为压强，表示单位体积气流的平均能量外，对应项还有基本相近的意义：

p——一般采用相对压强，专业上习惯称为静压，但不能误解为静止气体的压强。它与液流中的压强水头相对应。

$\dfrac{\rho v^2}{2}$——专业上习惯称动压，它与液流中的流速水头相对应。它表征断面流速没有能量损失递降至 0 所能转化成的压强。

$p + \dfrac{\rho v^2}{2}$——专业上习惯称之为全压，用符号 p_q 来表示。

相对于总水头线和测压管水头线，对气流系统有全压线和静压线。

【**例题 2-8**】为测量风机的流量常用集流管实验装置，如图 2-27 所示。在距入口适当远处（如图中的 2-2 断面）安装静压测压管。若水在管中上升高度 $h = 12\text{mm}$，风管的直径 $d = 100\text{mm}$，空气密度 $\rho = 1.28 \text{kg/m}^3$，忽略压强损失，试求风机的流量。

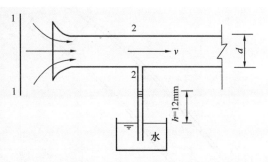

图 2-27 集流管实验装置

【**解**】如图将 1-1 断面取在离集流管入口足够远处，且令其断面积远大于集流器的断面积，则可近似认为 $v_1 = 0$，1-1 断面压强为大气压，即 $p_1 = 0$。而 2-2 断面的相对压强则为 $p_2 = -\gamma_{H_2O} h$。由式（2-21）得：

$$0 + 0 = -\gamma_{H_2O} h + \frac{\rho v_2^2}{2}$$

所以，管中气流流速为：

$$v_2 = \sqrt{\frac{2\gamma_{H_2O} h}{\rho}} = \sqrt{\frac{2 \times 9807 \times 0.012}{1.2}} = 14 \text{ m/s}$$

通过集流管的流量，亦即风机的流量为：

$$Q = v_2 A = 14 \times \frac{\pi}{4} \times (0.1)^2 = 0.11 \text{ m}^3/\text{s}$$

2.5.2 烟道中的气流

烟气流动时，由于烟囱高度较大，且烟气重度较小，所以位能项 z 不能忽略。将式（2-21）的两边同乘烟气的重度 γ，则有：

$$\gamma z_1 + p_1' + \frac{\rho v_1^2}{2} = \gamma z_2 + p_2' + \frac{\rho v_2^2}{2} + p_w \qquad (2-22)$$

式中，两边的压强同时取了绝对压强 p'。这是因为烟气的密度 ρ 低于大气的密度 ρ_a，需要考虑因高差而引起的大气压强差。而在实际工程中，仍习惯采用相对压强，下面结合图 2-28 来导出用相对压强表示气流的能量方程式。

图中断面 2-2 处的绝对压强可表示为：

$$p'_2 = p_2 + p_{a2}$$

断面 1-1 处的绝对压强则可写成：

$$p'_1 = p_1 + p_{a1} = p_1 + p_{a2} + \gamma_a(z_2 - z_1)$$

上二式中的 p_{a1} 和 p_{a2} 分别为两断面所在高程上的当地大气压，p_1 和 p_2 则分别是以各自高程处大气压强为零点起算的相对压强，专业中习惯称之为静压。将其代入式（2-22）中，整理后可得：

$$(\gamma_a - \gamma)(z_2 - z_1) + p_1 + \frac{\rho v_1^2}{2} = p_2 + \frac{\rho v_2^2}{2} + p_w \tag{2-23}$$

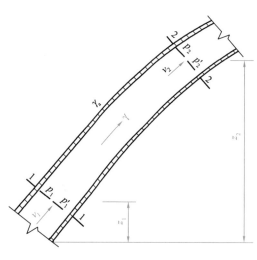

式中，$(\gamma_a - \gamma)(z_2 - z_1)$ 专业上称之为位压。它与液流的位置水头相对应，是重度差与高程差的乘积，大气压强因高度不同而产生的差别计入此项中。位压可正可负，它仅属于 1-1 断面，是以 2-2 断面为基准量度的 1-1 断面处单位体积气体的位能。

静压与位压之和称为势压，用 p_s 表示：

$$p_s = p + (\gamma_a - \gamma)(z_2 - z_1)$$

式中，$\frac{\rho v^2}{2}$ 专业上称之为动压。

势压与动压之和称为总压，用 p_z 表示：

$$p_z = p_s + \frac{\rho v^2}{2}$$

图 2-28　气流的能量方程式

可见总压也是等于全压与位压之和，如果位压等于零，总压即等于全压。这时式(2-23)就简化成式（2-22）。即在某一管流断面，其动压与静压之和为一定数，如静压增长，则动压必等量减少；反之，静压减少，动压必等量增长，所以亦称之为动静转换原理。

这一原理的应用，在气体管路的设计与运行调节中尤为重要。

现举例分析气体管路系统中的压力分布及上述原理的应用。

设有如图 2-29 所示的通风系统，其空气进出口都有局部阻力。系统内的压力分布的绘制方法和步骤如下：

（1）以大气压力为基准线 0-0。

（2）计算各节点的全压值、动压值和静压值。

（3）将各点的全压在纵轴上以同比例标在图上，0-0 线以下为负值。连接各个全压点可得到全压分布曲线。

（4）将各点的全压减去该点的动压，即为该点的静压，同样可绘出静压分布曲线。图 2-29 下部即为该气体管网系统的压力分布图。

从该压力分布图可以看出，在同一流量条件下，管路流通截面大（管径大）的管段，因流速小，动压降低，则静压上升（如 2-3 管段）；反之，缩小管径截面 9 处，动压大大增加而静压大大下降，甚至在压出管段静压是负值。从这一压力分布图中即可直观判断

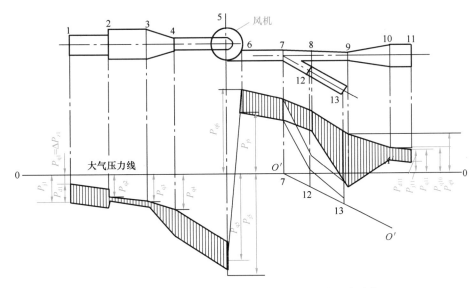

图 2-29　有沿程阻力和局部阻力的通风管路压力分布

出，在风机压出管段，断面 9 处为负压，会吸入管外气体。如该通风系统输送清洁气体，而在管段 8～10 周围有污染气体，显然这个管路系统的设计不合理。如要解决这一问题，应使该处静压为正，依动静转换原理，可扩大该处管径，减小流速。压力分布图亦表明，风机进、出口附近管段的静压绝对值大，如接口不严密，渗透将很严重，既降低了风机实际的能力，也增加了管网内外掺混形成气体污染的可能性。

【例题 2-9】如图 2-30 所示，空气由炉口 a 流入，通过燃烧作用形成烟气后，经 b、c、d 由烟囱流出。烟气密度 $\rho=0.6\mathrm{kg/m^3}$，空气密 $\rho_a=1.2\mathrm{kg/m^3}$，由 a 到 c 的压强损失换算为出口动压的 9 倍，即 $9\dfrac{\rho v_2^2}{2}$，c 到 d 的压强损失为 $20\dfrac{\rho v_2^2}{2}$。试求：

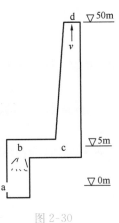

图 2-30

（1）出口流速 v；

（2）c 处的静压 p_c。

【解】（1）列进口前零高程和出口 50m 高程处的两断面的气流能量方程：

$$(\rho_a-\rho)g(z_d-z_a)+0+0=0+\frac{\rho v^2}{2}+p_{\mathrm{wa-c}}+p_{\mathrm{wc-d}}$$

$$(1+9+20)\frac{\rho v^2}{2}=(\rho_a-\rho)g(z_d-z_a)$$

$$30\times0.6\frac{v^2}{2}=(1.2-0.6)\times9.807\times(50-0)$$

$$v=5.7\ \mathrm{m/s}$$

（2）计算 p_c，列 c、d 两断面的能量方程：

$$(\rho_a-\rho)g(z_d-z_c)+p_c+\frac{\rho v_c^2}{2}=0+\frac{\rho v^2}{2}+p_{\mathrm{wc-d}}$$

近似认为 $v_c=v$，则有：

$$p_c = (\rho_a - \rho)g(z_c - z_d) + 20\frac{\rho v^2}{2}$$

$$= (1.2 - 0.6) \times 9.807 \times (5 - 50) + 20 \times 0.6\frac{(5.7)^2}{2}$$

$$= -69.8\,\text{Pa}$$

【例题 2-10】 自然排烟锅炉如图 2-31 所示，烟囱直径 d $=1\text{m}$，烟气流量 $Q=7.135\text{m}^3/\text{s}$，烟气密度 $\rho=0.7\text{kg/m}^3$，外部空气密度 $\rho_a=1.2\text{kg/m}^3$，烟囱的压强损失 $p_w=0.035\frac{H}{d}$ $\frac{\rho v^2}{2}$。为使烟囱底部入口断面的真空度不小于 10mm 水柱，试求烟囱的高度 H。

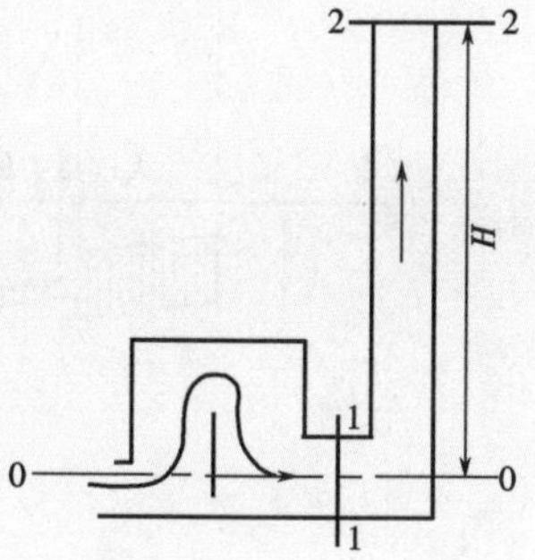

【解】 选烟囱底部断面为 1-1 断面，出口断面为 2-2 断面。因烟气和外部空气的密度不同，由式（2-23）得：

图 2-31 自然排烟锅炉

$$p_1 + \frac{\rho v_1^2}{2} + (\rho_a - \rho)g(z_2 - z_1) = p_2 + \frac{\rho v_2^2}{2} + p_w$$

其中，1-1 断面：

$$p_1 = -\rho_0 gh = -1000 \times 9.807 \times 0.01 = -98\,\text{N/m}^2$$
$$v_1 \approx 0 \ , \ z_1 = 0$$

2-2 断面：

$$p_2 = 0, v_2 = \frac{Q}{A} = 9.089\,\text{m/s}, z_2 = H$$

代入上式：

$$-98 + 9.807(1.2 - 0.7)H = 0.7 \times \frac{9.089^2}{2} + 0.035 \times \frac{H}{1} \times \frac{0.7 \times 9.089^2}{2}$$

解得，$H=32.63\text{m}$。烟囱的高度须大于此值。

由本题可见，自然排烟锅炉底部压强为负压 $p_1 < 0$，顶部出口压强 $p_2 = 0$，且 $z_1 < z_2$，这种情况下，是位压 $(\rho_a - \rho)g(z_2 - z_1)$ 提供了烟气在烟囱内向上流动的能量。所以，自然排烟需要有一定的位压，为此烟气要有一定的温度，以保持有效浮力 $(\rho_a - \rho)g$，同时烟囱还需要有一定的高度 $(z_2 - z_1)$，否则将不能维持自然排烟。

2.6 恒定流动量方程式

2.6.1 动量方程

恒定流动量方程式是动量守恒定律在流体力学中的具体应用。我们研究动量方程式，就是在恒定流条件下，分析流体总流在流动空间内的动力平衡规律。

恒定流动量方程式，可以根据物理学中的动量定律导出。动量定律指出：物体在某一时间内的动量增量等于该物体所受外力的合力在同一时间内的冲量，即：

$$\sum \vec{F}\mathrm{d}t = m\vec{v}_2 - m\vec{v}_1 \tag{2-24}$$

若以符号$\vec{K}$表示物体的动量，则上式可写为：

$$\sum \vec{F}\mathrm{d}t = \Delta\vec{K} \tag{2-25}$$

在动量定律的数学表达式中，动量与外力均为矢量，故式（2-24）与式（2-25）两式均为矢量方程。

下面根据动量定律，导出恒定流动量方程式，然后着重说明其应用。

如图 2-32 所示，在流体恒定流的总流中，选取渐变流断面 1-1 与 2-2 之间的流段作为研究对象，分析其受力及动量变化。断面 1-1 上，流体的压强为p_1，断面平均流速为v_1，过流面积为A_1；断面 2-2 上，流体相应的各参数为p_2、v_2和A_2。按不可压缩流体考虑，流体的密度不变，并且通过两断面的流体体积流量相等。

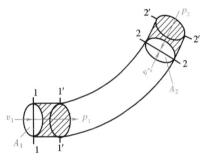

图 2-32　总流的动量变化及受力分析

经时间$\mathrm{d}t$，从位置 1-2 运动到位置 1′-2′。$\mathrm{d}t$ 时段前后的动量变化，只是增加了流段新占有的 2-2′体积内流体所具有的动量，减去流段退出的 1-1′体积内所具有的动量。中间 1′-2 空间为 $\mathrm{d}t$ 前后流段所共有。由于恒定流动，1′-2 空间内各点流速大小方向未变，所以动量也不变，因此不予考虑。

即动量增量为：

$$\Delta\vec{K} = \vec{K}_{2-2'} - \vec{K}_{1-1'} = m_2\vec{v}_2 - m_1\vec{v}_1$$

在上式中，流体的动量是采用断面平均流速计算的，它与按实际流速计算的动量存在差异。因此，需要乘上一个系数β加以修正。β称为动量修正系数，是指实际动量与按断面平均流速计算的动量的比值。

动量修正系数β的大小，取决于总流过流断面上流速分布的不均匀程度，流速分布愈不均匀，β值愈大。一般情况下工业管道内的流体流动，$\beta=1.0\sim1.05$。工程上常近似地取$\beta=1.0$。

修正后的动量增量为：

$$\Delta\vec{K} = \beta_2 m_2\vec{v}_2 - \beta_1 m_1\vec{v}_1$$

根据质量守恒定律，单位时间流入断面 1-1 的流体质量m_1应等于流出断面 2-2 的流体质量m_2，即：

$$m_1 = m_2 = m = \rho Q\mathrm{d}t$$

所以　　　　　　　　　$$\Delta\vec{K} = \beta_2\rho Q\vec{v}_2\mathrm{d}t - \beta_1\rho Q\vec{v}_1\mathrm{d}t$$

把上式代入动量定律的数学表达式（2-25）中，可得：

$$\sum\vec{F}\mathrm{d}t = \beta_2\rho Q\vec{v}_2\mathrm{d}t - \beta_1\rho Q\vec{v}_1\mathrm{d}t$$

等式两边同除 $\mathrm{d}t$，整理得：

$$\sum \vec{F} = \rho Q (\beta_2 \vec{v}_2 - \beta_1 \vec{v}_1) \tag{2-26}$$

式中　$\sum \vec{F}$——所有外力的总和，N；

β——动量修正系数；

$\rho Q v$——单位时间内，通过总流过流断面的流体动量，称为动量流量，N。

公式（2-26）即为恒定流不可压缩流体总流的动量方程式。它表明，单位时间内流体的动量增量等于作用在流体上所有外力的总和。

在公式（2-26）中，由于力和速度都是矢量，故该式为矢量方程，为避免进行矢量运算，将力和速度向 x、y、z 三个坐标轴投影，可得轴向的标量方程，即

$$\left.\begin{array}{l} \sum F_x = \rho Q (\beta_{2x} v_{2x} - \beta_{1x} v_{1x}) \\ \sum F_y = \rho Q (\beta_{2y} v_{2y} - \beta_{1y} v_{1y}) \\ \sum F_z = \rho Q (\beta_{2z} v_{2z} - \beta_{1z} v_{1z}) \end{array}\right\} \tag{2-27}$$

式中　$\sum F_x$、$\sum F_y$、$\sum F_z$——各外力在 x、y、z 坐标轴上投影的代数和，N；

v_{1x}、v_{1y}、v_{1z}——流体动量改变前的流速在 x、y、z 三个坐标轴上的投影，m/s；

v_{2x}、v_{2y}、v_{2z}——流体动量改变后的流速在 x、y、z 三个坐标轴上的投影，m/s。

公式（2-27）即为恒定流动量方程式在 x、y、z 三个坐标轴上的投影方程式。它表明，单位时间内，流体动量增量在某轴上的投影，等于流体所受各外力在该轴上投影的代数和。在应用动量方程式分析和计算有关工程问题时，若某一轴向没有动量变化，则该轴向可不作分析。

2.6.2　应用动量方程的注意事项及例题

恒定流总流的动量方程式，一般适用于恒定流不可压缩流体总流的渐变流断面。在工程上，主要用于求解运动着的流体与外部物体之间的相互作用力。

应用恒定流动量方程式的条件是：恒定流；过流断面为渐变流断面；不可压缩流体。求解实际工程问题时可按以下步骤进行：

1. 取控制体

即在流体流动的区域内，把所要研究的流段用控制体隔离起来，以便分析其受力及动量变化。控制体是指某一封闭曲面内的流体体积，如图 2-32 所示。控制体两端的过流断面，一般应选在渐变流断面上，这样可以方便于计算断面平均流速和作用在断面上的压力。控制体的周界，根据具体问题，可以是固体壁面（如管壁），也可以是液体与气体相接触的自由面，或液体与液体的分界面。

2. 分析外力

即在建立坐标系的基础上，分析作用在控制体上的所有外力，标注在图上，并向各坐标轴投影。

3. 求动量增量

即分析控制体内流体的动量变化，并向各坐标轴进行投影。必须注意控制体内流体的

动量增量应为流出控制体的流体动量减去流入控制体流体动量，两者次序不可颠倒。

在动量增量的计算中，若已知某一流速而另一流速为未知量时，可列连续性方程式求出。

4. 解出未知力

即在所有外力及动量增量分析完毕之后，把它们在各个坐标轴上的投影分别代入相应的各轴向动量方程之中，通过运算解出流体与固体间的相互作用力，并确定其方向和作用点。

【例题 2-11】水平设置的输水弯管（图 2-33），转角 $\theta = 60°$，直径 $d_1 = 200\text{mm}$，$d_2 = 150\text{mm}$。已知转弯前断面的压强 $p_1 = 18\text{kN/m}^2$（相对压强），输水流量 $Q = 0.1\text{m}^3/\text{s}$，不计水头损失，试求水流对弯管作用力的大小。

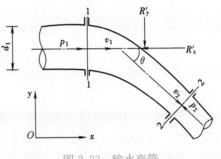

图 2-33 输水弯管

【解】在转弯段取过流断面 1-1、2-2 及管壁所围成的空间为控制体。选直角坐标系 xOy。令 Ox 轴与 v_1 方向一致。

分析作用在控制体内液体上的力，包括：过流断面上的动水压力 P_1、P_2；重力 G 在 xOy 面无分量；弯管对水流的作用力 R'，此力在要列的方程中是待求量，假定分量 R'_x、R'_y 的方向，如计算得正值，表示假定方向正确，如得负值则表示力的实际方向与假定方向相反。

列总流动量方程的投影式，为：

$$P_1 - P_2 \cos 60° - R'_x = \rho Q (\beta_2 v_2 \cos 60° - \beta_1 v_1)$$

$$P_2 \sin 60° - R'_y = \rho Q (-\beta_2 v_2 \sin 60°)$$

其中

$$P_1 = p_1 A_1 18 \times \frac{3.14}{4} \times 0.2^2 = 0.565\text{kN}$$

列 1-1、2-2 断面的能量方程，忽略水头损失，有：

$$\frac{p_1}{\rho g} + \frac{v_1^2}{2g} = \frac{p_2}{\rho g} + \frac{v_2^2}{2g}$$

$$p_2 = p_1 + \frac{v_1^2 - v_2^2}{2} \rho = 7.054\text{kN/m}^2$$

$$P_2 = p_2 A_2 = 0.125\text{kN}$$

$$v_1 = \frac{4Q}{\pi d_1^2} = 3.185\text{m/s}$$

$$v_2 = \frac{4Q}{\pi d_2^2} = 5.66\text{m/s}$$

将各量代入总流动量方程，解得：

$$R'_x = 0.538\text{kN}$$

$$R'_y = 0.597\text{kN}$$

水流对弯管的作用力与弯管对水流的作用力，大小相等方向相反，即：

$$R_x = 0.538 \text{kN}, \text{方向沿 } Ox \text{ 方向}$$
$$R_y = 0.579 \text{kN}, \text{方向沿 } Oy \text{ 方向}$$

或
$$R = \sqrt{R_x^2 + R_y^2} = 0.804 \text{kN} = 804 \text{N}$$

方向是与 x 轴成 α 角，则：

$$\alpha = \arctan \frac{R_y}{R_x} = 48°$$

单 元 小 结

本单元介绍了两种描述流体运动的方法：拉格朗日法和欧拉法，在流体力学中主要采用欧拉法。着重以流场为对象介绍了描述流体运动的基本概念、连续性方程、能量方程、动量方程以及流体动力学基本方程的应用等。学习中应该理解如流线、恒定流、渐变流等基本概念，掌握流体动力学基本方程的解题方法和步骤，能够熟练完成管路水头线、压力线的绘制工作，理解管网的压力分布图。了解恒定流动量方程的应用及其注意事项。

思 考 题 与 习 题

1. 举例说出工程实际中哪些是压力流？哪些是无压流？为什么？

2. 什么是恒定流与非恒定流、均匀流与非均匀流、渐变流和急变流，各种流动分类的原则是什么？试举出具体例子。

3. 流线有哪些性质？

4. 渐变流与急变流过流断面上的压强分布有何不同？

5. 关于水流流向问题有如下一些说法："水一定由高处向低处流"，"水是从压强大的地方向压强小的地方流"，"水是从流速大的地方向流速小的地方流"。这些说法是否正确，什么才是正确的说法？

6. 三大基本方程式用于什么条件？有何意义？

7. 气流与液流的能量方程式有何不同？为什么？

8. 直径为 150mm 的给水管道，输水量为 980.7kN/h，试求断面平均流速。

9. 断面为 300mm × 400mm 的矩形风道，风量为 2700m³/h，求平均流速。如风道出口处断面收缩为 150mm×400mm，求该断面的平均流速。

10. 如图 2-34 所示，水从水箱流经直径为 $d_1 = 10$cm、$d_2 = 5$cm、$d_3 = 2.5$cm 的管道流入大气中。当出口流速为 10m/s 时，求（1）流量及质量流量；（2）d_1 及 d_2 管段的流速。

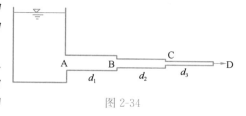

图 2-34

11. 设计输水量为 2942.1kN/h 的给水管道，流速限制在 0.9～1.4m/s 之间。试确定管道直径，根据所选直径求流速，直径规定为 50mm 的倍数。

12. 圆形风道，流量为 10000m³/h，流速不超过 20m/s。试设计直径，根据所定直径求流速。直径应当是 50mm 的倍数。

13. 某蒸汽干管的始端蒸汽流速为 25m/s，密度为 2.62kg/m³，干管前段直径为 50mm，接出直径

40mm 支管后，干管后段直径改为 45mm。如果支管末端密度降低至 2.30kg/m³，干管后段末端密度降低至 2.24kg/m³，但两管质量流量相等，求两管末端流速。

14. 空气流速由超音流过渡到亚音流时，要经过冲击波。如果在冲击波前，风道中速度 $v=660$m/s，密度 $\rho=1$kg/m³。冲击波后，速度降低至 $v=250$m/s。求冲击波后的密度。

15. 一变直径的管段 AB，如图 2-35 所示，直径 $d_A=0.2$m，$d_B=0.4$m，高差 $\Delta h=1.5$m。今测得 $p_A=30$kN/m²，$p_B=40$kN/m²，B 处断面平均流速 $v_B=1.5$m/s。试判断水在管中的流动方向。

16. 如图 2-36 所示，已知水管直径 50mm，末端阀门关闭时压力表读值为 21kN/m²，阀门打开后读值降至 5.5kN/m²。如不计水头损失，求通过的流量。

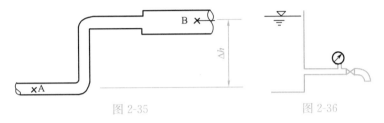

图 2-35　　　　　　　　　　　图 2-36

17. 水在变直径竖管中流动。如图 2-37 所示，已知粗管直径 $d_1=300$mm，流速 $v_1=6$m/s。为使两断面的压力表读值相同，试求细管直径（水头损失不计）。

18. 如图 2-38 所示，水管的出口直径 $d_2=100$mm，当地大气压为 92kPa，水的汽化压强为 20kPa，为保证在直径 $d_1=50$mm 的喉部不发生汽化现象，水箱的水位 H 不得大于多少？不计水头损失。

19. 如图 2-39 所示，同一水箱上、下两孔口出流，求证：在射流交点处，$h_1 y_1 = h_2 y_2$。

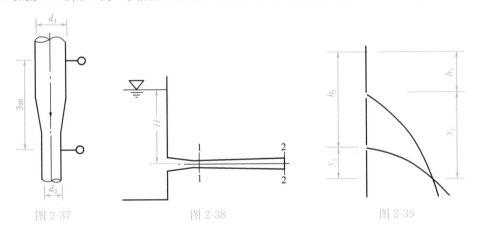

图 2-37　　　　　　　　　　图 2-38　　　　　　　　　　图 2-39

20. 如图 2-40 所示，由断面为 0.2m² 和 0.1m² 的两根管子所组成的水平输水管系从水箱流入大气中：

(1) 若不计损失，①求断面流速 v_1 及 v_2；②绘总水头线及测压管水头线；③求进口 A 点的压强。

(2) 计入损失：第一段为 $4\dfrac{v_1^2}{2g}$，第二段为 $3\dfrac{v_2^2}{2g}$，①求断面流速 v_1 及 v_2；②绘总水头线及测压管水头线；③根据水头线求各段中间的压强。

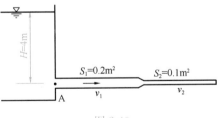

图 2-40

21. 如图 2-41，高层楼房煤气立管 B、C 两个供煤气

点各供应 $Q=0.02\text{m}^3/\text{s}$ 的煤气量。假设煤气的密度为 0.6kg/m^3，管径为 50mm，压强损失 AB 段用 $3\rho\dfrac{v_1^2}{2}$ 计算，BC 段用 $4\rho\dfrac{v_2^2}{2}$ 计算，假定 C 点要求保持余压为 300N/m^3，求 A 点酒精（$\gamma_{jQ}=7.9\text{kN/m}^3$）液面应有的高差（空气密度为 1.2kg/m^3）。

22. 如图 2-42 所示，烟囱直径 $d=1\text{m}$，通过烟气量 $G=176.2\text{kN/h}$，烟气密度 $\rho=0.7\text{kg/m}^3$，周围气体的密度 $\rho=1.2\text{kg/m}^3$，烟囱压强损失用 $p_w=0.035\dfrac{H}{d}\dfrac{pv^2}{2}$ 计算，要保证底部（1 断面）负压不小于 $10\text{mmH}_2\text{O}$，烟囱高度至少应为多少？求 $\dfrac{H}{2}$ 高度上的压强。绘烟囱全高程 1-M-2 的压强分布。计算时设 1-1 断面流速很低，忽略不计。

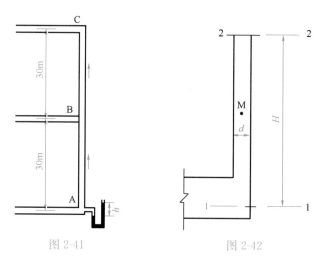

图 2-41　　　　　　　　　图 2-42

23. 如图 2-43 所示，为一水平风管，空气自断面 1-1 流向断面 2-2，已知断面 1-1 的压强 $p_1=150\text{mmH}_2\text{O}$，$v_1=15\text{m/s}$，断面 2-2 的压强 $p_2=140\text{mmH}_2\text{O}$，$v_2=10\text{m/s}$，空气密度 $\rho=1.29\text{kg/m}^3$，求两断面的压强损失。

图 2-43

24. 高压管末端的喷嘴如图 2-44 所示，出口直径 $d=10\text{cm}$，管端直径 $D=40\text{cm}$，流量 $Q=0.4\text{m}^3/\text{s}$，喷嘴和管用法兰盘连接，共用 12 个螺栓，不计水和管嘴的重量，求每个螺栓受力为多少？

25. 下部水箱重 224N，其中盛水重 897N，如果此箱放在秤台上，受如图 2-45 所示的恒定流作用。问秤的读数是多少？

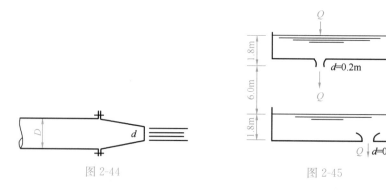

图 2-44　　　　　　　　　图 2-45

教学单元 3　流动阻力与能量损失

【教学目标】通过本单元教学，使学生掌握流动阻力与能量损失的两种形式及计算方法；两种流态特征及流态判别方法；圆管流与非圆管流沿程阻力系数的确定方法和局部阻力系数的确定方法，运用公式正确计算沿程损失和局部损失；理解圆管层流和圆管紊流的运动特征及尼古拉兹实验揭示的沿程阻力系数的变化规律；莫迪图及其意义；局部水头损失产生的原因和减阻措施；了解边界层的分离现象。

【素质目标】结合减阻措施知识点和国家碳达峰、碳中和大背景，树立节能意识、生态意识；结合本专业的节能潜力，树立社会责任感和专业使命感。

流体在流动中必须要消耗能量以克服阻力，这部分能量已不可逆转地转化为热量，从而形成能量损失。流动阻力是造成能量损失的原因，因此，能量损失的变化规律就必然是流动阻力规律的反映。产生阻力的内因是流体的黏滞性和惯性力，外因是固体壁面对流体流动的阻止和扰动。在供热通风与空调工程中，要通过管道输送流体，用能量方程解决流体的能量转换规律时，必须要计算出流体流动的能量损失，以便确定水泵、风机等流体机械应提供的能量。因此，本教学单元以恒定流为研究对象，介绍实际流体的流动形态、各种边界条件和不同流动形态下的能量损失变化规律及相应的计算方法。

3.1　流动阻力与能量损失的两种形式

流体流动的能量损失与流体的运动状态和流动边界条件有密切的关系。根据流动的边界条件，能量损失分为沿程能量损失和局部能量损失两种形式。

3.1.1　流动阻力和能量损失的分类

当束缚流体流动的固体边壁沿程不变，流动为均匀流时，流层与流层之间或质点之间只存在沿程不变的剪应力，称为沿程阻力。克服沿程阻力做功引起的能量损失称之为沿程能量损失。由于沿程损失沿管路长度均匀分布，因此，沿程能量损失的大小与管路长度成正比。在管路中单位重量水流的沿程能量损失称为沿程水头损失，以 h_f 表示。

当流体流经固体边界突然变化处（也就是在教学单元 2 中介绍的急变流处），由于固体边界的突然变化造成过流断面上流速分布的急剧变化，从而在较短范围内集中产生的阻力称为局部阻力。由于克服局部阻力做功引起的能量损失称之为局部能量损失。在管道入口、突然扩大、突然缩小、弯头、闸阀、三通等管件处都存在局部能量损失。在这些管件处单位重量水流的局部能量损失称之为局部水头损失，以 h_j 表示。

如图 3-1 所示，从水箱侧壁上引出的管道，其中 ab、bc、cd 段为直管段，而 a 点、b 点和 c 点分别为管道入口、突然缩小和阀门。为了测量损失，可在管道上装设一系列的测

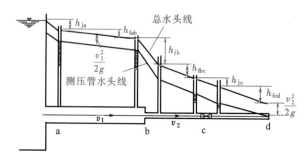

图 3-1　流动阻力与能量损失

压管。连接各测压管的水面可得相应的测压管水头线（测压管水面高度再加上相应的流速水头为各点总水头，其连线为该管道的总水头线）。图中的 h_{fab}、h_{fbc}、h_{fcd} 就是 ab、bc、cd 段的沿程水头损失。沿程水头损失沿管道均匀分布，使实际总水头线在相应的各管段上形成一定的坡度，这就是在今后专业课中所要介绍的水力坡度。水力坡度表示单位重量水流在管道单位长度上的沿程水头损失。在同一流量下，直径不同的管段水力坡度不同，直径相同的管段水力坡度不变。整个管路的沿程水头损失等于各管段的沿程水头损失之和。即：

$$\sum h_f = h_{fab} + h_{fbc} + h_{fcd}$$

当水流经过管件，即图中的 a、b、c 处时，由于水流运动边界条件发生了急剧改变，引起流速分布迅速改组，水流质点相互碰撞和掺混，并伴随有旋涡区产生，形成局部水头损失。整个管路上的局部水头损失等于各管件的局部水头损失之和，即：

$$\sum h_j = h_{ja} + h_{jb} + h_{jc}$$

单位重量液体在整个管路上的总水头损失应等于各管段的沿程水头损失与各管件的局部水头损失的总和，即：

$$\sum h_w = \sum h_f + \sum h_j$$

3.1.2　能量损失的计算公式

能量损失计算公式用水头损失表示时，为：

沿程水头损失（达西公式）：

$$h_f = \lambda \frac{l}{d} \frac{v^2}{2g} \tag{3-1}$$

式中　λ——沿程阻力系数；

　　　l——管道长度，m；

　　　d——管道直径，m；

　　　g——重力加速度，m/s²；

　　　v——管道断面平均流速，m/s。

局部水头损失：

$$h_j = \zeta \frac{v^2}{2g} \tag{3-2}$$

式中　ζ——局部阻力系数。

在供热通风与空调工程中，对于气体管路以及流体的密度或重度沿程发生改变的管路，其能量损失一般用压强损失来表示。

沿程压强损失为：

$$p_{\mathrm{f}}=\lambda \frac{l}{d}\frac{\rho v^2}{2} \tag{3-3}$$

局部压强损失为：

$$p_{\mathrm{j}}=\zeta \frac{\rho v^2}{2} \tag{3-4}$$

式中　ρ——流体的密度，$\mathrm{kg/m^3}$。

3.2　两种流态与雷诺数

从 19 世纪初期起，研究人员就发现沿程损失与流速之间存在某种规律。1883 年，英国物理学家雷诺经过大量实验证明，流体运动存在两种流动状态，而沿程损失的规律与流态密切相关。

3.2.1　雷诺实验

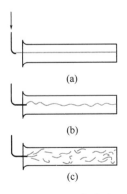

3-1

两种流态和
雷诺数

图 3-2 为雷诺的流态实验装置。水箱 A 中水位恒定，水流通过玻璃管 B 可以恒定出流，阀门 K 用以调节管内流量，水箱上部容器 D 中盛有带颜色的水，可以经过细管 E 注入玻璃管 B 中。

实验开始，先将 B 管末端阀门 K 微微开启，使水在管内缓慢流动。然后打开 E 管上的阀门 F，使少量颜色水注入玻璃管内，这时可以看到一股边界非常清晰的带颜色细直流束，它与周围清水互不掺混，如图 3-3（a）所示。这一现象表明玻璃管 B 内的水流呈层状流动，各流层的流体质点互不混杂，有条不紊地向前流动。这种流动形态称为层流。如果把阀门 K 逐渐开大，玻璃管内水的流速随之增大到某一数值——临界流速时，则可以看到颜色水出现摆动，且流束明显加粗，呈现出波状轮廓，但仍不与周围清水相混，如图 3-3(b)所示。此时流动形态处于过渡状态。如继续开大

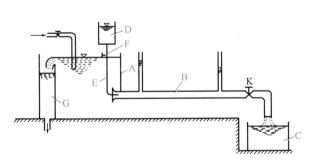

图 3-2　流态实验装置

A—水箱；B—玻璃管；C—量水桶；D—色液箱；
E—细管；F—小阀门；G—溢流管；K—阀门

图 3-3　层流与紊流
(a) 层流；(b) 过渡流；
(c) 紊流

阀门 K，颜色水与周围清水迅速掺混，以至整个玻璃管内的水流都染上颜色，如图 3-3 (c) 所示。这种现象表明管内流动非常混乱，各流体质点的瞬时速度大小方向是随时间而变的，各流层质点互相掺混。这种流动形态称为紊流。

如果再慢慢地关小阀门，使实验以相反程序进行时，则会观察到出现的实验现象以相反程序重演，但紊流转变为层流的临界流速值（以 v_k 表示）要比层流转变为紊流的临界流速值（以 v'_k 表示）小，即 $v_k < v'_k$。

3.2.2 沿程水头损失与流态的关系

如果在玻璃管 B 上选取两个断面，分别安装测压管。根据能量方程可得出结论：两测压管的液面差就是两断面之间管道的沿程水头损失 h_f。在雷诺实验观察流态的同时，记录不同流速所对应的沿程水头损失值，若以 $\lg v$ 为横坐标，

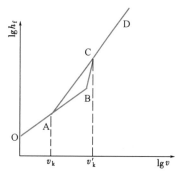

图 3-4 雷诺实验对数曲线图

以 $\lg h_f$ 为纵坐标，将实验资料绘出，便可以得到如图 3-4 所示的实验曲线。从图 3-4 可以看出，当管内流速由小增大时，沿程水头损失也相应增加，实验点沿 OABCD 线上升；当流速由大到小时，实验点沿 DCAO 线下降，其中 AC 段不重合。图 3-4 中的实验曲线可以分为三段：

当流速小于 v_k 时，实验点都分布在直线 OA 上，直线 OA 与水平线的夹角为 45°（斜率 $n = 1.0$）。

当流速大于 v'_k，实验点都分布 CD 段上，CD 段的开始部分是直线，它与水平线夹角为 60°15′，以后略弯曲又变为直线，此时它与水平线的夹角为 63°25′（即 CD 段的斜率 $n = 1.75 \sim 2.0$）。

当流速 v 处于以上两个流速之间时，实验点比较复杂，从层流向紊流过渡时沿 ABC 线，从紊流向层流过渡时沿 CA 线，属于不稳定区。

若把上述实验曲线用方程来加以表示，则有：

$$\lg h_f = \lg k + n \lg v$$

即
$$h_f = k v^n \tag{3-5}$$

式中，k 为比例常数。或写为 $h_f \propto v^n$。

对应于以上三段实验曲线，沿程水头损失与流速之间的关系为：

当 $v < v_k$ 时，$n = 1.0$ $h_f \propto v^{1.0}$

当 $v > v'_k$ 时，$n = 1.75 \sim 2.0$ $h_f \propto v^{1.75 \sim 2.0}$

当 $v_k < v < v'_k$ 时，h_f 与 v 的关系不稳定。而且实验发现，v'_k 是不确定的，受起始扰动的影响很大，扰动越强，v'_k 越小。实际工程中扰动是难免的，所以在实用上把下临界流速 v_k 作为流态转变速度。

3.2.3 流动形态的判断标准

实验证明，临界流速与流体的动力黏滞系数 μ 成正比，与管径 d、流体密度 ρ 成反比，即：

$$v_k \propto \frac{\mu}{\rho d} = \frac{\nu}{d}$$

或写成

$$\frac{v_k d}{\nu} = Re_k$$

式中 ν——运动黏滞系数，m^2/s。

式中 Re_k 是一个比例常数，是不随管径和流体物理性质而变化的无量纲数，称为雷诺数。较为准确的测定证明，$Re_k = 2300$，大多稳定在 2000 左右。圆管流动的实际雷诺数为：

$$Re = \frac{vd}{\nu} \tag{3-6}$$

因此，有压圆管中两种流动形态的判别，只需把水流的实际雷诺数 Re 和临界雷诺数 Re_k 相比较即可。当 $Re > 2000$ 时，水流为紊流运动状态；当 $Re \leqslant 2000$ 时，水流为层流运动状态。临界雷诺数 Re_k 即为两种流态的判别准则数。

对于非圆管有压流动和无压流动，同样可以用雷诺数判别流态，只是计算 Re 时，采用水力半径 R 作为特征长度，代替圆形管道的直径 d 进行计算。即：

$$Re = \frac{vR}{\nu} \tag{3-7}$$

式中 R——水力半径，m。

$$R = \frac{A}{\chi} \tag{3-8}$$

式中 A——过流断面面积，m^2；

χ——湿周，它是水流与周围固体边壁接触的周界长度，m。

无压流和非圆形断面的有压流，临界雷诺数 Re_k 大多稳定在 500 左右，即 $Re_k = 500$。

故无压流和非圆形断面的有压流动，层流与紊流流态的判别式是：

$$Re > 500 \quad 为紊流$$
$$Re \leqslant 500 \quad 为层流$$

【例题 3-1】室内给水管径 $d = 40\text{mm}$，如管内流速 $v = 1.1\text{m/s}$，水温 $t = 10℃$。

（1）试判断管内水的流态；

（2）管内保持层流状态的最大流速为多少？

【解】（1）10℃时水的运动黏滞系数 $\nu = 1.31 \times 10^{-6}\text{m}^2/\text{s}$，管内水流的雷诺数为：

$$Re = \frac{vd}{\nu} = \frac{1.1 \times 0.04}{1.31 \times 10^{-6}} = 33588 > 2000$$

故管内水流为紊流。

（2）保持层流的最大流速所对应的就是临界雷诺数 Re_k。

由于

$$Re_k = \frac{v_k d}{\nu} = 2000$$

所以

$$v_k = \frac{Re_k \nu}{d} = \frac{2000 \times 1.31 \times 10^{-6}}{0.04} = 0.066\text{m/s}$$

【例题 3-2】某矩形风道，风道断面尺寸 250mm×200mm，风速 $v = 5\text{m/s}$，空气温度为 30℃。

（1）试判断风道内气体的流态；

（2）该风道的临界流速是多少？

【解】（1）30℃空气的运动黏滞系数 $\nu = 16.6 \times 10^{-6} \, \text{m}^2/\text{s}$，风道的水力半径为：

$$R = \frac{A}{\chi} = \frac{0.25 \times 0.2}{2 \, (0.25 + 0.2)} = 0.056 \, \text{m}$$

风管内雷诺数为 $Re = \dfrac{vR}{\nu} = \dfrac{5 \times 0.056}{16.6 \times 10^{-6}} = 16740 > 500$，故为紊流。

（2）临界流速 $v_k = \dfrac{Re_k \nu}{R} = \dfrac{500 \times 16.6 \times 10^{-6}}{0.056} = 0.148 \, \text{m/s}$

3.3 均匀流的基本方程式

前面我们讨论了管路流动中能量损失的两种形式和流动状态与沿程损失的关系。为了解决沿程损失的计算问题，本节进一步研究在均匀流条件下，沿程损失与沿程阻力之间的关系。

均匀流是指过流断面的形状和大小沿流程不变，而且过流断面的流量、流速分布也沿程不变的流动。

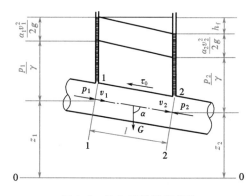

图 3-5 均匀流的沿程损失

根据均匀流的定义，均匀流具有以下性质：

（1）由于均匀流的流速沿程不变，所以均匀流中不存在惯性力，而且流线是相互平行的直线，其过流断面为平面，过流断面上的压强按静力学规律分布，即 $\left(z + \dfrac{p}{\gamma}\right) =$ 常数。

（2）均匀流中的能量损失只有沿程损失，而且各单位长度上的沿程损失都是相等的。

在恒定有压均匀流管路中，任取一长度为 l 的流段，如图 3-5 所示。断面 1-1 与 2-2 形心点的压强分别为 p_1 和 p_2，断面平均流速分别为 v_1 和 v_2，过流断面面积为 A。

建立断面 1-1 和 2-2 的实际液体总流能量方程式：

$$z_1 + \frac{p_1}{\gamma} + \frac{\alpha_1 v_1^2}{2g} = z_2 + \frac{p_2}{\gamma} + \frac{\alpha_2 v_2^2}{2g} + h_w$$

根据均匀流的性质，$\dfrac{\alpha_1 v_1^2}{2g} = \dfrac{\alpha_2 v_2^2}{2g}$，$h_w = h_f$，代入上式后整理可得：

$$\left(z_1 + \frac{p_1}{\gamma}\right) - \left(z_2 + \frac{p_2}{\gamma}\right) = h_f \tag{3-9}$$

式（3-9）说明，均匀流两过流断面间的沿程水头损失，等于这两个断面上的测压管水头差，即水流用于克服阻力所消耗的能量全部由势能提供。

由于沿程损失是流体克服沿程阻力做功所产生的，因此我们分析一下作用在这个流段上的所有轴向外力，以便建立沿程能量损失与剪应力的关系——均匀流基本方程。作用在流段上的外力如下：

1. 压力

端面 1-1 上的压力 $P_1 = p_1 A$，端面 2-2 上的压力 $P_2 = p_2 A$，而作用在流段 1-2 上的侧面压力与流动方向垂直，所以在管轴上的投影为零。

2. 重力

$$G = \gamma A l$$

3. 摩擦阻力

即摩擦界面上流体与壁面的摩擦力。设流段表面上单位面积的摩擦阻力（剪应力）为 τ_0，则：

$$T = \tau_0 \chi l$$

在均匀流中，流体作等速运动，加速度为 0，因此，作用在流段上各力的轴线方向合力为 0。即：

$$P_1 - P_2 + G\cos\alpha - T = 0$$
$$p_1 A - p_2 A + \gamma A l \cos\alpha - \tau_0 \chi L = 0$$

将 $L\cos\alpha = z_1 - z_2$，代入上式，并各项同除 γA 得：

$$\left(z_1 + \frac{p_1}{\gamma}\right) - \left(z_2 + \frac{p_2}{\gamma}\right) = \frac{\tau_0 \chi l}{\gamma A} \tag{3-10}$$

比较式（3-9）式（3-10）得：

$$h_f = \frac{\tau_0 \chi l}{\gamma A} \text{也可写成} \frac{h_f}{l} = \frac{\tau_0 \chi}{\gamma A}$$

式中 $\dfrac{h_f}{l}$ 为单位管长的沿程损失，称为水力坡度，以 J 表示。同时根据 $R = \dfrac{A}{\chi}$，得 $\chi = \dfrac{A}{R}$，代入上式整理得：

$$\tau_0 = \gamma J R \tag{3-11}$$

式（3-11）称为均匀流基本方程，它反映了在均匀流中单位管长的沿程水头损失与剪应力的关系。

对于非圆形断面有压均匀流及无压均匀流管道，按上述步骤，同样可以得出与式（3-11）相同的结果。因此，均匀流基本方程适用于任何断面形状的有压流和无压流。

应用均匀流基本方程式，可以说明流体在均匀流过流断面上的剪应力分布规律。设圆管均匀流的半径为 r_0，水力坡度为 J_0，其表面上的剪应力：

$$\tau_0 = \gamma J_0 R_0 = \gamma J_0 \frac{d_0}{4} = \gamma J_0 \frac{r_0}{2}$$

而同一管轴上，半径为 r 的流束的剪应力：

$$\tau = \gamma J R = \gamma J \frac{r}{2}$$

以上两式相比可得：

$$\frac{\tau}{\tau_0} = \frac{J}{J_0} \frac{r}{r_0}$$

由于均匀流单位长度上的水头损失相等，即水力坡度 $J = J_0$，由此可得：

$$\tau = \tau_0 \frac{r}{r_0}$$

上式表明，均匀流过流断面上的剪应力是按直线规律分布。当 $r = 0$，即在管轴上，剪应力 $\tau = 0$；当 $r = r_0$，即在管壁处，剪应力为最大值，此时 $\tau = \tau_0$。

由于均匀流基本方程式是在恒定流条件下，分析均匀流段上的外力平衡得出的平衡方程，并没有反映流体流动中产生能量损失的物理本质。因此该式对层流和紊流都适用，只是流态不同，剪应力形成的原因和表达式不同，最终决定两种流态水头损失的规律不同。

3.4　圆管中的层流运动

由于流体运动存在着层流和紊流两种性质截然不同的流动形态，因此，研究沿程损失，必须分别针对这两种流态，研究它们各自的流动阻力和水头损失规律。

本节以圆管压力流为例，讨论流体在管中作层流运动时的运动特征及其沿程损失规律。

在实际工程中，尽管绝大多数流体运动属于紊流，但是也有少数流体运动属于层流。如某些管径很小的管道流动，或者低速、高黏度流体的管道流动，像润滑油管、原油输油管内的流动多属层流。研究层流运动不仅有工程实用意义，重要的还在于通过层流与紊流的对比，可加深对紊流运动的认识。

层流运动的特点是流动有条不紊，流层与流层之间互不掺混，流体质点只有平行管轴方向的流动速度。所以圆管层流可以看作是无数无限薄的圆筒层一个套着一个地向前滑动，与管壁接触的最外层流体受黏性影响贴附在管壁上，流速为 0。愈接近管轴，黏滞力愈小，流速愈大，最大流速发生在管轴上，这种轴对称的标准层流满足牛顿内摩擦定律：

$$\tau = -\mu \frac{\mathrm{d}u}{\mathrm{d}r}$$

根据均匀流基本方程式：

$$\tau = \gamma J R$$

对于等径直管中的流动，满足均匀流的条件。圆管压力流的 $R = \dfrac{d}{4} = \dfrac{r}{2}$，均匀流基本方程式可改写为：

$$\tau = \frac{r}{2} \gamma J$$

将牛顿内摩擦定律与上式联立得：

$$\frac{r}{2} \gamma J = -\mu \frac{\mathrm{d}u}{\mathrm{d}r}$$

$$\mathrm{d}u = -\frac{\gamma J}{2\mu} r \, \mathrm{d}r \tag{3-12}$$

式中，γ、μ 分别为流体的重度和动力黏滞系数，它们均为常数。而水力坡度（单位管长的水头损失）在均匀流中也是常数。因此，对式（3-12）进行积分得：

$$u=-\frac{\gamma J}{4\mu}r^2+c$$

积分常数 c 可由边界条件确定，当 $r=r_0$ 时，$u=0$。

得积分常数
$$c=\frac{\gamma J}{4\mu}r_0^2$$

所以
$$u=\frac{\gamma J}{4\mu}\ (r_0^2-r^2) \tag{3-13}$$

根据式（3-13）可得出圆管层流运动的各种参数。

1. 过流断面速度分布规律

$$u=\frac{\gamma J}{4\mu}\ (r_0^2-r^2)$$

它表明流体在圆管中作层流运动时，过流断面上的流速分布服从抛物线规律，如图 3-6 所示。

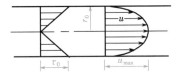

图 3-6　圆管层流速度分布

在管轴心点处，由于 $r=0$，代入上式可得过流断面上的最大流速：

$$u_{\max}=\frac{\gamma J}{4\mu}r_0^2 \tag{3-14}$$

2. 剪应力 τ

根据圆管压力流条件下的均匀流基本方程：

$$\tau=\frac{1}{2}r\gamma J \tag{3-15}$$

当 $r=0$ 时 $\tau=0$；当 $r=r_0$ 时 $\tau=\tau_{\max}=\frac{1}{2}r_0\gamma J$。

上式表明，在圆管压力流层流流态过流断面上的剪应力是沿半径方向呈线性分布的。

3. 流量 Q

$$Q=\int_A u\mathrm{d}A=\int_0^{r_0}\frac{\gamma J}{4\mu}(r_0^2-r^2)\pi\mathrm{d}r^2$$

上式积分后，经整理可得圆管层流中流量计算公式为：

$$Q=\frac{\gamma J}{8\mu}\pi r_0^4=\frac{\gamma J}{128\mu}\pi d^4 \tag{3-16}$$

式（3-16）反映了在圆管层流的条件下，管道流量与单位管长沿程水头损失的关系。

4. 断面平均流速 v

$$v=\frac{Q}{A}=\frac{\frac{rJ}{8\mu}\pi r_0^4}{\pi r_0^2}=\frac{rJ}{8\mu}r_0^2 \tag{3-17}$$

而
$$u_{\max}=\frac{rJ}{4\mu}r_0^2$$

所以
$$v=\frac{1}{2}u_{\max}$$

上式说明圆管层流运动时，断面平均流速是同断面上最大流速的一半。

5. 动能修正系数 α 和动量修正系数 β

$$\alpha = \frac{\int_A u^3 \mathrm{d}A}{v^3 A} = \frac{1}{v^3 A} \int_0^{r_0} \left[\frac{\gamma J}{4\mu}(r_0^2 - r^2)\right]^3 \pi \mathrm{d}r^2$$

$$= \frac{\int_0^{r_0} (r_0^2 - r^2)^3 \mathrm{d}r^2}{\left(\frac{r_0^2}{2}\right)^3 r_0^2} = 2.0$$

同样可求出圆管层流中的动量修正系数 β 为：

$$\beta = \frac{\int_A u^2 \mathrm{d}A}{v^2 A} = \frac{\int_0^{r_0} \left[\frac{\gamma J}{4\mu}(r_0^2 - r^2)\right]^2 2\pi r \mathrm{d}r}{\left[\frac{\gamma J}{8\mu} r_0^2\right]^2 \pi r^2} = 1.33$$

α、β 的数值都很大，说明在圆管层流中流速的分布很不均匀，所以层流运动中应用能量方程和动量方程时，不能设 α、β 两个系数为 1.0。但在实际工程中，遇到的管道流动基本都是紊流。

6. 沿程水头损失 h_f

根据式（3-17），有：

$$v = \frac{\gamma J}{8\mu} r_0^2 = \frac{\gamma J}{8\mu} \frac{d^2}{4}$$

上式可以改写为：

$$J = \frac{32\mu}{\gamma d^2} v$$

将 $J = \dfrac{h_f}{l}$ 代入上式，整理得：

$$h_f = \frac{32\mu l}{\gamma d^2} v$$

上式可作如下变形：

$$h_f = \frac{32\mu l}{\gamma d^2} v = \frac{64}{2} \frac{\rho \nu}{\rho g d} \frac{l}{d} v = \frac{64}{\underbrace{\frac{vd}{\nu}}} \frac{l}{d} \frac{v^2}{2g}$$

由于 $Re = \dfrac{vd}{\nu}$，所以：

$$h_f = \frac{64}{Re} \frac{l}{d} \frac{v^2}{2g} \tag{3-18}$$

根据达西公式 $h_f = \lambda \dfrac{L}{d} \dfrac{v^2}{2g}$ 可知，对于圆管层流：

$$\lambda = \frac{64}{Re} \tag{3-19}$$

式（3-19）说明：圆形管道作层流运动时的沿程阻力系数 λ 只与 Re 有关，而与管壁粗糙度无关，即 $\lambda = f(Re)$。

3.5 圆管中的紊流运动

在供热通风与空调工程中，除了极少数流动属于层流之外，绝大多数流体的运动属于紊流，因此研究紊流运动的特征和能量损失规律，更具有实际意义和普遍性。

本节以圆管为例，讨论管中紊流运动的基本特征及沿程损失规律。

3.5.1 紊流脉动与时均化

1. 紊流的脉动现象

在紊流中，流体质点的运动轨迹非常紊乱，各流层间的流体质点相互掺混，互相碰撞，质点的运动极为复杂，质点运动速度的大小和方向都随时间而无规则地改变。如图 3-7 所示是紊流速度场中某点瞬时速度 u 值在管轴方向分速度随时间变化的规律。虽然这种变化是无规则的随机变动，但实验中发现，只要观察时间足够长，某点的瞬时速度始终围绕某一平均值而上下波动。同流速一样，紊流中的压强也具有这种性质。这种围绕某一平均值而上下波动的现象，称为脉动现象。

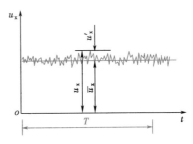

图 3-7 瞬时速度

2. 运动要素的时均化

紊流运动要素随时间脉动的现象，表明它不属于恒定流，但它随时间的变化却始终围绕着某一平均值而上下波动，这个平均值称为时均值。时均值可以用来代替具有脉动特征的真实值，用于分析研究紊流问题和有关的计算。这样就必须对这个平均值给出明确定义。

速度时均化的定义：

在紊流流场中，某一时间段 T 内，以平均值速度 $\bar{u}_x$，流经一微小有效断面 ΔA 的流体体积，应等于同一时间段内，以实际的有脉动的速度 u_x，流经同一微小有效断面的流体体积。这个定义也可以用数学关系表示为：

$$\bar{u}_x \Delta A T = \int_0^T u_x \Delta A \mathrm{d}t$$

$$\bar{u}_x = \frac{1}{T}\int_0^T u_x \mathrm{d}t \tag{3-20}$$

式中，$\bar{u}_x$ 就是 T 时段内，某点速度的平均值，称为时间平均速度，简称时均速度（m/s）。

很显然，瞬时速度 u_x 与时均速度 $\bar{u}_x$ 的关系为：

$$u_x = \bar{u}_x + u'_x$$

式中　u'_x——脉动速度，m/s，即瞬时速度与时均速度的差值，其值本身有正负。

把复杂的紊流运动时均化后，可为紊流运动的研究带来了很大的方便。以前我们介绍的恒定流概念以及分析流体运动规律的方法在紊流运动中仍然是适用的。

3.5.2　紊流阻力

层流运动中，流体质点呈分层流动，其流层的黏性剪应力可由牛顿内摩擦定律来确定。而紊流运动中的阻力则由两部分组成，即紊流运动可视为时均运动和脉动运动两方面阻力的叠加。

一方面是流体各层因时均流速不同而存在着相对运动，故流层间产生因黏滞性所引起的摩擦阻力。单位面积上的摩擦阻力即黏性剪应力，以符号 τ_1 表示，可按牛顿内摩擦定律确定，即：

$$\tau_1 = \mu \frac{\mathrm{d}u}{\mathrm{d}y}$$

式中　$\dfrac{\mathrm{d}u}{\mathrm{d}y}$——时均速度梯度。

另一方面由于紊流的脉动现象，流层间质点相互掺混，低速流层的质点进入高速流层后，对高速流层起阻滞作用；反之高速流层的质点进入低速流层后，对低速流层起拖动作用。即由于流层间质点的动量交换，从而在流层分界面上形成紊流附加剪应力 τ_2。附加剪应力可由普朗特提出的半经验理论——动量传递理论导出。

德国科学家普朗特用气体分子自由行程的概念，来描述流体质点的动量交换。假定流体质点的流速、动量等运动要素在从某一流层脉动到另一流层之后，才突然发生改变，而和周围流体的流速、动量取得一致，即流体质点横向渗混过程中，存在一段自由行程 l，在此行程内，不与其他质点碰撞，保持原有的运动特性，经过自由行程之后才与周围质点相碰撞混合，发生能量交换，失去原有运动特性。这段自由行程的长度，称为混合长度，以符号 l 表示。

根据混合长度理论，上述紊流附加剪应力可表示为：

$$\tau_2 = \rho l^2 \left(\frac{\mathrm{d}u}{\mathrm{d}y}\right)^2 \tag{3-21}$$

为了简便起见，从这里开始，时均值不再标以时均符号。

考虑到流体的黏滞性和紊流脉动的共同作用，紊流的全部剪应力应为黏性剪应力与附加剪应力之和，即：

$$\tau = \tau_1 + \tau_2 = \mu \frac{\mathrm{d}u}{\mathrm{d}y} + \rho l^2 \left(\frac{\mathrm{d}u}{\mathrm{d}y}\right)^2 \tag{3-22}$$

上式两部分剪应力的大小随流体运动情况而有所不同。在雷诺数较小时，流体质点的碰撞和掺混较弱，黏性剪应力占主要地位。雷诺数越大，紊动越剧烈，黏性剪应力的影响就越小。工程中的实际流体运动，一般雷诺数都足够大，紊流得到充分发展，τ_2 远大于 τ_1，此时 τ_1 往往可以忽略不计。

3.5.3　紊流的速度分布

实验证明，流体在圆管内作紊流运动时，其过流断面上的流速分布如图 3-8 所示。在靠近管壁处存在着一层很薄的流层，由于受固体边壁的约束，流层内沿边界法线方向上的速度分布是由零急剧增加的，速度梯度很大。而且由于固体边壁的制约，该层内质点的横向运动受到抑制，脉动运动几乎不存在，因此，该流层的剪应力主要是黏性剪应力，且流速分布也符合层流的流速分布规律。这一紧靠管壁，

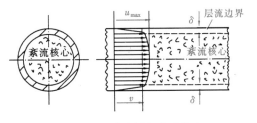

图 3-8　层流边界与紊流核心

以黏性剪应力起控制作用的薄层，称为层流边界层，其厚度以 δ 表示。因此紊流并非整个断面都是紊流形态，在层流边界层以外的部分才是紊流，称为紊流核心。

层流边界层的厚度 δ 随 Re 的增大而减小，可用半经验公式表示：

$$\delta = \frac{32.8d}{Re\sqrt{\lambda}} \tag{3-23}$$

式中　Re——管内流体的雷诺数；

d——管径，m；

λ——沿程阻力系数。

从式（3-23）可以看出，紊流运动愈强，雷诺数愈大，层流边界层愈薄。层流边界层的厚度一般只有十分之几毫米，但它对紊流沿程能量损失规律的研究却具有重大意义。现以圆管为例说明。

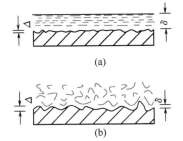

图 3-9　水力光滑和水力粗糙

由于管道受加工方法和材质的影响，管壁表面总是粗糙不平的，粗糙突出管壁的平均高度称为绝对粗糙度，以 Δ 表示。由于 δ 是随 Re 而变化的，因此 δ 可能大于也可能小于 Δ。

当 δ 大于 Δ 若干倍时，则粗糙突出的高度被淹没在层流边界层中，此时紊流核心就像在一个非常光滑的水套内流动，如图 3-9（a）所示。此时流体的能量损失与管壁的粗糙度无关，这种管道称为水力光滑管。当 δ 小于 Δ 时，管壁粗糙的突出部分伸入到紊流核心，紊流核心的流体绕过粗糙突出部分时，会形成小的旋涡，如图 3-9（b）所示，加剧了流体流动的紊动强度，增大沿程能量损失。此时沿程能量损失与管壁的粗糙度有关，这种情况称为水力粗糙管。

从以上分析可以看出，水力光滑管或水力粗糙管并非只取决于管壁的光滑或粗糙程度，还取决于层流边界层的厚度 δ，而 δ 与雷诺数等因素有关，所以水力光滑管与水力粗糙管没有绝对不变的意义。同样的管道在雷诺数小时，可能是水力光滑管，而随着管内流速的提高，雷诺数增大时就又可能变为水力粗糙管了。

在紊流的过流断面上，除靠近管壁的一层很薄的层流边界层以外的区域，都属于紊流核心。由于紊流时流体质点相互掺混，使流速分布趋于平均化。从理论上可以证明紊流核

心过流断面上流速分布是对数型的：

$$u=\frac{1}{\beta}\sqrt{\frac{\tau_0}{\rho}}\ln y+C \qquad (3-24)$$

式中　τ_0——紊流中靠近管壁处流速梯度较大的流层内的剪应力，N；

　　　　y——质点离圆管管壁的距离，m；

　　　　β——卡门通用常数，由实验定；

　　　　C——由管道边界条件决定的积分常数。

式（3-24）是根据普朗特半经验理论得出的紊流流速分布公式，它表明紊流过流断面上的流速呈对数规律分布。实验表明，该流速分布规律在紊流核心的过流断面上，同实际流速分布相符。

3.6　紊流沿程阻力系数

在第一节中已经给出了圆形管道压力流的沿程水头损失计算公式为：

$$h_{\mathrm{f}}=\lambda\frac{L}{d}\frac{v^2}{2g}$$

3-2

紊流沿程损失的计算

该式是圆管水头损失计算的通用公式，不但适用于层流，同样也可用于紊流。但对于不同的流态，式中沿程阻力系数的规律不同，因此，管道沿程水头损失的计算转变为沿程阻力系数的计算。在 3.4 节中已经证明了流体作层流运动时的沿程阻力系数 $\lambda=\frac{64}{Re}$。而对于紊流由于流体运动的复杂性，采用普朗特半经验理论是不够完善的。因此，单纯用数学分析的方法直接推导紊流的沿程阻力系数 λ 的计算公式，目前还不可能。要解决紊流的阻力计算，工程上通常有以下两种途径来确定 λ 值：一种是以紊流的半经验理论为基础，借助实验研究，整理成半经验公式；另一种是直接依据紊流沿程损失的实验资料综合成阻力系数 λ 的纯经验公式。

根据对有压管路大量实验资料的分析发现，沿程阻力系数 λ 与 Re 和 $\frac{\Delta}{d}$（管道相对粗糙度）有关。

许多学者对此进行了大量的实验研究，而其中德国科学家尼古拉兹的实验成果比较典型地分析了沿程阻力系数的变化规律。

3.6.1　尼古拉兹实验

尼古拉兹实验的目的是探索紊流沿程阻力系数 λ 的变化规律。实验是在管壁粘贴不同粒径均匀砂粒形成人工粗糙的六种管径中进行，其管道的 $\frac{\Delta}{d}$ 分别为 $\frac{1}{30}$、$\frac{1}{61}$、$\frac{1}{126}$、$\frac{1}{252}$、$\frac{1}{507}$、$\frac{1}{1014}$。把这些管道安装在测定沿程水头损失的实验装置中，分别测出每根人工粗糙管在不同流量下的断面平均流速 v 和沿程水头损失 h_f，然后根据公式：

$$Re = \frac{vd}{\nu} \text{和} \lambda = \frac{d}{l} \frac{2g}{v^2} h_f$$

计算出相应雷诺数 Re 和沿程阻力系数 λ。如果把所测的一系列资料换算为对数值，点绘在以 $\lg Re$ 为横坐标，以 $\lg (100\lambda)$ 为纵坐标的对数坐标纸上，便可以得到如图 3-10 所示的实验曲线。

实验表明，六种管径且相对粗糙度已知的管道，在管内流速从小到大（Re 也相应随之变化），管道内输送的水流的流动状态从层流状态发展为充分的紊流状态，其对应的阻力规律不同。根据沿程阻力系数 λ 变化的特征，尼古拉兹实验曲线可以划分为五个阻力区。

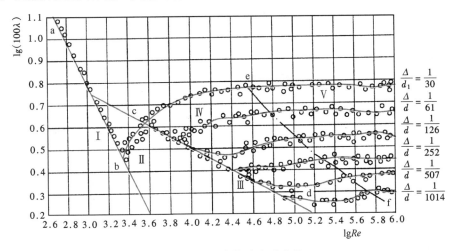

图 3-10 尼古拉兹实验曲线

1. 第 I 区：当 $Re < 2000$（即 $\lg Re < 3.3$）时，流体流动处于层流状态，所有的实验点，不论其相对粗糙度如何，都落在直线 I 上。这说明在层流区沿程阻力系数 λ 与 $\frac{\Delta}{d}$ 无关，只与 Re 有关。如果把 3.4 节从理论推导出来的方程 $\lambda = \frac{64}{Re}$ 的函数图像点绘到图中，正好与直线 I 重合，因此，尼古拉兹实验证明了由理论分析得到的层流沿程损失计算公式是正确的。该区沿程水头损失 h_f 与流速 v 的一次方成正比。

2. 第 II 区：在 $Re = 2000 \sim 4000$（$\lg Re = 3.3 \sim 3.6$）范围内，六条相对粗糙度不同的管道的实验点偏离直线 I 分布在 bc 曲线上。该区域是层流向紊流的过渡区，相当于上、下临界流速之间的区域，λ 随 Re 的增大而增大，而与相对粗糙度无关。该区域在工程上实用意义不大。

3. 第 III 区：当 $Re > 4000$（即 $\lg Re > 3.6$）以后，相对粗糙度最大的管道的实验点单独分离出去，而相对粗糙度不同的其他管道的实验点都集中在直线 III 上。随着 Re 的增大，相对粗糙度较大的管道，其实验点在 Re 较低时就偏离直线 III。而相对粗糙度较小的管道，其实验点要在 Re 较大时才脱离直线 III。相对粗糙度不同的管道的实验点集中在直线 III 上，表明沿程阻力系数只与雷诺数有关，与相对粗糙度无关。这是因为管内流态虽是紊流，但靠近管壁的层流边界层在雷诺数不大时，其厚度完全掩盖了管壁的糙粒突起高度，水流处于水力光滑管状态。但随着雷诺数的增大，层流边界层的厚度不断减小，相对粗糙度大的管道，其实验点就脱离了该区。而相对粗糙度较小的管道只有在雷诺数较高时，才脱离直线Ⅲ。因此，在直线Ⅲ范围内，λ 只与 Re 有关而与 $\dfrac{\Delta}{d}$ 无关，该区称为水力光滑管区。

4. 第Ⅳ区：随着雷诺数的不断提高，不同相对粗糙度的管道的实验点都脱离了直线Ⅲ，在图中的Ⅳ区范围内各自形成独立的曲线，这说明沿程阻力系数 λ 不但与 Re 有关，而且与 $\dfrac{\Delta}{d}$ 也有关。这是因为靠近管壁的层流边界层的厚度随雷诺数的增大而变薄之后，管壁的粗糙度已开始影响到紊流核心的运动，水流处于水力光滑管向水力粗糙管转变的过渡状态，所以该区称为紊流过渡区。

5. 第Ⅴ区：在这个区域里，不同相对粗糙度的实验点分别分布在与横坐标平行的各自直线上，这说明 λ 分别保持某一常数，只与该管道的 $\dfrac{\Delta}{d}$ 有关，而与 Re 无关。这是因为 Re 足够大，管道的层流边界层的厚度很薄，管壁的糙粒几乎全部都伸入到紊流核心，此时影响管道沿程阻力系数 λ 的唯一因素是管壁的粗糙度，因此该区称为紊流粗糙区。在该区只要管道的相对粗糙已定，管道的沿程阻力系数 λ 就是常数，沿程水头损失 h_f 与 v 的平方成正比，故该区又称为阻力平方区。

综上所述，尼古拉兹实验所揭示的沿程阻力系数 λ 的变化规律，可归纳如下：

Ⅰ. 层流区　　　　　　　　　　　$\lambda = f_1(Re)$

Ⅱ. 临界过渡区　　　　　　　　　$\lambda = f_2(Re)$

Ⅲ. 紊流光滑区　　　　　　　　　$\lambda = f_3(Re)$

Ⅳ. 紊流过渡区　　　　　　　　　$\lambda = f_4\left(Re、\dfrac{\Delta}{d}\right)$

Ⅴ. 紊流粗糙区（阻力平方区）　　$\lambda = f_5\left(\dfrac{\Delta}{d}\right)$

尼古拉兹实验的重要意义在于比较完整地反映了沿程阻力系数 λ 的变化规律，找出了影响 λ 值变化的主要因素，提出了紊流阻力分区的概念，为推导紊流沿程阻力系数 λ 的半经验公式提供了可靠的依据。

3.6.2　莫迪图

尼古拉兹实验是在人工粗糙管中进行的，而工业管道的实际粗糙与人工均匀粗糙有较大差异，因此，尼古拉兹实验结果用于实际管道时，必须要分析这种差异，并寻求解决问题的方法。

1. 当量粗糙度

由于实际管道壁面粗糙度难以测定，为了应用尼古拉兹实验的结果解决工业管道的计算问题，需要引入"当量粗糙度"的概念。

当量粗糙度是指将和实际管道在紊流粗糙区 λ 值相等的同直径尼古拉兹人工粗糙管的粗糙度作为该实际管道的当量粗糙度。

部分常用工业管道的当量粗糙度 Δ 值见表 3-1。

常用工业管道的当量粗糙度　　　　　　　　　　　　表 3-1

管 道 材 料	Δ（mm）	管 道 材 料	Δ（mm）
钢板制风管	0.15	新氯乙烯管	0～0.002
塑料板制风管	0.01	铅管、铜管、玻璃管	0.01
矿渣石膏板风管	1.0	钢管	0.046
表面光滑的砖风道	4.0	涂沥青铸铁管	0.12
矿渣混凝土板风道	1.5	混凝土管	0.3～3.0
铁丝抹灰风道	10～15	木条拼合圆管	0.18～0.9
胶合板风道	1.0	镀锌钢管	0.15
地面沿墙砌造风道	3～6	新铸铁管	0.15～0.5
墙内砌造风道	5～10	旧铸铁管	1～1.5

2. 莫迪图

为了解决工业管道的沿程损失计算，柯列勃洛克将大量工业管道实验资料与尼古拉兹综合阻力曲线比较后发现，尼古拉兹过渡区的实验资料对工业管道不适用，从而提出了工业管道 λ 计算公式，即柯列勃洛克公式：

$$\frac{1}{\sqrt{\lambda}} = -2\lg\left(\frac{\Delta}{3.7d} + \frac{2.51}{Re\sqrt{\lambda}}\right) \tag{3-25}$$

式中，Δ 为工业管道的当量粗糙度。该公式中，当 Re 小时，公式右边括号内第二项很大，第一项相对很小，适用于光滑管区。当 Re 很大时，公式右边括号内第二项很小，这样它也适用于粗糙管区。也就是说该式其实适用于工业管道紊流流态的三个阻力区，并与工业管道的实验结果符合较好。

为了简化计算，1944 年莫迪以式（3-25）为基础，绘制出工业管道的阻力系数变化曲线图，即莫迪图。如图 3-11 所示，该图反映了工业管道的沿程阻力系数 λ 的变化规律，从图上可以按管道中流体的雷诺数 Re 和工业管道的当量相对粗糙度 $\frac{\Delta}{d}$ 直接查出 λ 值，进而求出管道的沿程损失。

3.6.3　紊流沿程阻力系数的计算公式

综上所述，紊流流态影响沿程阻力系数 λ 的因素很多，而且也比较复杂，因此到目前为止还不能从纯理论方面提出 λ 的计算方法，只能根据实验资料结合理论分析，而总结出经验或半经验公式，这些公式尽管在理论上还不十分严密，但却都与实验结果较好符合，可以满足工程中水力计算要求，因而得到广泛应用。

1. 紊流光滑区

（1）布拉修斯公式　　　　　　　　$$\lambda = \frac{0.3164}{Re^{0.25}} \tag{3-26}$$

该公式在 $Re < 10^5$ 的范围内使用，准确度较高。

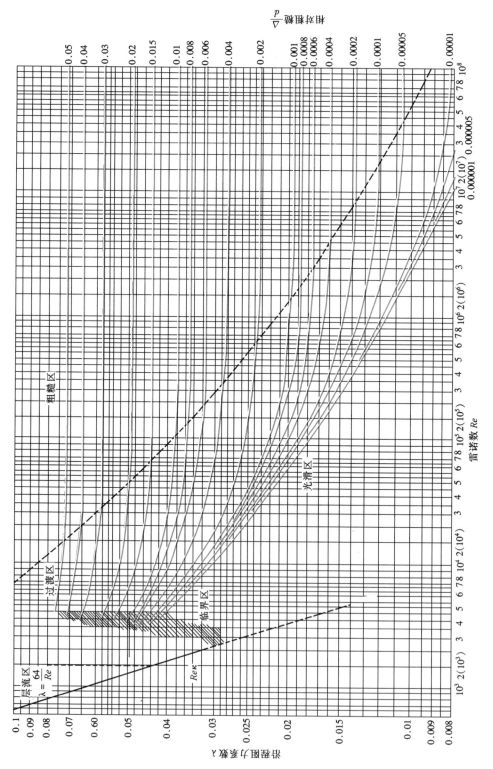

图 3-11 莫迪图

（2）尼古拉兹光滑管公式 $\dfrac{1}{\sqrt{\lambda}}=2\lg\dfrac{Re\sqrt{\lambda}}{2.51}$ （3-27）

该公式为半经验公式，适用于 $Re<10^6$ 的范围内。

（3）适用于硬聚乙烯给水管道的计算公式 $\lambda=\dfrac{0.304}{Re^{0.239}}$ （3-28）

该式是上海市政工程设计院在中国建设技术发展中心和哈尔滨工业大学建筑工程学院的共同配合下，提出的 λ 的计算公式。该式适用于流速小于 3m/s 的塑料管道。对于玻璃管和一些非碳钢类的金属管道，由于它们的内壁光滑，当流速小于 3m/s 时，同样也可用 (3-28) 式计算 λ 值。

2. 紊流过渡区

除上面提出的柯列勃洛克公式以外，还有：

（1）莫迪公式 $\lambda=0.0055\left[1+\left(20000\dfrac{\Delta}{d}+\dfrac{10^6}{Re}\right)^{\frac{1}{3}}\right]$ （3-29）

该公式在 $Re=4000\sim10^7$、$\dfrac{\Delta}{d}\leqslant0.01$、$\lambda<0.05$ 时与柯氏公式相比较，误差不超过 5%。

（2）阿里特苏里公式 $\lambda=0.11\left(\dfrac{\Delta}{d}+\dfrac{68}{Re}\right)^{0.25}$ （3-30）

该公式主要用于热水供热管道的 λ 值计算，并编有专用计算图表。

（3）在给水管道中适用于旧钢管、旧铸铁管的舍维列夫公式：

当 $v<1.2$m/s 时（紊流过渡区）

$$\lambda=\dfrac{0.0179}{d^{0.3}}\left(1+\dfrac{0.867}{v}\right)^{0.3}$$ （3-31）

在给水工程中，使用金属管道考虑锈蚀的影响，会使管壁粗糙度增大，为了保证计算可靠，钢管和铸铁管的阻力系数都是按旧管的粗糙度考虑。

3. 紊流粗糙管区

（1）适用于旧钢管和旧铸铁管的舍维列夫公式

当 $v\geqslant1.2$m/s 时（紊流粗糙管区） $\lambda=\dfrac{0.021}{d^{0.3}}$ （3-32）

式 (3-31)、式 (3-32) 中 d——管道内径，单位只能用 m。

（2）希弗林松公式 $\lambda=0.11\left(\dfrac{\Delta}{d}\right)^{0.25}$ （3-33）

这是一个指数公式，由于形式简单、计算方便，因此，工程上经常采用该公式。

（3）谢才公式

1769 年法国工程师谢才根据大量的渠道实测资料总结提出了均匀流经验公式——谢才公式，该式是水力学最古老的公式之一：

$$v=C\sqrt{RJ}$$ （3-34）

式中 C——谢才系数，$m^{1/2}/s$；

  R——水力半径，m；

J——水力坡度。

将 $J = \dfrac{h_{\mathrm{f}}}{L}$ 代入上式中，得：

$$h_{\mathrm{f}} = \frac{v^2 L}{C^2 R} \tag{3-35}$$

谢才公式与达西公式实质上是一致的，只不过表现形式不同，它们之间可以相互转换。由 $h_{\mathrm{f}} = \dfrac{v^2 L}{C^2 R} = \lambda \dfrac{L}{d} \dfrac{v^2}{2g}$ 可得到谢才系数 C 与 λ 的关系：

$$C = \sqrt{\frac{8g}{\lambda}} \quad \text{或} \quad \lambda = \frac{8g}{C^2} \tag{3-36}$$

谢才公式既适用于明渠也适用于管道，谢才系数 C 值通常由经验公式计算：

$$C = \frac{1}{n} R^{1/6} \tag{3-37}$$

式中　n——综合反映壁面对水流阻滞作用的系数，称为粗糙系数，见表 3-2；

　　　R——水力半径，m。

适用范围：$n<0.02$，$R<0.5$m。

常用的几种管渠的粗糙系数 n 表 3-2

管渠类别	粗糙系数 n	管渠类别	粗糙系数 n
混凝土管、钢筋混凝土管、水泥砂浆抹面渠道	0.013～0.014	土明渠（包括带草皮）	0.025～0.030
水泥砂浆内衬球墨铸铁管	0.011～0.012	干砌块石渠道	0.020～0.025
石棉水泥管、钢管	0.012	浆砌块石渠道	0.017
UPVC 管、PE 管、玻璃钢管	0.009～0.010	浆砌砖渠道	0.015

应当指出的是，就谢才公式本身而言，可用于有压流或无压流的各个阻力区，但由于计算谢才系数 C 的经验公式都是根据紊流阻力平方区的大量实测资料综合而成，因而谢才公式就仅适用于紊流的阻力平方区。

【例题 3-3】 某输水管路，当量粗糙度 $\Delta=1.3$mm，管长 $L=150$m，直径 $d=1$m，断面平均流速 $v=1.5$m/s，试求沿程水头损失 h_{f}。

【解】 采用希弗林松公式计算：

$$\lambda = 0.11\left(\frac{\Delta}{d}\right)^{0.25} = 0.11 \times \left(\frac{1.3 \times 10^{-3}}{1}\right)^{0.25} = 0.021$$

$$h_{\mathrm{f}} = \lambda \frac{L}{d} \frac{v^2}{2g} = 0.021 \times \frac{150}{1} \times \frac{1.5^2}{2 \times 9.807} = 0.36\text{m}$$

【例题 3-4】 某铸铁输水管路，内径 $d=300$mm，管长 $L=2000$m，流量 $Q=60$L/s，试计算管路的沿程水头损失。

【解】（1）判别流态：

$$v = \frac{Q}{A} = \frac{Q}{\frac{\pi}{4}d^2} = \frac{0.06}{\frac{\pi}{4} \times 0.3^2} = 0.85\text{m/s} < 1.2\text{m/s}$$

管中水流处于紊流过渡区。

（2）计算 λ 值：

根据舍维列夫公式，当流速小于 1.2m/s 时：

$$\lambda = \frac{0.0179}{d^{0.3}}\left(1+\frac{0.867}{v}\right)^{0.3} = \frac{0.0179}{0.3^{0.3}}\left(1+\frac{0.867}{0.85}\right)^{0.3} = 0.0317$$

（3）计算 h_f 值：

$$h_f = \lambda\frac{L}{d}\frac{v^2}{2g} = 0.0317 \times \frac{2000}{0.3} \times \frac{0.85^2}{2\times9.807} = 7.78\text{m}$$

【例题 3-5】修建一条 $L=300$m 长的钢筋混凝土输水管路，粗糙系数 $n=0.0135$，直径 $d=250$mm，管道通过流量为 $Q=200\text{m}^3/\text{h}$，流动处于阻力平方区。试求该管路沿程水头损失 h_f。

【解】采用谢才公式计算：

$$R = \frac{d}{4} = \frac{0.25}{4} = 0.0625\text{m}$$

$$C = \frac{1}{n}R^{\frac{1}{6}} = \frac{1}{0.0135}(0.0625)^{\frac{1}{6}} = 46.7\text{m}^{\frac{1}{2}}/\text{s}$$

$$v = \frac{Q}{A} = \frac{200/3600}{\frac{\pi}{4}\times0.25^2} = 1.13\text{m/s}$$

$$h_f = \frac{v^2 L}{C^2 R} = \frac{1.13^2\times300}{46.7^2\times0.0625} = 2.81\text{m}$$

【例题 3-6】某给水管路直径 $d=200$mm，管长 $L=500$m，流量为 $Q=10$L/s，水温 $t=10℃$，当量粗糙度 $\Delta=0.1$mm，试求该管路沿程水头损失 h_f。

【解】本题采用莫迪图计算：

（1）计算 Re，Δ/d

$$v = \frac{Q}{A} = \frac{10\times10^{-3}}{\frac{\pi}{4}\times0.2^2} = 0.32\text{m/s}$$

查表 0-5，当水温 $t=10℃$，水的运动黏滞系数 $\nu=1.308\times10^{-6}\text{m}^2/\text{s}$。

$$Re = \frac{vd}{\nu} = \frac{0.32\times0.2}{1.308\times10^{-6}} = 48930$$

$$\frac{\Delta}{d} = \frac{0.1}{200} = 0.0005$$

（2）根据 Re，Δ/d 查莫迪图（图 3-11），得 $\lambda=0.025$。

（3）计算 h_f：

$$h_f = \lambda\frac{L}{d}\frac{v^2}{2g} = 0.0225\times\frac{500}{0.2}\times\frac{0.32^2}{2\times9.807} = 0.29\text{m}$$

3.7 非圆管流的沿程损失

前面已经研究了圆管内流体在两种不同流态时的沿程损失的计算方法。但是在工程中为了配合建筑结构或工艺上的需要。也常用到非圆形管道来输送流体。例如通风、空调系统中的风道，有很多就是采用矩形断面。如何把已有圆管沿程损失的计算方法用于非圆管的计算呢？在工程中通常采用的方法是在阻力相同的条件下，从水力半径的概念出发，把非圆管折算成圆管来进行水力计算。

3.7.1 水力半径

管道对沿程损失的影响除了壁面的粗糙度之外，主要是体现在过流断面的面积和湿周（即流体与固体壁面接触的周界）两个水力要素上。当流量一定时，过流断面的大小决定管内流速的高低。而当流速不变时，湿周的大小又决定了流体与固体壁面的接触面积。前面的研究也证明了紊流运动状态，过流断面上流速的变化主要发生在与固体壁面接触的边界处，即流动阻力主要集中在边界附近。所以湿周大的断面，水头损失也大；而过流断面面积大的，单位时间通过的流量多，单位重量流体损失的能量小。因此，两个断面水力要素对流体能量损失的影响完全不同，而水力半径是一个基本上能反映过流断面和湿周对沿程损失影响的综合物理量。

$$R=\frac{A}{\chi} \tag{3-38}$$

无论是圆管还是非圆管，只要两者流速相等，同时它们的水力半径也相等，两者在相同管长的条件下，沿程损失也相等。

圆管的水力半径为：

$$R=\frac{A}{\chi}=\frac{\frac{\pi d^2}{4}}{\pi d}=\frac{d}{4}$$

边长分别为 a 和 b 的矩形断面水力半径为：

$$R=\frac{A}{\chi}=\frac{ab}{2(a+b)}$$

3.7.2 当量直径

根据以上分析，我们引入当量直径的概念。当量直径是指与非圆形管道水力半径相同的圆形管道的直径。例如非圆形管道的水力半径为 R，即：

$$R=R_{圆}=\frac{d}{4}$$

$$d_e=d=4R \tag{3-39}$$

式中 d_e——非圆形管道的当量直径，m。

式（3-39）为非圆形管道当量直径的计算公式，该式表明非圆形管道的当量直径等于该管道水力半径的 4 倍。

如边长分别为 a、b 的矩形管道，其当量直径为：

$$d_e = 4R = 4\frac{ab}{2(a+b)} = \frac{2ab}{a+b}$$

同样可得正方形管道的当量直径为：

$$d_e = 4R = 4\frac{a^2}{4a} = a$$

式中，a 为正方形的边长，m。

有了当量直径，就可以利用前面介绍的圆管能量损失的计算公式和图表来进行非圆管的沿程损失计算，即：

$$h_f = \lambda \frac{l}{d_e} \frac{v^2}{2g}$$

当然也可以用当量相对粗糙度$\dfrac{\Delta}{d_e}$代入相应的沿程阻力系数计算公式来计算 λ 值。

判别非圆管流态的临界雷诺数可以用该管道的水力半径 R 计算：

$$Re_k = \frac{vR}{\nu}$$

非圆管的临界雷诺数 $Re_k = 500$。

也可以用非圆管折算的当量直径计算：

$$Re_k = \frac{vd_e}{\nu} = \frac{v(4R)}{\nu}$$

该临界雷诺数仍然等于 2000。

但是需要在这里强调，采用当量直径计算非圆管沿程损失的方法，并不适用于所有情况。计算时要注意以下两个方面：

（1）实验证明，形状与圆管差异很大的非圆管，如长条缝形断面$\left(\dfrac{b}{a} > 8\right)$，应用当量直径计算会产生较大误差。也就是说只有非圆管断面的形状与圆形的偏差越小，计算的准确性越高。

（2）用当量直径来计算非圆管能量损失只能适用于紊流流态，而不适用于层流。这是因为紊流的流速变化主要集中在管壁附近，而层流过流断面上剪应力是按线性规律分布，这样用湿周的大小作为影响能量损失的主要外部条件是不充分的，所以在层流中应用当量直径的方法计算，就会存在很大误差。

【例题 3-7】一个钢板制风道，断面尺寸为宽 $b = 0.6\text{m}$，高 $a = 0.4\text{m}$，风道内风速 $v = 10\text{m/s}$，空气温度 $t = 20℃$，风道长 100m，求风道压强损失是多少？

【解】计算风道当量直径：

$$d_e = \frac{2ab}{a+b} = \frac{2 \times 0.4 \times 0.6}{0.4+0.6} = 0.48\text{m}$$

$t = 20℃$时空气的运动黏度 $\nu = 15.7 \times 10^{-6}\text{m}^2/\text{s}$。

计算管内雷诺数：

$$Re = \frac{vd_e}{\nu} = \frac{10 \times 0.48}{15.7 \times 10^{-6}} = 3.1 \times 10^5$$

查表 3-1 取 $\Delta = 0.15\text{mm}$。

$$\frac{\Delta}{d_e} = \frac{0.15 \times 10^{-3}}{0.48} = 3.125 \times 10^{-4}$$

由莫迪图查得 $\lambda = 0.0152$。

$$p_f = \lambda \frac{l}{d_e} \frac{\rho v^2}{2} = 0.0152 \times \frac{100}{0.48} \times \frac{1.2 \times 10^2}{2} = 190\text{N/m}^2$$

3.8　局部损失的计算与减阻措施

　　我们已经在前面几节中研究了沿程损失的计算方法，但这些计算只适用于过流断面的大小及形状沿程不变的均匀流管道。而实际管道中还要安装弯头、三通、闸阀、变径管等管道配件，流体流经这些配件处时，由于固体边壁或流量的改变，使均匀流状态发生变化，从而引起流速的方向、大小以及断面流速分布的变化，因而在局部管件处会产生集中的局部阻力，流体因克服局部阻力所引起的能量损失，称为局部损失。

　　管道中产生局部损失的管道配件种类繁多，形状各异，再加上由于边界面的变化，使流体流动发生急剧变形，因此大多数局部阻碍的能量损失计算，无法从理论上进行推导和证明，必须通过实验来测定局部阻力系数，以解决管路中的水力计算问题。

3-3

局部损失的计算与减阻损失

　　本节就局部损失的规律进行一些定性的分析，并通过对断面突然扩大这种可以通过理论计算得出局部损失的配件为例，导出局部损失的计算公式。

3.8.1　局部损失产生的原因

　　局部损失与沿程损失一样，流态对局部阻力会产生很大的影响，但要使流体在流经管道配件处受到固体边壁强烈干扰的情况下，仍能保持层流，就要求 Re 远比 2000 小的情况下才有可能。而实际管道中，这种情况是极少出现的。所以我们只介绍紊流的局部损失。如图 3-12 所示为流体通过一些常见管道配件时的流动情况。从图中情况分析引起局部损失的原因，主要有以下两个方面：

　　1. 流体流过管道配件时，由于惯性作用，流体不能随边界条件的突然变化而改变方向，致使主流与固体壁面分离，从而在主流边界与固体壁面之间形成旋涡区。在旋涡区内流体作回转运动要消耗能量，同时形成的旋涡又不断被主流带走，并随之扩散，又会加大主流的紊流强度，增加阻力。

　　2. 由于固体边界的突然变化，造成主流流速分布的迅速重新改组和流体质点的剧烈变形，致使流体流动中的黏性阻力和惯性阻力都显著增大，也会造成一定的水头损失。

　　对各种局部阻碍处产生能量损失的原因进行对比后可以发现，无论是改变流速的大小，还是改变方向，局部损失在很大程度上取决于旋涡区的大小。如果固体边壁的变化仅

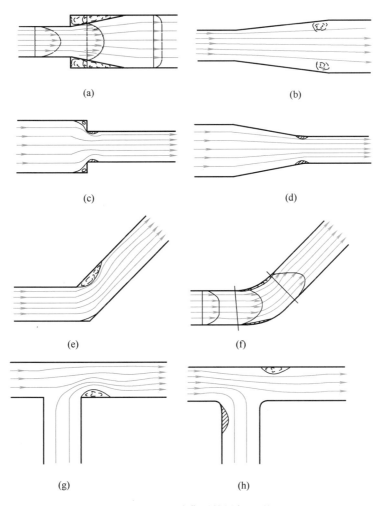

图 3-12 几种典型的局部阻碍

（a）突然扩大；（b）渐扩管；（c）突然缩小；（d）渐缩管；

（e）折弯管；（f）缓弯管；（g）直角三通；（h）圆角三通

使流体质点变形和流速分布重新改组，而不出现旋涡区，其局部损失一般都比较小。

3.8.2 圆管突然扩大的局部损失

由于管道上安装的管件种类较多，形态各异，少数外形简单的局部管件，可以从理论上推导求得阻力系数。突然扩大就是其中一个。

下面，以圆管突然扩大的局部管件为例，通过应用恒定流能量方程式和动量方程式，推导其局部损失的计算公式。

如图 3-13 所示，为一倾斜放置的圆管突然扩大局部管件。设突然扩大前后流体的过流断面面积分别为 A_1 和 A_2，压强分别为 p_1 和 p_2，断面平均流速分别为 v_1 和 v_2，两断面中心距基准面 0-0 的高度分别为 z_1 和 z_2。因所选流段长度较短，其边壁阻力可略去不计，两断面之间只考虑局部损失，边壁上动压强垂直于流向。

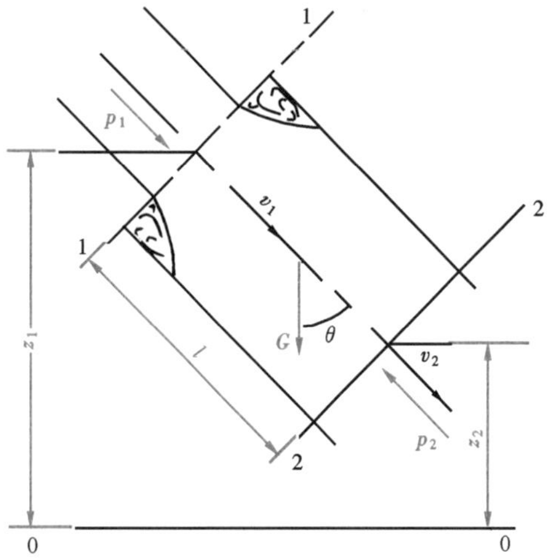

图 3-13 圆管突然扩大局部管件

为了计算该管件的局部损失，以 0-0 为基准面，列出断面 1-1 与 2-2 的实际液体总流能量方程式：

$$z_1+\frac{p_1}{\gamma}+\frac{\alpha_1 v_1^2}{2g}=z_2+\frac{p_2}{\gamma}+\frac{\alpha_2 v_2^2}{2g}+h_j$$

设动能修正系数 $\alpha_1=\alpha_2=1.0$，将上式整理后可得：

$$\left(z_1+\frac{p_1}{\gamma}\right)-\left(z_2+\frac{p_2}{\gamma}\right)=\frac{v_2^2-v_1^2}{2g}+h_j \quad （a）$$

同样以断面 1-1 与 2-2 之间的流体作为控制体，忽略流体内摩擦力，分析作用在该控制体上的所有外力及动量变化。

作用在该控制体上的外力有：

1. 端面压力

根据实验证明，压强沿断面 1-1，包括同旋涡区相接触的部分即 (A_2-A_1) 都符合静水压强分布规律。因此断面 1-1 上的总压力等于 1-1 断面上的形心压强 p_1 与其过流断面积 A_1 的乘积再加上环形面积上的总压力即 1-1 断面形心压强 p_1 乘以环形面积 (A_2-A_1)，得：

$$P_1=p_1 A_1+p_1\ (A_2-A_1)\ =p_1 A_2$$

P_1 在管轴上的投影为正，即 $P_1=p_1 A_2$；断面 2-2 上的总压力，等于断面 2-2 上的形心压强与其过流断面积 A_2 的乘积，即：

$$P_2=p_2 A_2$$

P_2 在管轴上的投影为负，即 $P_2=-p_2 A_2$。

2. 重力

等于控制体内流体本身重量，设流体的重度为 γ，则重力为：

$$G=\gamma A_2 l$$

重力在管轴上的投影：

$$G'=\gamma A_2 l\cos\theta$$

从图（3-13）中可以看出，$l\cos\theta=z_1-z_2$，所以：

$$G'=\gamma A_2\ (z_1-z_2)$$

3. 侧面压力

作用在控制体上的侧面压力与管轴垂直，在管轴上的投影为 0。于是，控制体上所有外力在管轴上投影的代数和：

$$\sum F=p_1 A_2-p_2 A_2+\gamma A_2\ (z_1-z_2)$$

沿水流方向建立动量方程，则：

$$p_1 A_2-p_2 A_2+\gamma A_2\ (z_1-z_2)=\rho Q\ (\beta_2 v_2-\beta_1 v_1)$$

取动量修正系数 $\beta_1=\beta_2=1.0$，$Q=v_2 A_2$，代入上式：

$$p_1 A_2 - p_2 A_2 + \gamma A_2 \left(z_1 - z_2 \right) = \frac{\gamma}{g} v_2 A_2 \left(v_2 - v_1 \right)$$

上式两端同除以 γA_2 后，整理可得：

$$\left(z_1 + \frac{p_1}{\gamma} \right) - \left(z_2 + \frac{p_2}{\gamma} \right) = \frac{v_2}{g} \left(v_2 - v_1 \right) \tag{b}$$

比较 (a)、(b) 两式得：

$$\frac{v_2^2 - v_1^2}{2g} + h_{\mathrm{j}} = \frac{v_2}{g} \left(v_2 - v_1 \right)$$

$$h_{\mathrm{j}} = \frac{v_2}{g} \left(v_2 - v_1 \right) - \frac{v_2^2 - v_1^2}{2g} = \frac{2v_2^2 - 2v_1 v_2 - v_2^2 + v_1^2}{2g}$$

可得

$$h_{\mathrm{j}} = \frac{v_2^2 - 2v_2 v_1 + v_1^2}{2g}$$

即

$$h_{\mathrm{j}} = \frac{(v_1 - v_2)^2}{2g} \tag{3-40}$$

式 (3-40) 称为包达定理。该定理说明，在无弹性碰撞时，动能损失（即为水头损失）等于按速度损失（即前后的速度差）计算的动能。由此可见，当水流断面突然扩大时，所引起的水头损失同水流冲击有关，因 $v_1 > v_2$，上游水流对下游水流形成冲击。

根据连续性方程式：

$$v_1 = v_2 \frac{A_2}{A_1} \quad \text{或} \quad v_2 = v_1 \frac{A_1}{A_2}$$

把它们分别代入式 (3-36) 可得：

$$h_{\mathrm{j}} = \frac{\left(v_1 - v_1 \dfrac{A_1}{A_2} \right)^2}{2g} = \left(1 - \frac{A_1}{A_2} \right)^2 \frac{v_1^2}{2g} = \zeta_1 \frac{v_1^2}{2g}$$

或

$$h_{\mathrm{j}} = \frac{\left(v_2 \dfrac{A_2}{A_1} - v_2 \right)^2}{2g} = \left(\frac{A_2}{A_1} - 1 \right)^2 \frac{v_2^2}{2g} = \zeta_2 \frac{v_2^2}{2g}$$

所以突然扩大的阻力系数为：

$$\zeta_1 = \left(1 - \frac{A_1}{A_2} \right)^2 \quad \text{或} \quad \zeta_2 = \left(\frac{A_2}{A_1} - 1 \right)^2$$

突然扩大前后有两个不同的平均流速，因而有两个相应的阻力系数。计算时必须注意，应当使选用的阻力系数与流速水头相对应。

通过以上分析，我们得出了圆管突然扩大局部水头损失的计算公式。对于其他大多数类型的管件的水头损失，目前还不能用理论方法推导。但各种类型局部水头损失的基本特征有共同点，所以工程中采用共同的通用计算公式，即：

$$h_{\mathrm{j}} = \zeta \frac{v^2}{2g} \tag{3-41}$$

对于气体管路，上式可以改写为：

$$p_{\mathrm{j}} = \gamma h_{\mathrm{j}} = \zeta \frac{v^2}{2g} \gamma = \zeta \frac{\rho v^2}{2} \tag{3-42}$$

式中　h_{j}——局部水头损失，m；

　　　p_{j}——局部压头损失，Pa；

ζ——局部阻力系数；

υ——与局部阻力系数相对应的断面平均流速，m/s。

表 3-3 列出了常用各种管件的局部阻力系数 ζ 值。

应当注意，表 3-3 中的 ζ 值，都是针对某一过流断面平均流速而言的。因此，在计算局部损失时，必须使查得的 ζ 值与表中所指的断面平均流速相对应，凡未标明者，均应采用局部管件以后的流速。

【例题 3-8】如图 3-14 所示，水从 A 箱经底部连接管流入 B 箱，已知钢管直径 $d=$ 100mm，长度 $L=50$m，流量 $Q=0.0314$m³/ s，转弯半径 $R=200$mm，折角 $\alpha=30°$，板式阀门相对开度 $e/d=0.6$，待水位静止后，试求两箱的水面高差。

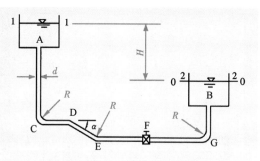

图 3-14 管路水头损失计算

【解】取水箱 B 水面为 0-0 基准面，建立 1-1、2-2 断面能量方程：

$$z_1+\frac{p_1}{\gamma}+\frac{\alpha_1 v_1^2}{2g}=z_2+\frac{p_2}{\gamma}+\frac{\alpha w_2^2}{2g}+h_{w1\text{-}2}$$

式中 $z_1=H$，$z_2=0$，$p_1=p_2=p_a$，$v_1\approx v_2\approx 0$。

所以 $\qquad\qquad\qquad\qquad H=h_{w1\text{-}2}$

则 $\qquad\qquad\qquad\qquad H=\left(\lambda\frac{l}{d}+\Sigma\zeta\right)\frac{v^2}{2g}$

式中，$\Sigma\zeta=\zeta_A+\zeta_C+\zeta_D+\zeta_E+\zeta_F+\zeta_G+\zeta_B$。

$$v=\frac{Q}{A}=\frac{0.0314}{0.785\times0.1^2}=4\text{m/s}>1.2\text{m/s}$$

钢管中水流为阻力平方区，其沿程能量损失系数 λ 为：

$$\lambda=\frac{0.021}{d^{0.3}}=\frac{0.021}{0.1^{0.3}}=0.0419$$

查表 3-3，计算各局部能量损失系数 ζ 值。

常用管道的局部水头损失系数 表 3-3

序号	名 称	示 意 图	ζ 值 及 其 说 明					
1	断面突然扩大		$\zeta=\left(\frac{A_2}{A_1}-1\right)^2$（应用 $h_j=\zeta\frac{v_2^2}{2g}$）					
			$\zeta=\left(1-\frac{A_1}{A_2}\right)^2$（应用 $h_j=\zeta\frac{v_1^2}{2g}$）					
2	圆形渐扩管		$\zeta=k\left(\frac{A_2}{A_1}-1\right)^2$（应用 $h_j=\zeta\frac{v_2^2}{2g}$）					
			α	8°	10°	12°	15°	20°	25°
			k	0.14	0.16	0.22	0.30	0.42	0.62
3	断面突然缩小		$\zeta=0.5\left(1-\frac{A_2}{A_1}\right)$（应用 $h_j=\zeta\frac{v_2^2}{2g}$）					

续表

序号	名　称	示　意　图	ζ 值 及 其 说 明
4	圆形渐缩管		$\zeta = k_1\left(\dfrac{1}{k_2}-1\right)^2$（应用 $h_j = \zeta\dfrac{v_2^2}{2g}$） 表见下方
5	管道进口	（a） （b）	圆形喇叭口，$\zeta = 0.05$ 安全修圆，$\dfrac{r}{d} \geqslant 0.15$，$\zeta = 0.10$ 稍加修圆，$\zeta = 0.20 \sim 0.25$ 直角进口，$\zeta = 0.50$ 内插进口，$\zeta = 1.0$
6	管道出口	（a） （b）	流入渠道，$\zeta = \left(1 - \dfrac{A_1}{A_2}\right)^2$ 流入水池，$\zeta = 1.0$
7	折　管		圆形／矩形表见下方
8	弯　管		$\alpha = 90°$ 表见下方

序号4 圆形渐缩管：

α	10°	20°	40°	60°	80°	100°	140°
k_1	0.40	0.25	0.20	0.20	0.30	0.40	0.60

$\dfrac{A_2}{A_1}$	0.1	0.3	0.5	0.7	0.9
k_2	0.40	0.36	0.30	0.20	0.10

序号7 折管：

圆形 α	10°	20°	30°	40°	50°	60°	70°	80°	90°
ζ	0.04	0.1	0.2	0.3	0.4	0.55	0.70	0.90	1.10

矩形 α	15°	30°	45°	60°	90°
ζ	0.025	0.11	0.26	0.49	1.20

序号8 弯管（$\alpha = 90°$）：

d/R	0.2	0.4	0.6	0.8	1.0
ζ	0.132	0.138	0.158	0.206	0.294
d/R	1.2	1.4	1.6	1.8	2.0
ζ	0.440	0.660	0.976	1.406	1.975

续表

序号	名　称	示　意　图	ζ 值 及 其 说 明
9	缓弯管		α 为任意角度，$\zeta=\kappa\zeta_{90°}$ <table><tr><td>α</td><td>20°</td><td>40°</td><td>60°</td><td>90°</td><td>120°</td><td>140°</td><td>160°</td><td>180°</td></tr><tr><td>κ</td><td>0.47</td><td>0.66</td><td>0.82</td><td>1.00</td><td>1.16</td><td>1.25</td><td>1.33</td><td>1.41</td></tr></table>
10	分岔管		$\zeta_{1-3}=2$，$h_{j1-3}=2\dfrac{v_3^2}{2g}$，$h_{j1-2}=\dfrac{v_1^2-v_2^2}{2g}$
11	分岔管	$\zeta=0.5$ 　 $\zeta=1.0$ 　 $\zeta=3.0$ 　 $\zeta=0.1$ 　 $\zeta=1.5$	
12	板式阀门		<table><tr><td>e/d</td><td>0</td><td>0.125</td><td>0.2</td><td>0.3</td><td>0.4</td><td>0.5</td></tr><tr><td>ζ</td><td>∞</td><td>97.3</td><td>35.0</td><td>10.0</td><td>4.60</td><td>2.06</td></tr><tr><td>e/d</td><td>0.6</td><td>0.7</td><td>0.8</td><td>0.9</td><td>1.0</td><td></td></tr><tr><td>ζ</td><td>0.98</td><td>0.44</td><td>0.17</td><td>0.06</td><td>0</td><td></td></tr></table>
13	蝶阀		<table><tr><td>α</td><td>5°</td><td>10°</td><td>15°</td><td>20°</td><td>25°</td><td>30°</td></tr><tr><td>ζ</td><td>0.24</td><td>0.52</td><td>0.90</td><td>1.54</td><td>2.51</td><td>3.91</td></tr><tr><td>α</td><td>35°</td><td>40°</td><td>45°</td><td>50°</td><td>55°</td><td>60°</td></tr><tr><td>ζ</td><td>6.22</td><td>10.8</td><td>18.7</td><td>32.6</td><td>58.8</td><td>118</td></tr><tr><td>α</td><td>65°</td><td>70°</td><td>90°</td><td colspan="3">全开</td></tr><tr><td>ζ</td><td>256</td><td>751</td><td>∞</td><td colspan="3">0.1～0.3</td></tr></table>
14	截止阀		<table><tr><td>d (cm)</td><td>15</td><td>20</td><td>25</td><td>30</td><td>35</td><td>40</td><td>50</td><td>≥60</td></tr><tr><td>ζ</td><td>6.5</td><td>5.5</td><td>4.5</td><td>3.5</td><td>3.0</td><td>2.5</td><td>1.8</td><td>1.7</td></tr></table>
15	滤水网	 无底阀　有底阀	无底阀，$\zeta=2\sim3$ 有底阀： <table><tr><td>d (cm)</td><td>4.0</td><td>5.0</td><td>7.5</td><td>10</td><td>15</td><td>20</td></tr><tr><td>ζ</td><td>12</td><td>10</td><td>8.5</td><td>7.0</td><td>6.0</td><td>5.2</td></tr><tr><td>d (cm)</td><td>25</td><td>30</td><td>35</td><td>40</td><td>50</td><td>75</td></tr><tr><td>ζ</td><td>4.4</td><td>3.7</td><td>3.4</td><td>3.1</td><td>2.5</td><td>1.6</td></tr></table>

(1) 进口：$\zeta_A=0.5$。

(2) 90°弯头：$d/R=\dfrac{100}{200}=0.5$ 时，有：

$$\zeta_C=\zeta_G=0.148$$

(3) 30°折管：对于圆形折管，当 $\alpha=30°$ 时，查得 $\zeta_D=0.2$。

(4) 30°弯管：查表 3-3 第九栏：

$$\zeta_E=k\zeta_{90°}=0.57\times0.148=0.084$$

(5) 板式阀门：当 $e/d=0.6$ 时，$\zeta_F=0.98$。

(6) 90°弯管：　　　　　$\zeta_G=\zeta_C=0.148$

(7) 出口：　　　　　　$\zeta_B=1.0$

则水面高差为：

$$H=\left(0.0419\times\frac{50}{0.1}+0.5+2\times0.148+0.2+0.084+0.98+1.0\right)\times\frac{4^2}{2\times9.807}=19.6\text{m}$$

3.8.3　局部阻力之间的相互干扰

以上给出的局部阻力系数 ζ 值，是在局部阻碍前后都有足够长的直管段的条件下，由实验得到的。测得的局部损失也不仅仅是局部阻碍范围内的损失，还包括它下游一段长度上因紊流脉动加剧而引起的附加损失。如果局部阻碍之间相距很近，流出前一个局部阻碍的流动，在流速分布和紊流脉动还未达到正常均匀流之前又流入后一个局部阻碍，这样连在一起的两个局部阻碍，其阻力系数不等于正常条件下两个局部阻碍的阻力系数之和。

实验研究表明，如果局部阻碍直接连接，相互干扰的结果，局部损失可能出现大幅度的增大或减小，变化幅度约为所有单个正常局部损失总和的 0.5～3 倍。同时实验发现，如果各局部阻碍之间都有一段长度不小于 3 倍直径的连接管，干扰的结果将使总的局部损失小于按正常条件下算出的各局部损失的叠加。可见在上述条件下，如不考虑相互干扰的影响，计算结果一般是偏于安全的。

3.8.4　减小阻力的措施

减小管中流体运动的阻力有两种完全不同的方式：一是通过改变流体边界条件来减小局部阻力；二是通过流体中加入少量添加剂，使其影响流体运动的内部结构实现减阻的目的。

下面介绍改变流体边界条件的减阻措施。

1. 减小管壁的粗糙度可以达到一定的效果

在实际工程中对钢管、铸铁管内部喷涂的工艺，既可达到管道防腐的目的，又可减小管道阻力。另外随着管道材料的多样化，采用塑料管道、玻璃钢管道代替金属管道也可达到很好的效果。

2. 改变流体外边界条件，避免旋涡区的产生或减小旋涡区的大小和强度，是减小局部损失的重要措施。如：

(1) 管道进口

图 3-15 表明，平顺的管道进口可以大幅度减小进口处的局部阻力系数。

（2）渐扩管和突扩管

渐扩管的阻力系数随扩散角的大小而增减，如渐扩管制成图 3-16（a）所示的形式，其阻力系数可减小一半左右。对突然扩大的管件如制成图 3-16（b）所示的台阶式，阻力系数也能有所减小。

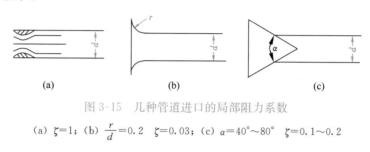

图 3-15　几种管道进口的局部阻力系数

（a）$\zeta=1$；（b）$\dfrac{r}{d}=0.2$　$\zeta=0.03$；（c）$\alpha=40°\sim80°$　$\zeta=0.1\sim0.2$

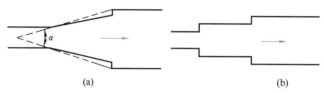

图 3-16　复合式渐扩管和台阶式突扩管

（3）弯管

弯管的阻力系数在一定范围内随曲率半径 R 的增大而减小。表 3-4 给出了 90°弯管在不同的 R/d 时的 ζ 值。

不同 R/d 时 90°弯管的 ζ 值（$Re=10^6$）　　　　表 3-4

R/d	0	0.5	1	2	3	4	6	10
ζ	1.14	1.00	0.246	0.159	0.145	0.167	0.20	0.24

从表中可以看出，在 $R/d<1$ 时，ζ 值随 R/d 的增大而急剧减小。但在 $R/d>3$ 之后，ζ 值又随 R/d 的加大而增加。这是因为随 R/d 的增加，弯管长度增大，管道的摩阻增大造成的，所以弯管 R 最好选在（$1\sim4$）d 的范围内。

（4）三通

尽可能地减小支管与合流管之间的夹角，如将正三通改为斜三通或顺水三通，都能改进三通的工作，减小局部阻力系数。配件之间的不合理衔接，也会使局部阻力加大，例如在既要转 90°，又要扩大断面的流动中采用先弯后扩的水头损失要比先扩后弯的水头损失大数倍，因此，如果没有其他原因，先弯后扩是不合理的。

3.9　绕流阻力与升力

以上我们分析了流体在固体边壁束缚下运动（如管道内）时的流动阻力及其能量损失的计算问题。现在讨论另一种情况：流体在固体边界以外绕过固体的流动，例如在锅炉内高温烟气横向冲刷受热面的流动、水流流经桥墩、风绕过建筑物的流动等，这些称为绕流。

在绕流中，流体作用在物体上的力可以分为两个分量：一是垂直于来流方向的作用力，叫作升力；另一个是平行于来流方向的作用力，叫作阻力。绕流阻力由两部分组成，即摩擦阻力和形状阻力。流体在绕过物体运动时，其摩擦阻力主要发生在紧靠物体表面的一个流速梯度很大的流体薄层内，这个薄层就称为附面层。形状阻力主要是指流体流经固体边界条件变化处会出现附面层与固体边界分离，同时伴生旋涡所造成的阻力。这种阻力与物体形状有关，故称为形状阻力，这两种阻力都与附面层有关，所以，我们先建立附面层概念。

3.9.1　附面层的形成及其性质

图 3-17 为流体在极薄的平板上作绕流运动时的情况。来流流速 u_0 是均匀分布的，它的方向与平板平行。当流体接触平板表面之后，由于流体的黏性以及平板阻滞作用的影响，在紧贴平板表面的流体薄层内，沿垂直平板方向，流速迅速降低，致使平板表面上的流速 $u_0=0$。紧贴平板表面的这一流速梯度很大的流体薄层，称为附面层，其厚度以符号 δ 表示。尽管附面层的厚度较小，但是其中的流速梯度却很大，因此附面层的存在必然对绕流产生摩擦阻力。在附面层以外的流体，可以认为基本上没有受平板的阻滞影响，仍以原速 u_0 向前流动。

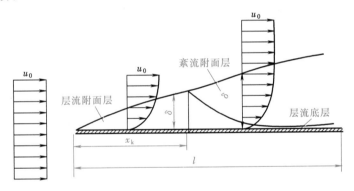

图 3-17　平板附面层

在平板表面上，从平板迎流面的端点开始，附面层厚度 δ 从 0 沿流向逐渐增加。在平板前部，作层流运动。随着附面层不断加厚，到达一定距离 x_k 处，层流转变为紊流。在作紊流运动的附面层内，也还存在一层极薄的层流底层，这与流体在管道中的流动相似。附面层由层流转化为紊流的条件，仍可以用临界雷诺数来判别。但在计算公式中，应以特征长度 x 代替管径 d，以来流速度 u_0 代替断面平均流速 v，即：

$$Re_k=\frac{u_0 x}{\nu}=（3.5\sim5.0）\times10^5 \tag{3-43}$$

式中　Re_k——附面层的临界雷诺数；

　　　u_0——流体的来流速度，m/s；

　　　x——平板前缘至流动形态转化点的距离，m；

ν——流体的运动黏滞系数，m^2/s。

3.9.2 绕流阻力的一般分析

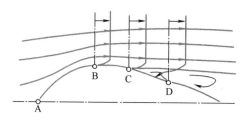

图 3-18　附面层的分离

以上分析的是流体在极薄平板上的绕流运动，对于实际绕流物体，它们都具有一定的厚度，而且形状也有变化，这样就会出现附面层与绕流物体脱离的现象。如图 3-18 所示，当流体流经曲面形状的物体时，在图中 B 点之前，由于绕流的过流断面积减小，引起流线加密，流速增大，即动能增大。根据能量方程式分析，动能增大之后，势能必然减小（对于图中气体主要是压力势能减小），因此附面层在 AB 段处于减压增速状态。但在 B 点之后断面增大，动能沿程减小，而压强增加，即在 BCD 段处于减速增压状态。而且由于附面层内摩擦阻力的存在，要消耗一部分动能，从而使流速进一步降低。在 C 点处，附面层内的流速下降为 0。由于流速 $u_0=0$，压强 $p_C < p_D < p_A$，流体在反向压差的作用下，迫使附面层脱离固体边壁向外流去，这样就产生了附面层的分离现象。C 点称为分离点，而在分离点的下游，流体回流填补主流所空出的区域而形成旋涡区。

旋涡区的存在会造成流体运动的能量损失，引起能量损失的流动阻力称为旋涡阻力。因为旋涡区的大小与附面层分离点的位置有关，分离点愈靠前，旋涡区就越大。而分离点的位置和旋涡区的大小都与物体的形状有关，因此这个阻力也称为形状阻力。

通过以上分析可知，流体绕流阻力由两部分组成：第一是附面层与固体壁面分离形成旋涡区产生的形状阻力。第二是流体受固体壁面的影响，附面层内产生很大的速度梯度而形成的摩擦阻力。所以绕流阻力的大小不但与物体形状有关，还与物体表面的粗糙程度及流体流动状态等因素有关。绕流阻力可用下式计算：

$$D = C_d A \frac{\rho u_0^2}{2} \tag{3-44}$$

式中　D——物体所受的绕流阻力；

　　　C_d——无因次绕流阻力系数，通常和物体的形状，物体在流动中的方位和流动的雷诺数及物体表面粗糙状况有关；C_d 值可由实验确定，也可由有关手册查得；

　　　A——物体的投影面积。如主要受形状阻力时，采用垂直于来流速度方向的投影面积；

　　　u_0——未受干扰时的来流速度；

　　　ρ——流体的密度。

一般情况下，绕流阻力中形状阻力大于摩擦阻力。所以为了达到减小形状阻力的目的，运动物体的外形尽量做成流线型，就是为了推后分离点，缩小旋涡区。但有的时候也可以对附面层分离产生的旋涡区加以利用。例如工业厂房自然通风，在天窗设置挡风板，要求气流在指定区域绕流时形成旋涡区，利用旋涡区内局部低压以达到增强通风的效果。

如果天窗两侧都设置挡风板，其通风效果将不受风向的影响。

3.9.3 绕流升力的概念

当绕流物体为非对称形，如图 3-19（a）所示，或虽为对称形，但其对称轴与来流方向不平行，如图 3-19（b）所示，由于绕流的物体上下所受压力不相等，存在着垂直于来流方向的绕流升力。其原因主要是绕流物体上部流线较密，而下部流线较稀，根据能量方程式，动能大的部位压能低，动能小的部位压能高。因此在物体的上下存在压差，从而获得升力。升力对于轴流泵和轴流风机的叶片设计有重要意义。良好的叶片形状应该具有较大的升力和较小的阻力。升力的计算公式为：

$$L = C_L A \frac{\mu u_0^2}{2} \tag{3-45}$$

式中 L——物体的绕流升力；

　　　 C_L——无因次绕流升力系数，一般由实验确定。

其他符号的意义同前。

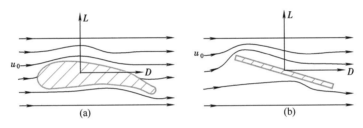

图 3-19 绕流升力示意图

以上我们分析了附面层产生的原因以及绕流阻力的概念，对于管路沿程阻力和局部阻力的分析也完全适用。附面层的产生和分离，是产生绕流摩擦阻力和旋涡阻力的基本原因，也是流体在管路中运动时产生沿程损失和局部损失的基本原因。当流体在管道内作层流或紊流运动时，流体质点就完全处于相应附面层的影响之中。管路的沿程阻力是由附面层内的流速梯度引起，而局部阻力则是由附面层的分离产生，并且与旋涡区直接有关。因此，附面层概念及影响对绕流和管流均适用。

单 元 小 结

本单元介绍了水头损失的两种形式（沿程水头损失和局部水头损失）、两种流动形态（层流和紊流）及流态判别方法；重点讲述两种流态在有压管流中的水头损失计算、尼古拉兹实验和莫迪图等内容，还对边界层、绕流阻力等作了简单介绍和分析。对圆管层流的运动规律，圆管紊流的特征、混合长度概念等进行了分析。学习中应能够进行均匀流动计算，熟知造成水头损失的原因和减阻措施，掌握管路水头损失的计算方法，了解边界层概念和边界层分离现象及绕流阻力和升力的基础知识。

思 考 题 与 习 题

1. 层流与紊流各有什么特点？如何判别？

2. 圆管层流与紊流的沿程水头损失各自与哪些因素有关？

3. 两个不同直径的管道，通过不同黏性的液体，它们的临界雷诺数是否相同？

4. 为什么用下临界雷诺数判别流态，而不用上临界雷诺数判别流态？

5. 瞬时流速、时间平均流速、断面平均流速有何区别？

6. 有压管路中直径一定时，随着流量增大雷诺数是增大还是减小？当流量一定时，随着管径增大，雷诺数将如何变化？

7. 利用圆管层流 $\lambda = \dfrac{64}{Re}$，紊流光滑区 $\lambda = \dfrac{0.3164}{Re^{0.25}}$ 和紊流粗糙区 $\lambda = 0.11 \left(\dfrac{\Delta}{d} \right)^{0.25}$ 这三个公式，论证在层流中 $h_f \propto v$，光滑区 $h_f \propto v^{1.75}$，粗糙区 $h_f \propto v^2$。

8. 为什么在紊流管道中会产生层流底层？为什么在一根绝对粗糙度 Δ 为定值的管道中，既可能是水力光滑管，也可能是水力粗糙管？

9. 直径为 d，长度为 L 的管路，通过恒定的流量 Q，试问：

（1）当流量增大时，沿程阻力系数 λ 如何变化？

（2）当流量增大时，沿程水头损失 h_f 如何变化？

10. 局部能量损失是如何产生的？它在水流结构上有何特点？

11. 两个长度相同，断面积相等的风管，它们的断面形状不同，一为圆形，一为正方形，如它们的沿程水头损失相等，而且流动都处在阻力平方区，试问哪条管道的过流能力大？

12. 某圆管输送 10℃ 的水，流量 $Q = 35\text{cm}^3/\text{s}$，若在 15m 长的管段上测得水头损失为 20mm 水柱，求该圆管的直径。

13. 水平输油管，直径 $d = 300\text{mm}$，长 $l = 30\text{km}$，每昼夜输油 25500kN，油的比重 $\Delta = 0.9$，运动黏性系数 $\nu = 1\text{cm}^2/\text{s}$，不计局部损失，求油泵压头。

14. 直径 $d = 300\text{mm}$ 的铁皮风管，通过 20℃ 的空气，平均流速 $v = 2\text{m/s}$，沿程压力损失 $h_f = 5\text{mm}$ 水柱，若流速加大一倍，沿程压力损失将增大为多少？

15. 水流经变断面管道，已知小管径为 d_1，大管径为 d_2，$d_2/d_1 = 2$，问哪个断面的雷诺数大，并求两断面雷诺数之比。

16. 试判别温度 20℃ 的水，以流量 $Q = 4000\text{cm}^3/\text{s}$ 流过直径 $d = 100\text{mm}$ 水管的形态。若保持管内水流为层流，流量应受怎样的限制？

17. 铸铁管管径 $d = 300\text{mm}$，通过流量 $Q = 50\text{L/s}$，试用舍维列夫公式求沿程阻力系数 λ 及每千米长的沿程水头损失。

18. 长度 10m，直径 $d = 50\text{mm}$ 的水管，在流动处于粗糙区，测得流量为 4L/s 沿程水头损失为 1.2m，水温为 20℃，求该种管材的 Δ 值。

19. 钢筋混凝土管道，直径 $d = 800\text{mm}$，粗糙系数 $n = 0.014$，长度 $L = 240\text{m}$，沿程水头损失 $h_f = 2\text{m}$，试求断面平均流速及流量。

20. 自来水管直径 $d = 300\text{mm}$，长度 $L = 600\text{m}$，铸铁管，通过流量为 $60\text{m}^3/\text{h}$，试用莫迪图计算 h_f。

21. 水管直径 $d = 50\text{mm}$，测点 A 和 B 相距 15m，高差 3m，向上流动的流量 6L/s，连接此两点的汞比压计中读数 $\Delta h = 250\text{mm}$，求此管路的沿程阻力系数 λ。

22. 油在管中以 $v = 1\text{m/s}$ 的流速流动，油的密度 $\rho = 920\text{kg/m}^3$，$l = 3\text{m}$，$d = 25\text{mm}$，水银压差计测得 $h = 9\text{cm}$，如图 3-20 所示，试求：

（1）油在管中的流态；

（2）油的运动黏滞系数 ν；

（3）若保持相同的平均流速反向流动，压差计的读数有何变化？

23．油的流量 $Q=77cm^3/s$，流过直径 $d=6mm$ 的细管，如图 3-21 所示，在 $l=2m$ 长的管段两端水银压差计读数 $h=30cm$，油的密度 $\rho=900kg/m^3$，求油的 μ 和 ν 值。

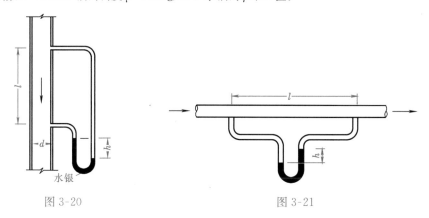

图 3-20　　　　　　　　　　　　图 3-21

24．如图 3-22 所示，矩形风道的断面尺寸为 1200mm×600mm，风道内空气的温度为 45℃，流量为 42000m³/h，风道壁面材料的当量糙度 $\Delta=0.1mm$，今用酒精微压计测风道水平段 AB 两点的压差，微压计读值 $a=7.5mm$，已知 $a=30°$，$l_{AB}=12m$，酒精的密度 $\rho=860kg/m^3$，试求风道的沿程阻力系数 λ。

25．如图 3-23 所示，烟囱的直径 $d=1m$，通过的烟气流量 $Q=18000m^3/h$，烟气的密度 $\rho=0.7kg/m^3$，外面大气的密度按 $\rho_a=1.29kg/m^3$ 考虑，如烟道的 $\lambda=0.035$，要保证烟囱底部 1-1 断面的负压不小于 100N/m²，烟囱的高度至少应为多少？

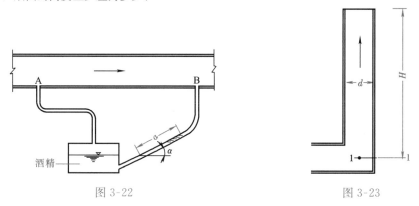

图 3-22　　　　　　　　　　　　图 3-23

26．为测定 90°弯头的局部阻力系数 ζ，可采用如图 3-24 所示的装置。已知 AB 段管长 $l=10m$，管径 $d=50mm$，$\lambda=0.03$，实测数据为：AB 两断面测压管水头差 $\Delta h=0.629m$，经两分钟流入水箱的水量

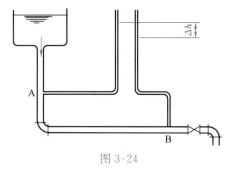

图 3-24

为 $0.329m^3$，求弯管的局部阻力系数 ζ。

27. 测定某阀门的局部阻力系数，在阀门的上下游装设了三个测压管，如图 3-25 所示，其间距 $L_1=$ 1m，$L_2=2m$，若直径 $d=50mm$，实测 $H_1=150cm$，$H_2=125cm$，$H_3=40cm$，流速 $v=3m/s$，求阀门的 ζ 值。

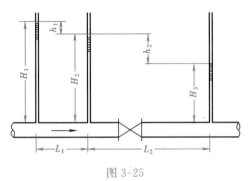

图 3-25

28. 如图 3-26 所示某直立的管径突然扩大水管，已知 $d_1=150mm$，$d_2=300mm$，$h=1.5m$，$v_2=$ 3m/s，试确定水银比压计中的水银液面哪一侧较高？差值为多少？

29. 定性绘制图 3-27 中管路系统的总水头线和测压管水头线。

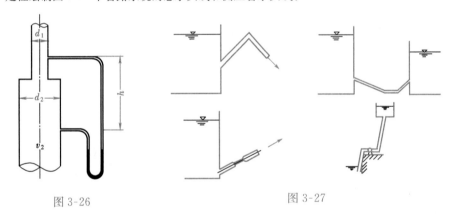

图 3-26

图 3-27

教学单元 4　管路计算

【教学目标】通过本单元教学，使学生掌握简单管路、串联管路、并联管路及均匀流管路的水力计算；熟练识记简单管路、串联管路、并联管路及均匀流管路的定义；理解水击的产生及传播过程，防止水击危害的措施；利用所学的理论知识解决工程中遇到的各种管路计算问题。

【素质目标】结合精选的暖通空调专业管路计算案例，教育学生具备较强的专业意识和专业认同感；体会本教学单元应用流体动力学知识解决管路计算问题的过程，提升自己利用理论知识解决实际问题的能力；结合水击现象，树立防患未然的意识和严谨的职业精神。

在前面的单元中我们已经学习了有关流体力学的基础理论方面的知识，本单元将进一步研究如何运用能量方程和能量损失公式来解决实际工程中的水力计算问题。

在供热通风与空调工程中，输送流体的各种管路都会遇到水力计算问题，即确定流量、水头损失及管道的几何尺寸之间的相互关系，工程上称为管路的水力计算，简称管路计算。

关于管路水力计算问题大致可以分为两类：

(1) 设计计算确定水泵、风机应提供的动力（即扬程或压头）或水塔应具有的高度；

(2) 确定流体在管路系统中流动时，管中流体的流量、作用水头和管道直径。

本教学单元将对以上两个问题进行重点讨论，按简单管路、串联管路、并联管路系统分别进行叙述，并简单介绍管网的水力计算方法。此外，还讨论无压均匀流的水力计算以及在压力管路中产生的水击现象。

4.1　简单管路的计算

流体在管路内流动产生的水头损失是由沿程水头损失和局部水头损失两部分组成的，对于不同的管路，这两种水头损失所占的比重是不同的。工程上为了简化计算，按两类水头损失在全部损失中所占的比重将管路分为短管和长管。所谓短管是指水头损失中沿程损失和局部损失都占相当的比重，两者都不可以忽略的管道，如水泵吸水管、虹吸管、锅炉给水管、室内给水和室内供暖管路以及工业通风管等都是短管；长管是指水头损失以沿程损失为主，局部损失和流速水头的总和同沿程损失相比很小，可以忽略不计，或可以将其按沿程损失的某一百分数估算（通常是在 $l/d>1000$ 条件下），如城市的室外给水管道和城市热力管道就属于长管。

为了研究流体在管路中的流动规律，首先讨论流体在简单管路中的流动。所谓简单管路就是指管径沿程不变，流量也不变的管路系统，它是组成各种复杂管路的基本单元。

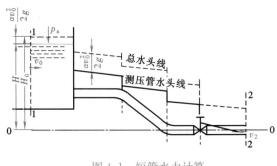

图 4-1　短管水力计算

4.1.1　短管水力计算

根据短管出流的形式不同，可将其出流分为自由出流和淹没出流两种。以水箱中水的自由出流为例，即水经管路出口流入大气，如图 4-1 所示。设管路长度为 l，管径为

简单短管的计算

d，另外在管路中还装有两个相同的弯头和一个阀门。为了建立短管水流各要素的关系，以 0-0 为基准线，列 1-1、2-2 两断面间的能量方程式：

$$H+\frac{p_1}{\gamma}+\frac{\alpha v_1^2}{2g}=0+\frac{p_2}{\gamma}+\frac{\alpha_2 v_2^2}{2g}+h_{w1\text{-}2}$$

式中，$p_1=p_2=p_a=0$，$v_2=v$，取 $\alpha_2=\alpha=1$ 自由液面流速，则：

$$H=\frac{\alpha v^2}{2g}+h_{w1\text{-}2}$$

$$H=\frac{\alpha v^2}{2g}+\lambda\frac{l}{d}\frac{v^2}{2g}+\Sigma\,\zeta\frac{v^2}{2g}$$

若将 $\alpha=1$ 作为出口局部阻力系数 ζ，包含到 $\Sigma\,\zeta$ 中去，则上式可写成：

$$H=\left(\lambda\frac{l}{d}+\Sigma\,\zeta\right)\frac{v^2}{2g}$$

将 $v=\dfrac{4Q}{\pi d^2}$ 代入上式，整理得：

$$H=8\left(\lambda\frac{l}{d}+\Sigma\,\zeta\right)\frac{Q^2}{\pi^2 d^4 g}$$

令　　　　　　　$$S_H=8\left(\lambda\frac{l}{d}+\Sigma\,\zeta\right)\frac{1}{\pi^2 d^4 g} \tag{4-1}$$

则　　　　　　　　　　　　$$H=S_H Q^2 \tag{4-2}$$

对于气体管路，式（4-2）仍适用。但气体常用压强表示为：

$$p=\gamma H=\gamma S_H Q^2$$

令　　　　　　　$$S_P=\gamma S_H=8\left(\lambda\frac{l}{d}+\Sigma\,\zeta\right)\frac{\rho}{\pi^2 d^4} \tag{4-3}$$

则　　　　　　　　　　　　$$p=S_P Q^2 \tag{4-4}$$

式中　S_H——管路阻抗，s^2/m^5；适用于液体管路计算，如给水管路计算；

S_P——管路阻抗，kg/m^7；适用于不可压缩的气体管路计算，如空调、通风管道计算。

式（4-1）和式（4-3）即为阻抗的两种表达式，从表达式中我们可以看出，无论 S_H 或 S_P，对于一定的流体（即 γ、ρ 一定），在管径 d 和管长 l 已给定时，S 只随 λ 和 $\Sigma\,\zeta$ 变化。而在阻力平方区时，λ 只与粗糙度 Δ/d 有关，所以在管路的管材即粗糙度已定的情况下，λ 值可视为常数。$\Sigma\,\zeta$ 项中只有可调节阀门的 ζ 是可变的，其他局部构件的局部阻力系

数是不变的。所以我们可以得到这样的结论：管路阻抗 S_H、S_P 对已给定的管路是一个定数，它综合反映了管路上总阻力情况。用阻抗表示管路流动规律是非常方便的。从式（4-2）和式（4-4）中可以看出：简单管路中，总阻力损失与体积流量的平方成正比，所以在管路计算中应用很广。

在进行短管计算之前，管道的长度、管道的材料（管壁粗糙情况）、局部阻力的组成等一般已确定，因此管道计算包括下述三种情况：

1. 已知流量 Q、管径 d，确定水箱水位标高、水泵扬程 H 或风机全压 p 值

水泵是一种提升液体的机械装置。水泵的工作管路一般由吸水管和压水管组成。水通过水泵时获得能量，再经压水管输送到指定位置。关于泵的内容我们会在泵与风机部分进行讨论。水泵装置的水力计算主要是确定水泵的安装高度和水泵的扬程。确定安装高度需要进行吸水管路的计算；确定水泵的扬程还需要进行压水管的水力计算。

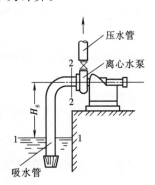

图 4-2 水泵系统

【例题 4-1】某离心式水泵系统如图 4-2 所示。泵的抽水量 $Q=8.3$L/s，吸水管长度 $l=7.5$m，直径 $d=100$mm，管道的沿程阻力系数 $\lambda=0.030$，局部阻力系数：吸水管进口处底阀 $\zeta_1=7.0$，管道中 90°弯头 $\zeta_2=0.5$。水泵入口处的允许真空值 $[h_v]=5.8$m。求该水泵的安装高度 H_g。

【解】以 1-1 断面为基准面，建立 1-1 和水泵进口 2-2 间的能量方程：

$$z_1+\frac{p_1}{\gamma}+\frac{\alpha_1 v_1^2}{2g}=z_2+\frac{p_2}{\gamma}+\frac{\alpha_2 v_2^2}{2g}+h_{w1-2}$$

取 $p_1=p_a$，并忽略吸水池水面流速，即将 $v_1=0$ 代入式中，得：

$$\frac{p_a}{\gamma}=H_g+\frac{p_2}{\gamma}+\left(\lambda\frac{l}{d}+\Sigma\zeta+\alpha\right)\frac{v^2}{2g}=H_g+\frac{p_2}{\gamma}+SQ^2$$

$$H_g=\frac{p_a-p_2}{\gamma}-SQ^2$$

管路的阻抗计算如下：

$$S=\left(\lambda\frac{l}{d}+\Sigma\zeta+\alpha\right)\frac{8}{\pi^2 d^4 g}=\left(0.030\times\frac{7.5}{0.1}+7.0+0.5+1\right)\frac{8}{3.14^2\times0.1^4\times9.807}$$
$$=8894 s^2/m^5$$

管中的流量为：

$$Q=8.3L/s=0.0083m^3/s$$

将各值代入得：

$$H_g=\frac{p_a-p_2}{\gamma}-SQ^2=[h_v]-SQ^2=5.8-8894\times0.0083^2=5.19m$$

2. 已知水头 H（或全压 p）、管径 d，计算通过管路的流量 Q

例如工程中常用到的虹吸管。所谓虹吸管即管道中的一部分高出上游水位一定高度的一种简单管路，常用于通过高地等，如图 4-3 所示。因为有一部分管路高于上游液位，在虹吸管中必然会存在真空现象，这样才能使水流通过，但如果真空值达到某个界限时，水中气体就会分离出来，随着真空度的增加空气量也在增加，大量的气体集结在虹吸管的最高处就会缩小有效过流断面，严重时甚至会造成气塞。所以，为了保证虹吸管的正常工作，必须限定虹吸管中的最大真空度不能超过允许值 $[h_v]$（一般为 $7.0 \sim 8.0$m）。

在虹吸管的水力计算中，最常用的是确定管道中的流量和最大安装高度，下面通过例题进行说明。

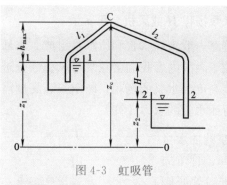

图 4-3　虹吸管

【**例题 4-2**】如图 4-3 所示，已知 $H=2$m，上游管长 $l_1=15$m，下游管长 $l_2=20$m，管径沿程不变，均为 $d=200$mm，$\lambda=0.025$，又已知局部阻力系数：进口阻力系数 $\zeta_1=1$，出口阻力系数 $\zeta_2=1$，中间设置 3 个角度均为 $45°$ 的弯头，阻力系数 $\zeta_3=0.2$，最大允许吸上真空高度 $[h_v]=7$m。求通过虹吸管的流量及管顶 C 处最大允许安装高度。

【**解**】（1）求虹吸管的流量

以水平线 0-0 为基准线，列出 1-1、2-2 断面能量方程式：

$$z_1+\frac{p_1}{\gamma}+\frac{\alpha_1 v_1^2}{2g}=z_2+\frac{p_2}{\gamma}+\frac{\alpha_2 v_2^2}{2g}+h_{w1\text{-}2}$$

$$h_{w1\text{-}2}=(z_1-z_2)+\frac{p_1-p_2}{\gamma}+\frac{\alpha_1 v_1^2-\alpha_2 v_2^2}{2g}$$

因为 1-1、2-2 截面的压强均为大气压强，所以取相对压强 $p_1=p_2=0$，而且 1-1、2-2 截面的过流断面面积均远大于虹吸管的过流断面面积，可以认为 $v_1=v_2=0$，则：

$$h_{w1\text{-}2}=(z_1-z_2)+\frac{p_1-p_2}{\gamma}+\frac{\alpha_1 v_1^2-\alpha_2 v_2^2}{2g}=H$$

因为 $H=SQ^2$，所以 $Q=\sqrt{\dfrac{H}{S}}$。

又

$$S=\left(\lambda\frac{l}{d}+\Sigma\zeta\right)\frac{8}{\pi^2 d^4 g}$$

$$=8\left(\lambda\frac{l_1+l_2}{d}+\zeta_1+\zeta_2+3\zeta_3\right)\frac{1}{\pi^2 d^4 g}$$

$$=8\left(0.025\times\frac{15+20}{0.2}+1+1+3\times0.2\right)\frac{1}{3.14^2\times0.2^4\times9.807}$$

$$=360.68\text{s}^2/\text{m}^5$$

则

$$Q=\sqrt{\frac{H}{S}}=\sqrt{\frac{2}{360.68}}=0.0745\text{m}^3/\text{s}$$

（2）求最大允许安装高度

为了方便计算，取 1-1 及最高点处的 C-C 断面列能量方程：

$$z_1+\frac{p_1}{\gamma}+\frac{\alpha_1 v_1^2}{2g}=z_C+\frac{p_C}{\gamma}+\frac{\alpha_C v_C^2}{2g}+h_{w1\text{-}C}$$

在图 4-3 所示的条件下，我们可以得知 $p_1=0$，$v_1=0$，代入上式得：

$$\frac{0-p_C}{\gamma}=(z_C-z_1)+\frac{\alpha v_C^2}{2g}+h_{w1\text{-}C}=(z_C-z_1)+\left(\lambda\frac{l_1}{d}+\zeta_1+2\zeta_3+1\right)\frac{v^2}{2g}$$

$$(z_C-z_1)=-\frac{p_C}{\gamma}-\left(\lambda\frac{l_1}{d}+\zeta_1+2\zeta_3+1\right)\frac{v^2}{2g}$$

而式中的 $v=\dfrac{4Q}{\pi d^2}=\dfrac{4\times0.0745}{3.14\times0.2^2}=2.37\text{m/s}$，当 $-\dfrac{p'_C}{\gamma}=[h_v]$ 时，$(z_C-z_1)=h_{max}$，

所以有：

$$h_{max}=[h_v]-\left(\lambda\frac{l_1}{d}+\zeta_1+2\zeta_3+1\right)\frac{v^2}{2g}$$

$$=7-\left(0.025\times\frac{15}{0.2}+1+2\times0.2+1\right)\frac{2.37^2}{2\times9.807}$$

$$=5.78\text{m}$$

3. 已知流量 Q、水头 H（或全压 p），设计管道断面，即计算管径 d

下面举例来进一步说明。

【例题 4-3】路基下有一圆形有压涵管如图 4-4 所示，已知管长 $l=50\text{m}$，上下游水位差 $H=3\text{m}$，沿程阻力系数 $\lambda=0.030$，局部阻力系数：进口处 $\zeta_1=0.5$，设有两个弯头，阻力系数为 $\zeta_2=0.65$，水下出口处 $\zeta_3=1$，涵管需通过 $Q=3\text{m}^3/\text{s}$ 的流量，试确定涵管管径。

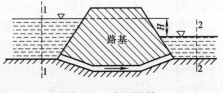

图 4-4 有压涵管

【解】以下游水面为基准面，建立上下游水面 1-1 和 2-2 间的能量方程：

$$z_1+\frac{p_1}{\gamma}+\frac{\alpha_1 v_1^2}{2g}=z_2+\frac{p_2}{\gamma}+\frac{\alpha_2 v_2^2}{2g}+h_{w1\text{-}2}$$

取 $p_1=p_2=0$，忽略上下游水面流速，即将 $v_1=v_2=0$ 代入式中，得：

$$H=h_{w1\text{-}2}=SQ^2$$

$$S=\left(\lambda\frac{l}{d}+\Sigma\zeta\right)\frac{8}{\pi^2 d^4 g}=\left(0.030\times\frac{50}{d}+0.5+0.65\times2+1\right)\frac{8}{3.14^2\times d^4\times9.807}$$

将 Q 和 S 值代入式 $H=h_{w1\text{-}2}=SQ^2$ 中得：

$$H=h_{w1\text{-}2}=SQ^2=\left(\lambda\frac{l}{d}+\Sigma\zeta\right)\frac{8}{\pi^2 d^4 g}Q^2$$

$$3=\left(0.030\times\frac{50}{d}+0.5+0.65\times2+1\right)\frac{8\times3^2}{3.14^2\times d^4\times9.807}$$

简化后得：

$$3d^5-2.086d-1.116=0$$

用试算法求 d，求得当 $d=1.015\text{m}$ 时，上式为：

$$3\times1.015^5-2.086\times1.015-1.116\approx0$$

但是，1.015m 这种管径不属于标准管径，所以采用 $d=1.0\text{m}$ 的标准管径，实际流量略小于 $Q=3\text{m}^3/\text{s}$。通常第一次所设直径不会恰好是方程式的解，那就要经过多次试算，若试算所得的解不是整数，就应采用规格相接近的产品。

4.1.2 长管水力计算

4-2

简单长管的
计算

长管的计算方法很多，这里介绍三种常用的方法：阻抗法、比阻法和水力坡度法。

1. 阻抗法

上面所讲述的关于短管的水力计算公式［式（4-2）和式（4-4）］也同样适用于长管水力计算，只是其中的管路阻抗与短管的阻抗含义有所区别，在长管水力计算中的水头损失只考虑沿程损失而忽略局部损失和流速水头，所以这里的阻抗计算公式为：

$$S_H = \frac{8\lambda L}{g\pi^2 d^5} \tag{4-5}$$

$$S_P = \gamma S_H = \frac{8\lambda L \rho}{\pi^2 d^5} \tag{4-6}$$

式（4-5）和式（4-6）即为长管阻抗的两种表达式，可以看出，与短管一样，无论 S_H 或 S_P，对于一定的流体（即 γ、ρ 一定），在管径 d 和管长 L 已给定时，S 只随 λ 变化。而在阻力平方区时，λ 值可视为常数。所以我们同样可以应用公式（4-2）和公式（4-4）非常简便地对长管进行一系列的水力计算。

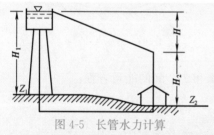

图 4-5 长管水力计算

【例题 4-4】如图 4-5 所示，某室外给水铸铁管道，管长为 2500m，管径采用 400mm，$\lambda = 0.025$，又已知水塔处的地形标高 z_1 为 62m，水塔内最低水位距地面高度 $H_1 = 18$m，用水处地面标高 z_2 为 40m，管路末端出口处要求的自由水头 $H_2 = 24$m，忽略管路末端流速水头，求管路的流量。

【解】以标高为 0 的水平面为基准面，列水塔与用水处的能量方程式：

$$(z_1 + H_1) + 0 + 0 = z_2 + H_2 + 0 + SQ^2$$

$$z_1 + \frac{p_1}{\gamma} + \frac{\alpha_1 v_1^2}{2g} = z_2 + \frac{p_2}{\gamma} + \frac{\alpha_2 v_2^2}{2g} + h_{w1-2}$$

$$(z_1 + H_1) + 0 + 0 = z_2 + H_2 + 0 + SQ^2$$

$$Q = \sqrt{\frac{h_{w1-2}}{S}} = \sqrt{(z_1 + H_1) - (z_2 + H_2)} \sqrt{\frac{g\pi^2 d^5}{8\lambda L}}$$

$$= \sqrt{(62 + 18) - (40 + 24)} \sqrt{\frac{9.807 \times 3.14^2 \times 0.4^5}{8 \times 0.025 \times 2500}}$$

$$= 0.178 \text{m}^3/\text{s}$$

2. 比阻法

在给水工程中，常采用比阻来进行长管的水力计算。

由于

$$H = h_f = \lambda \frac{L}{d} \frac{v^2}{2g} = \frac{8\lambda}{g\pi^2 d^5} LQ^2$$

式中，$v = \dfrac{Q}{(\pi/4)d^2}$，故 $\dfrac{v^2}{2g} = \dfrac{8Q^2}{g\pi^2 d^4}$。

令
$$A = \frac{8\lambda}{g\pi^2 d^5} \tag{4-7}$$

则
$$H = h_f = ALQ^2 \tag{4-8}$$

式（4-8）是简单长管按比阻计算的基本公式。

式中　A——管道的比阻，$A = \dfrac{8\lambda}{g\pi^2 d^5}$，指单位流量通过单位长度管道所需的水头（$\text{s}^2/\text{m}^6$，流量要以 m^3/s 计）。A 值的大小取决于 λ 与 d。

计算 λ 值的公式有很多种，下面仅介绍最常用的两种。

（1）舍维列夫公式

对旧钢管、旧铸铁管，通常采用舍维列夫公式。将式（3-31）、式（3-32）分别代入式（4-7）中，则：

在紊流阻力平方区（$v \geqslant 1.2\text{m/s}$，$t = 10℃$）：
$$A = \frac{0.001736}{d^{5.3}} \tag{4-9}$$

在紊流过渡区（$v < 1.2\text{m/s}$，$t = 10℃$）：
$$A' = 0.852\left(1 + \frac{0.867}{v}\right)^{0.3}\left(\frac{0.001736}{d^{5.3}}\right) = kA \tag{4-10}$$

式中　k——修正系数，即：
$$k = 0.852\left(1 + \frac{0.867}{v}\right)^{0.3} \tag{4-11}$$

为了计算方便，按式（4-9）和式（4-11）编制了计算表。例如常用的钢管和铸铁管的比阻 A 值见表 4-1 和表 4-2，修正系数 k 见表 4-3。

钢管的比阻 **A** 值（s^2/m^6）　　　　表 4-1

公称直径 （mm）	A （s^2/m^6）	公称直径 （mm）	A （s^2/m^6）	公称直径 （mm）	A （s^2/m^6）	公称直径 （mm）	A （s^2/m^6）
20	1643000	70	2893	300	0.9392	600	0.02384
25	436700	100	267.4	350	0.4078	700	0.01150
32	93860	150	44.95	400	0.2062	800	0.005665
40	44530	200	9.273	450	0.1089	900	0.003034
50	11080	250	2.583	500	0.06222	1000	0.001736

铸铁管的比阻 **A** 值（s^2/m^6）　　　　表 4-2

内径 （mm）	A （s^2/m^6）	内径 （mm）	A （s^2/m^6）	内径 （mm）	A （s^2/m^6）	内径 （mm）	A （s^2/m^6）
50	15190	200	9.029	400	0.2232	700	0.01150
75	1709	250	2.752	450	0.1195	800	0.005665
100	365.3	300	1.025	500	0.06839	900	0.003034
150	41.85	350	0.4529	600	0.02602	1000	0.001736

不同 v 值时的修正系数 k 值   表 4-3

v (m/s)	0.20	0.25	0.30	0.35	0.40	0.45	0.50	0.55	0.60
k	1.41	1.33	1.28	1.24	1.20	1.175	1.15	1.13	1.115
v (m/s)	0.65	0.70	0.75	0.80	0.85	0.90	1.0	1.1	$\geqslant 1.2$
k	1.10	1.085	1.07	1.06	1.05	1.04	1.03	1.015	1.00

（2）曼宁公式

对钢筋混凝土管道、紊流粗糙区的一般管流，工程上通常采用曼宁公式计算比阻 A 值。

$$C = \frac{1}{n} R^{1/6}$$

又

$$\lambda = \frac{8g}{C^2}$$

代入式（4-7）中，整理得：

$$\lambda = \frac{10.3 n^2}{d^{5.3}} \tag{4-12}$$

根据上式，通过粗糙系数 n 和管径 d 就可以求出紊流粗糙区的比阻 A。按式（4-12）计算出不同 n、d 下的比阻 A 值列于表 4-4 中，用于查表计算。表中粗糙系数，铸铁管，n =0.013，混凝土管和钢筋混凝土管 n=0.013～0.014。

输水管道比阻 A 值   表 4-4

直径 d (mm)	A（流量以 m³/s 计 $\cdot C = \frac{1}{n} R^{1/6}$）		
	n=0.012	n=0.013	n=0.014
75	1480	1740	2010
100	319	375	434
150	36.7	43.0	49.9
200	7.92	9.30	10.8
250	2.41	2.83	3.28
300	0.911	1.07	1.24
350	0.401	0.471	0.545
400	0.196	0.230	0.267
450	0.105	0.123	0.143
500	0.0598	0.0702	0.0815
600	0.0226	0.0265	0.0307
700	0.00993	0.0117	0.0135
800	0.00487	0.00573	0.00663
900	0.00260	0.00305	0.00354
1000	0.00148	0.00174	0.00201

3. 按水力坡度计算

由沿程损失计算公式可得：

$$J = \frac{H}{L} = \lambda \frac{1}{d} \frac{v^2}{2g} \tag{4-13}$$

式（4-13）是简单管路按水力坡度计算的基本公式。

式中　J——水力坡度，表示一定流量通过单位长度管道所需要的作用水头。

对于旧钢管、旧铸铁管，当水温 $t=10℃$ 时，将式（3-31）和式（3-32）分别代入式（4-13）中，则：

当 $v \geqslant 1.2\text{m/s}$（阻力平方区）：

$$J = 0.00107 \frac{v^2}{d^{1.3}} \tag{4-14a}$$

$v < 1.2\text{m/s}$（过渡区）：

$$J = 0.000912 \frac{v^2}{d^{1.3}} \left(1 + \frac{0.867}{v}\right)^{0.3} \tag{4-14b}$$

根据式（4-14）计算出的水力坡度 J 值列于表 4-5 中，计算时可直接查用。利用该表，已知 v（Q）、d、J 中任意两个量，便可直接查出另一个量，它不涉及阻力区的修正问题，因而，在给水管道的水力计算中被广泛应用。

注意，钢管与铸铁管的水力坡度计算表一般也是根据内径编制的，但表中列出的则是公称直径 DN 与 v（Q）、J 的对应关系。

铸铁管的 v 和 J 值（部分）　　　　　　　　　　　　　表 4-5

Q		公称直径 DN (mm)									
		350		400		450		500		600	
m³/h	L/s	v	J (‰)	v	J (‰)	v	J (‰)	v	J (‰)	v	J (‰)
547.2	152	1.58	10.5	1.21	5.16	0.96	2.87	0.77	1.69	0.54	0.634
554.4	154	1.60	10.7	1.23	5.29	0.97	2.94	0.78	1.73	0.545	0.700
561.6	156	1.62	11.0	1.24	5.43	0.98	3.01	0.79	1.77	0.55	0.718
568.8	158	1.64	11.3	1.26	5.57	0.09	3.08	0.80	1.81	0.56	0.733
576.0	160	1.66	11.6	1.27	5.71	1.01	3.14	0.81	1.85	0.57	0.750
583.2	162	1.68	11.9	1.29	5.86	1.02	3.22	0.83	1.90	0.573	0.767
590.4	164	1.70	12.2	1.31	6.00	1.03	3.29	0.84	1.94	0.58	0.784
597.6	166	1.73	12.5	1.32	6.51	1.04	3.37	0.85	1.98	0.59	0.802
604.8	168	1.75	12.8	1.34	6.30	1.06	3.44	0.86	2.03	0.594	0.819
612.0	170	1.77	13.1	1.35	6.45	1.07	3.52	0.87	2.07	0.60	0.837
619.2	172	1.79	13.4	1.37	6.30	1.08	3.59	0.88	2.12	0.61	0.855
626.4	174	1.81	13.7	1.38	6.76	1.09	3.67	0.89	2.16	0.615	0.873
633.6	176	1.83	14.0	1.40	6.91	1.11	3.75	0.90	2.21	0.62	0.891
640.8	178	1.85	14.3	1.42	7.07	1.12	3.83	0.91	2.26	0.63	0.909
648.0	180	1.87	14.7	1.43	7.23	1.13	3.91	0.92	2.31	0.64	0.931
655.2	182	1.89	15.0	1.45	7.39	1.14	3.99	0.93	2.35	0.64	0.95
662.4	184	1.94	15.3	1.46	7.56	1.16	4.08	0.94	2.40	0.65	0.97
669.6	186	1.93	15.7	1.48	7.72	1.17	4.16	0.95	2.45	0.66	0.99
676.8	188	1.96	16.0	1.50	7.89	1.18	4.24	0.96	2.50	0.66	1.01
684.0	190	1.97	16.3	1.51	8.06	1.19	4.33	0.97	2.55	0.67	1.03
691.2	192	2.00	16.7	1.53	8.23	1.21	4.41	0.98	2.60	0.68	1.05

对于钢筋混凝土管道，通常采用谢才公式计算水力坡度，即：

$$J = \frac{8v^2}{c^2 R} \qquad (4\text{-}15)$$

按式（4-15）亦可编制出相应的水力坡度计算表以简化计算。

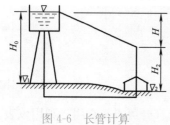

图 4-6　长管计算

【例题 4-5】 如图 4-6 所示，某供水系统，通过水塔向厂区供水。采用铸铁管。已知管长 $L = 2500\text{m}$，管径 $d = 450\text{mm}$，水塔地面标高 $\nabla_1 = 100\text{m}$，水塔水面距地面的高度 $H_0 = 20\text{m}$，工厂地面标高 $\nabla_2 = 85\text{m}$，工厂要求的自由水压 $H_z = 25\text{m}$，忽略管路末端流速水头。试分别用比阻法和水力坡度法求管道通过的流量 Q。

【解】 （1）按比阻计算

由式（4-8）$H = h_f = ALQ^2$ 可得：

$$Q = \sqrt{\frac{H}{AL}}$$

式中，作用水头 $H = (\nabla_1 + H_0) - (\nabla_2 + H_z) = (100 + 20) - (85 + 25) = 10\text{m}$。

查表 4-2，铸铁管 $d = 450\text{mm}$ 时，将 $A = 0.1195\text{s}^2/\text{m}^6$ 代入上式中，得：

$$Q = \sqrt{\frac{H}{AL}} = \sqrt{\frac{10}{0.1195 \times 2500}} = 0.183\text{m}^3/\text{s}$$

校核阻力区：

$$v = \frac{Q}{A} = \frac{0.183}{\frac{\pi}{4} \times 0.45^2} = 1.15\text{m/s} < 1.2\text{m/s}$$

说明水流处于紊流粗糙区，比阻 A 需修正。

查表 4-3，当 $v = 1.5\text{m/s}$ 时，通过内插计算，$k = 1.0075$，故修正后的流量为：

$$Q = \sqrt{\frac{H}{kAL}} = \sqrt{\frac{10}{1.0075 \times 0.1195 \times 2500}} = 0.182\text{m}^3/\text{s}$$

（2）按水力坡度计算

由式（4-13）得：

$$J = \frac{H}{L} = \frac{10}{2500} = 0.004$$

查表 4-5，$d = 450\text{mm}$，$J = 0.004$ 时，$Q = 0.182\text{m}^3/\text{s}$

所得结果与按比阻计算的结果一致。

【例题 4-6】 在上题中，管线布置情况、地面标高及工厂所需自由水压都保持不变，若将供水量增至 $Q = 200\text{L/s}$，试设计水塔高度 H_0。

【解】 $v = \dfrac{Q}{A} = \dfrac{0.2}{\frac{\pi}{4} \times 0.45^2} = 1.25\text{m/s} > 1.2\text{m/s}$

故为阻力平方区，A 值不需要修正，则：

$$H = ALQ^2 = 0.1195 \times 2500 \times 0.2^2 = 11.95\text{m}$$

由

$$H = (\nabla_1 + H_0) - (\nabla_2 + H_z)$$

可得水塔高度 $H_0 = H + H_z + \nabla_2 - \nabla_1 = 11.95 + 25 + 85 - 100 = 21.95\text{m}$。

4.2 串联与并联管路的计算

工程中所遇到的管路往往是串联或并联等复杂管路，因此研究串联和并联管路对于我们来说更具有实际意义。实际上所有的复杂管路都是由简单管路组合而成的。

4.2.1 串联管路的计算

4-3

串联和并联
管路计算

由直径不同的几段简单管路顺次连接起来就称为串联管路，如图 4-7 所示。管路沿管线向几处供水，隔一定距离便有流量分出，随着流量减小，所采用的管径也相对减少，所以在整个管路中，管径 d 随流量改变而改变。

管段与管段相连接的点称为节点，在每个节点上都遵循质量平衡原理，即流入节点的流量等于流出节点的流量。取流入节点流量为正，流出节点流量为负，则对于每一个节点都具有的规律 $\sum Q = 0$。或写成 $Q_i = q_i + Q_{i+1}$（q_i 表示各节点流入或分出的流量）。

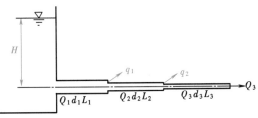

图 4-7 串联管路

如无中途合流或分流（即 $q_i = 0$）则：

$$Q_i = Q_{i+1}$$

即

$$Q_1 = Q_2 = Q_3 = Q_i$$

对于串联管路系统，整个管路的阻力损失应等于各管段阻力损失之和，有：

$$h_w = h_{w1} + h_{w2} + h_{w3} = S_1 Q_1^2 + S_2 Q_2^2 + S_3 Q_3^2 \tag{4-16}$$

如各管段流量 Q 相同，则有：

$$H = h_w = S_1 Q^2 + S_2 Q^2 + S_3 Q^2 = (S_1 + S_2 + S_3) Q^2 = S Q^2$$

$$S = (S_1 + S_2 + S_3) \tag{4-17}$$

由此得出结论：中途无分流或合流（Q 不变），管路总阻抗 S 等于各管段的阻抗叠加。但如果流量 Q 沿途变化，则需逐段计算阻力阻失，然后进行叠加，这是串联管路的计算原则。

【例题 4-7】由水塔向某居民区供水，供水量 $Q = 0.15 \text{m}^3/\text{s}$。采用长度 $l = 2500\text{m}$ 的给水管路供水，已知管路沿程阻力系数 $\lambda = 0.030$，水塔至用水点间的最大允许水头损失为 9m。要求设计该供水管路。

【解】根据阻抗关系式有：

$$S = \frac{H}{Q^2} = \frac{9}{0.15^2} = 400 \text{s}^2/\text{m}^5$$

对于长管：

$$S = \frac{8\lambda l}{\pi^2 d^5 g}$$

$$400 = \frac{8 \times 0.030 \times 2500}{3.14^2 \times d^5 \times 9.807}$$

解得
$$d = 0.435\text{m} = 435\text{mm}$$

但是 435mm 不是标准管径，采用标准管径时，如果选择 $d=400$mm 的管子，则不能满足要求，如果采用 $d=450$mm 的管子将造成管材浪费。所以合理的办法是采用 $d_1 = 400$mm 和 $d_2 = 450$mm 的两段不同管径的管路进行串联。现在来计算每段管路的长度。

根据串联管路的管路特性：
$$S = S_1 + S_2$$

$$S = \frac{8\lambda l_1}{\pi^2 d_1^5 g} + \frac{8\lambda l_2}{\pi^2 d_2^5 g} = \frac{8\lambda}{\pi^2 g}\left(\frac{l_1}{d_1^5} + \frac{l_2}{d_2^5}\right)$$

将已知各值代入上式中并整理得：
$$3044 = 1.845 l_1 + 1.024 l_2$$

又由于
$$l_1 + l_2 = 2500$$

联立求解以上两式得：
$$l_1 = 589.5\text{m}$$
$$l_2 = 1910.5\text{m}$$

在实际中可以取：
$$l_1 = 580\text{m}$$
$$l_2 = 1920\text{m}$$

4.2.2 并联管路的计算

为了提高供水的可靠性，在两节点之间并设两条或两条以上的管路称为并联管路，如图 4-8 中 a、b 两点间的三条管段。

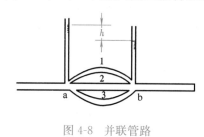

图 4-8 并联管路

在并联管段 ab 间，a 点与 b 点是各管段所共有的，如在 a 点和 b 点各接一测压管，每一点只可能出现一个测压管水头值，则两点间的测压管水头差即为 ab 两点间的阻力损失。从能量平衡的观点来看，无论是 1 支路、2 支路、3 支路的阻力损失均等于 ab 两节点压头差。于是

$$h_{w1} = h_{w2} = h_{w3} = h_{wa-b} \qquad (4\text{-}18)$$

即
$$S_1 Q_1^2 = S_2 Q_2^2 = S_3 Q_3^2 = SQ^2 \qquad (4\text{-}19)$$

式中，S 为并联管路总阻抗。

同串联管路一样，并联管路也遵循质量平衡原理，当 $\rho = c$（常数时），应满足 $\sum Q = 0$，则 a 点上的流量为：

$$Q = Q_1 + Q_2 + Q_3 \qquad (4\text{-}20)$$

根据式（4-18）和式（4-19）可得：

$$Q = \frac{\sqrt{h_{wa-b}}}{\sqrt{S}}, Q_1 = \frac{\sqrt{h_{w1}}}{\sqrt{S_1}}, Q_2 = \frac{\sqrt{h_{w2}}}{\sqrt{S_2}}, Q_3 = \frac{\sqrt{h_{w3}}}{\sqrt{S_3}}$$

代入式（4-20）中可得：

$$\frac{1}{\sqrt{S}} = \frac{1}{\sqrt{S_1}} + \frac{1}{\sqrt{S_2}} + \frac{1}{\sqrt{S_3}} \tag{4-21}$$

我们得出的结论是：并联节点上的总流量等于各支路流量之和；并联各支路上的阻力损失相等；并联管路阻抗平方根倒数等于各支路阻抗平方根倒数之和。这就是并联管路的计算原则。

进一步分析后，我们可以得到：

$$\frac{Q_1}{Q_2} = \frac{\sqrt{S_2}}{\sqrt{S_1}}, \ \frac{Q_2}{Q_3} = \frac{\sqrt{S_3}}{\sqrt{S_2}}, \ \frac{Q_3}{Q_1} = \frac{\sqrt{S_1}}{\sqrt{S_3}} \tag{4-22}$$

即

$$Q_1 : Q_2 : Q_3 = \frac{1}{\sqrt{S_1}} : \frac{1}{\sqrt{S_2}} : \frac{1}{\sqrt{S_3}} \tag{4-23}$$

式（4-22）、（4-23）所表达的是并联管路流量分配规律。从式（4-23）我们可以看出：并联管路总是依照节点间各分支管路的阻力损失相等的规律，按照阻抗来分配各支管路的流量，阻抗大的支管流量小，阻抗小的支管流量大。在实际工程的并联管路计算中，必须进行"阻力平衡"，它的实质其实就是应用并联管路的流量分配规律，设计合适的管路尺寸及构件，使系统运行状态良好，满足用户要求。

【例题 4-8】如图 4-9 所示，有三根铸铁管路并联设置，由节点 A 分出，然后在 B 点又重新汇合，$Q=0.28\text{m}^3/\text{s}$。已知 $l_1=500\text{m}$，$d_1=300\text{mm}$；$l_2=800\text{m}$，$d_2=250\text{mm}$；$l_3=1000\text{m}$，$d_3=200\text{mm}$ 求并联管路中各支路的流量。

【解】并联管路中各段的阻抗分别为：

$$S_1 = \frac{8\lambda l_1}{\pi^2 d_1^5 g}$$
$$S_2 = \frac{8\lambda l_2}{\pi^2 d_2^5 g}$$
$$S_3 = \frac{8\lambda l_3}{\pi^2 d_3^5 g}$$

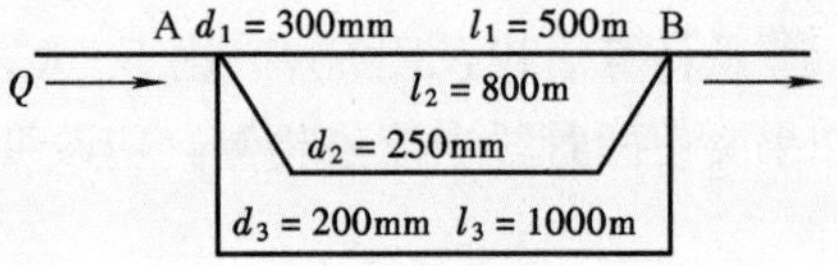

图 4-9

所以：

$$\frac{Q_1}{Q_3} = \sqrt{\frac{S_3}{S_1}} = \sqrt{\frac{l_3 d_1^5}{l_1 d_3^5}} = \sqrt{\frac{1000 \times 0.3^5}{500 \times 0.2^5}} = 3.90$$

即

$$Q_1 = 3.90 Q_3$$

$$\frac{Q_2}{Q_3} = \sqrt{\frac{S_3}{S_2}} = \sqrt{\frac{l_3 d_2^5}{l_2 d_3^5}} = \sqrt{\frac{1000 \times 0.25^5}{800 \times 0.2^5}} = 2.90 \quad 即 \quad Q_2 = 2.90 Q_3$$

又由连续性方程式得：

$$Q_1 + Q_2 + Q_3 = Q$$
$$(3.90 + 2.90 + 1)Q_3 = 0.28$$

联立上述三个方程式，解得：

$$Q_1 = 140.00 \text{L/s}$$
$$Q_2 = 104.10 \text{L/s}$$
$$Q_3 = 35.90 \text{L/s}$$

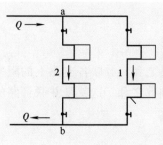

图 4-10　供热管路计算

【例题 4-9】如图 4-10 所示，有两层建筑的供热管路立管设置：管段 1 的直径 $d_1 = 20$mm，总长 $l_1 = 20$m，$\sum\zeta_1 = 15$；管段 2 的直径 $d_2 = 20$mm，总长 $l_2 = 10$m，$\sum\zeta_2 = 15$。管路的 $\lambda = 0.025$，干管中的流量 $Q = 0.001$m³/s，求 Q_1 和 Q_2。

【解】并联管路中 a、b 两点间各段的阻抗分别为：

$$S_1 = \left(\lambda_1\frac{l_1}{d_1} + \sum\zeta_1\right)\frac{8}{\pi^2 d_1^4 g}$$

$$S_2 = \left(\lambda_2\frac{l_2}{d_2} + \sum\zeta_2\right)\frac{8}{\pi^2 d_2^4 g}$$

因为 $\dfrac{Q_1}{Q_2} = \sqrt{\dfrac{S_2}{S_1}}$，由于 $d_1 = d_2$ 所以有：

$$\frac{Q_1}{Q_2} = \sqrt{\frac{S_2}{S_1}} = \frac{\sqrt{\left(\lambda_1\frac{l_1}{d_1} + \sum\zeta_1\right)}}{\sqrt{\left(\lambda_2\frac{l_2}{d_2} + \sum\zeta_2\right)}} = \sqrt{\frac{0.025 \times 10 + 15 \times 0.02}{0.025 \times 20 + 15 \times 0.02}} = 0.828$$

即
$$Q_1 = 0.828 Q_2$$

由连续性方程得：

$$Q = Q_1 + Q_2 = (0.828 + 1)Q_2$$
$$0.001 = 1.828 Q_2$$

所以
$$Q_2 = 0.55 \text{L/s}$$
$$Q_1 = 0.45 \text{L/s}$$

从计算看出：阻抗 S_1 比 S_2 大，所以流量分配是支管 2 中流量小于支管 2 中流量。如果要使两管段中流量相等，应改变管径 d_0 及 $\sum\zeta$，使在 $S_1 = S_2$ 下实现 $Q_1 = Q_2$。

4.3　管网计算基础

管网是由简单管路经并联、串联组合而成。管网按其布置形式可分为枝状管网和环状管网两种。

4.3.1　枝状管网

如图 4-11 所示为排风枝状管网，其管线呈树枝一样，它的优点是管线总长度短，初期投资省，但安全可靠性差，当某一管段发生故障时，就会影响到其后的管段。

在枝状管网进行计算时，管网中节点依然满足质量平衡原理，$\sum Q = 0$。

枝状管网的水力计算内容主要是确定各管段的直

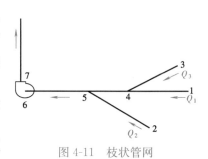

图 4-11　枝状管网

径、水塔的高度或水泵扬程（风机压头）。在实际中大致可以分为下列两种情况：

1. 已知作用压头 H 或 p 即有泵或风机。并已知用户所需流量 Q 和末端水头 h_c，管长 l 确定后，求管径 d。

解决这类问题的时候，首先计算单位长度上允许的阻力损失 J，即：

$$J = \frac{h_w}{\sum l} = \frac{H - h_c}{l + l'} \tag{4-24}$$

式中，l' 为阻力的当量长度。其含义为：

$$\lambda \frac{l'}{d} \frac{v^2}{2g} = \sum \zeta \frac{v^2}{2g} \tag{4-25}$$

即

$$l' = \sum \zeta \frac{d}{\lambda} \tag{4-26}$$

l' 可从有关的专业设计手册中查得各种局部构件的当量长度后，代入（4-24）式中。

而在前面的学习中我们已知：

$$h_w = \lambda \frac{l}{d} \frac{v^2}{2g} + \sum \zeta \frac{v^2}{2g}$$

将式（4-25）代入上式并整理得：

$$h_w = \lambda \frac{l + l'}{d} \frac{v^2}{2g} \tag{4-27}$$

则

$$J = \frac{h_w}{l + l'} = \frac{\lambda}{d} \frac{v^2}{2g} \tag{4-28}$$

将 $v = \frac{4Q}{\pi d^2}$ 代入式（4-27）中得：

$$J = \frac{8\lambda Q^2}{\pi^2 g d^5} \tag{4-29}$$

由上式求出 d 值，和各种构件形式和大小。最后进行校核计算，计算出总阻力 h_w，以（$h_w + h_c$）与已知水头 H 进行核对，看是否满足用户要求。

2. 管路布置已定，在已知各用户所需流量 Q 及末端要求的服务压头 h_c 的条件下，求管径 d 和作用压头 H。也就是说，要设计管网的管径并确定水泵扬程（风机压头）或水塔高度。

在设计新管网时，水塔高度一般尚未确定，故首先根据供水区域各处用水要求及地形、建筑物布置等重要条件，布置管线，确定各管段长度、各节点供水量，从而计算各管段需通过的流量。

（1）管径的确定

这类问题先按流量 Q 和限定流速（或经济流速）v 来确定管径 d。所谓限定流速，是专业中根据技术、经济要求所规定的全程速度限。如除尘管路中，防止灰尘沉积堵塞管路，限定了管中最小速度；热水供暖供水干管中，为了防止抽吸作用造成的支管流量过小，而限定了干管的最大速度。各种管路中有不同的限定流速，可以在设计手册中得到相关的资料。

管网内各管段的管径 d 就是根据流量 Q 及速度 v 来计算确定，即：

$$d = \sqrt{\frac{4Q}{\pi v}} \tag{4-30}$$

限定流速选定之后，便可根据式（4-30）算出经济流速相应的管径，并采用标准规格管径。

（2）确定作用压头

在管径 d 已确定后，对枝状管网进行阻力叠加求出 $\sum h_f$。我们只对阻力损失最大的支路按串联管路计算原则进行阻力叠加。然后按 $H = \sum h_f + h_c$ 来考虑水泵扬程（风机压头）或水塔高度的确定。

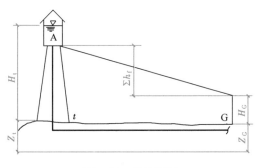

图 4-12　枝状管网

例如水塔高度的确定：

枝状管网如图 4-12 所示。在确定水塔 A 的高度之前，管材、管段长度 l、管段通过流量 Q 已知，各段管径 d 亦已按照上述以经济流速概念得出。此时水塔高度应满足整个管网各用水点对水量与水压的要求。为此，水塔的水面高度要选择管网中的控制点来进行水力计算。

所谓管网的控制点是指在管网中水塔至该点的水头损失、地形标高和要求自由水压（即供水末端压强水头的余量）三项之和最大值之点，亦称为水头最不利点，一般在最高最远点。对如图 4-11 所示的枝状管线进行水力计算。选择控制点后，根据能量方程和管路水力计算方法便可算出水塔的水面高度 H_t：

$$H_t = \sum h_f + H_G + Z_G - Z_t \tag{4-31}$$

式中　$\sum h_f$——从水塔到管网控制点的管路总水头损失，即 $\sum h_{fAG} = \sum\limits_{A}^{G} S_i Q_i^2$；

　　　H_G——控制点的自由水头，即控制点 G 处所要求的相对压强水头（p/γ）；

　　　Z_G——控制点的地形标高；

　　　Z_t——水塔处的地形标高。

同样，我们可以得出水泵扬程 H_p 的计算公式为：

$$H_p = \sum h_f + H_G + Z_G - Z_p \tag{4-32}$$

式中　Z_p——水泵吸水井最低水位标高。

其他符号同式（4-31）。

【例题 4-10】一枝状管网如图 4-13 从水塔 0 沿 0-1 干线输送用水，各节点要求供水量如图所示。已知每一段管路长度（见表 4-6）。此外，水塔 0 处的地形标高和节点 4、节点 7 的地形标高相同，节点 4 和节点 7 要求的自由水头 H_G 同为 20m 水柱。求各管段的直径、水头损失及水塔应有的高度。

【解】（1）首先根据枝状管网流量计算方法确定各管段流量，填入表 4-6 中。

（2）根据经济流速选择各管段的直径

例如对于左侧支路中的 3-4 管段：

　　　$Q = 25\text{L/s} = 0.025\text{m}^3/\text{s}$

采用经济流速就是流速 $v = 1\text{m/s}$，则此段管径

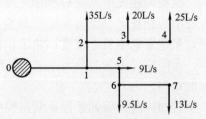

图 4-13　枝状管网计算

$$d_{3\sim4} = \sqrt{\frac{4Q}{\pi v}} = \sqrt{\frac{4\times 0.025}{3.14\times 1}} = 0.178\text{m}$$

采用 $d_{3\sim4} = 200\text{mm}$。

（3）计算管中实际流速

$$v_{3\sim4} = \frac{4Q}{\pi d^2} = \frac{4\times 0.025}{\pi\times 0.2^2} = 0.80\text{m/s}$$

枝状管网计算表　　　　　　　　　　　　表 4-6

已 知 数 值				计 算 所 得 数 值				
管　段		管段长度 l (m)	管段中的流量 Q (L/s)	管道直径 d (mm)	流　速 v (m/s)	比阻 A (s²/m⁶)	修正系数 k	水头损失 h (m)
左侧支线	3-4	350	25	200	0.80	9.029	1.06	2.09
	2-3	350	45	250	0.92	2.752	1.038	2.03
	1-2	200	80	300	1.13	1.025	1.011	1.31
右侧支线	6-7	500	13	150	0.74	41.85	1.073	3.78
	5-6	200	22.5	200	0.72	9.029	1.089	0.99
	1-5	300	31.5	250	0.64	2.752	1.013	0.90
水塔至分叉点	0-1	400	111.5	350	1.16	0.4529	1.006	2.27

（4）计算水头损失

采用铸铁管，查表 4-2，得 $A = 9.029\text{s}^2/\text{m}^6$。由于速度 $v = 0.8\text{m/s} < 1.2\text{m/s}$，水流在过渡区，$A$ 值需要修正。查表 4-3 得修正系数 $k = 1.06$，则 3-4 管段的水头损失为：

$$h_{f3\sim4} = kAlQ^2 = 1.06\times 9.029\times 350\times 0.025^2 = 2.09\text{m}$$

同理，我们可以计算得出其他各管段的水力参数，将计算结果列于表 4-6：

从水塔到最远的用水点 4 和 7 的沿程水头损失分别为：

沿 0-1-2-3-4 线：$\sum h_{f0\sim4} = 2.09 + 2.03 + 1.31 + 2.27 = 7.70\text{m}$

沿 0-1-5-6-7 线：$\sum h_{f0\sim7} = 3.78 + 0.99 + 0.90 + 2.27 = 7.94\text{m}$

因为管网中点 0、点 4 和点 7 的地形标高相同，自由水头相同，所以只需比较 $h_{f0\sim4}$ 与 $h_{0\sim7}$，即可确定控制点。从上述水力计算结果知，$h_{f0\sim7} > h_{f0\sim4}$，因此确定节点 7 为该管网水塔高度计算的控制点。则点 0 处的水塔水面高度为：

$$H_t = \sum h_{f0\sim7} + H_G = 7.94 + 20 = 27.94\text{m 采用 } H_t = 28\text{m}$$

【例题 4-11】 在图 4-11 的管路系统中，已知流量 $Q_1 = 2500\text{m}^3/\text{h}$，$Q_2 = 5000\text{m}^3/\text{h}$，$Q_3 = 2500\text{m}^3/\text{h}$；主管线各管段长度 $l_{14} = 6\text{m}$，$l_{45} = 8\text{m}$，$l_{56} = 4\text{m}$，$l_{78} = 10\text{m}$，沿程阻力系数 $\lambda = 0.02$；各管段局部阻力系数 $\sum\zeta_{14} = 1.5$，$\sum\zeta_{45} = 1.0$，$\sum\zeta_{56} = 1.15$，$\sum\zeta_{78} = 0.5$。试确定主管线各管段的管径及压强损失；计算通风机应具有的总压头。

管内限定流速 $[v] = 6\sim10\text{m/s}$，气体密度 $\rho = 1.29\text{kg/m}^3$。

【解】 从末端起，逐段向前进行计算。管段 1-4：$Q_1 = 2500\text{m}^3/\text{h} = 0.695\text{m}^3/\text{s}$，取 $[v]_{14} = 6\text{m/s}$，初选管径：

$$d'_{14} = \sqrt{\frac{4Q_1}{\pi[v]_{14}}} = 1.13\sqrt{\frac{Q_1}{[v]_{14}}} = 1.13\sqrt{\frac{0.695}{6}} = 0.384\text{m}$$

根据管材的规格，选用 $d_{14}=380\text{mm}$，则管内实际风速为：

$$v_{14} = \frac{4Q_1}{\pi d_{14}^2} = (1.13)^2\frac{Q_1}{d_{14}^2} = 1.277\frac{0.695}{3.14\times0.38^2} = 6.15\text{m/s} > 6\text{m/s}$$

管径选取合适。应当注意，此管段在选取标准管径时，应使 $d_{14} < d'_{14}$，因流量一定，流速将提高，这样可保证不致低于下限流速。

管路的阻抗为：

$$S_{14} = \frac{8\rho}{\pi^2}\left[\frac{\lambda\frac{l}{d}+\Sigma\zeta}{d^4}\right]_{14} = 1.05\left[\frac{0.02\frac{6}{0.38}+1.5}{0.38^4}\right] = 90.99\text{kg/m}^7$$

管段的压强损失为：

$$p_{w(14)} = S_{14}Q_1^2 = 90.99\times(0.695)^2 = 43.95\text{N/m}^2$$

为便于计算，将上述数据列于表 12-4。

管段 4-5：$Q_{45}=Q_1+Q_3=5000\text{m}^3/\text{h}=1.39\text{m}^3/\text{s}$，取 $[v]_{45}=8\text{m/s}$，初选管径：

$$d'_{45} = 1.13\sqrt{\frac{Q_{45}}{[v]_{45}}} = 1.13\sqrt{\frac{1.39}{8}} = 0.47\text{m}$$

此计算结果，恰与标准管径吻合。故采用 $d_{45}=470\text{mm}$，其余计算过程见表 4-7。

枝状管网水力计算表　　　　　　　表 4-7

管段编号	设计流量 Q (m³/s)	限定风速 [v] (m/s)	初选管径 d' (mm)	实际管径 d (mm)	实际风速 v (m/s)	阻抗 S (kg/m⁷)	压强损失 p_{wi} (N/m²)
1-4	0.695	6	384	380	6.15	90.99	43.95
4-5	1.39	8	470	470	8	18.08	34.86
5-8	2.78	10	596	600	9.83	7.43	57.45

管段 5-6 和 7-8 属同一单管路，流量为：

$$Q_4 = Q_1+Q_2+Q_3 = 10000\text{m}^3/\text{h} = 2.78\text{m}^3/\text{s}$$

若取 $[v]_{56}=[v]_{78}=10\text{m/s}$，则初选管径为：

$$d'_{56} = d'_{78} = 1.13\sqrt{\frac{Q_4}{[v]_{56}}} = 0.596\text{m}$$

因为实际风速 $v_{56}=v_{78}=1.277\frac{Q_1}{d_{14}^2}$，故在选用标准管径时，应使 $d_{56} > d'_{56}$。以保证不致高于上限流速。所以采用 $d_{56}=d_{78}=600\text{mm}$。

最后，将主管线各段的压强损失按串联管路规律叠加，即可得通风机所需的总压头：

$$p = \Sigma p_{wi} = p_{w(14)}+p_{w(45)}+p_{w(56)}+p_{w(78)}$$
$$= 43.95+34.86+57.45 = 136.26\text{N/m}^2$$

4.3.2　环状管网计算

如图 4-14 所示，即为环状管网。它的优点是供水安全可靠。但管线总长度较枝状管网长，且管径较大，管网中阀门配件也多，所以基建投资也相应增加。

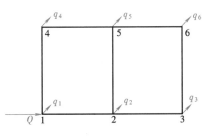

图 4-14　环状管网

环网中的管段在某一共同节点分支，然后在另一节点汇合。由很多管段串联和并联而成。因此环状管网遵循串联和并联管路的计算原则，并应存在下列两个特点。

（1）每个节点都满足流量平衡条件，即流入和流出的流量相等，满足 $\sum Q_i = 0$；

（2）如规定顺时针方向流动的阻力损失为正，反之为负，则任意的闭合环路中所包含的所有管段阻力损失代数和均等于零，即 $\sum h_i = 0$，i 为各环的编号。上述的两个条件在理论上非常简单，但是在实际的设计计算中却相当繁琐，必须进行环状管网平差。

环状管网的计算方法较多，这里仅对常用的 Hardy-Cross（哈代·克罗斯）法做简单的介绍。其计算程序如下：

（1）根据管网和供水实际情况进行管段流量 Q 预分，选取适当的流速 v 确定管径 d；

（2）按照流量和管径的关系计算各管段的阻力损失值 h_i，求出每个环路的阻力损失闭合差 $\sum h_i$；

（3）根据 $\sum h_i$ 计算各环路的校正流量 ΔQ，ΔQ 的计算公式为：

$$\Delta Q = -\frac{\sum h_i}{2\sum |S_i Q_i|} = -\frac{\sum h_i}{2\sum \left|\dfrac{h_i}{Q_i}\right|} \tag{4-33}$$

（4）计算所得的校正流量 ΔQ 加到管段原来流量 Q 上，这样就可以得到第一次校正流量 Q_1，在考虑校正时一定要注意正负号；

（5）重复步骤 1~4，进行第二次校正、第三次核正……直到 $\sum h_i$ 达到精度要求为止。

【例题 4-12】已知某环状给水管网，节点流量和管长如图 4-15 所示，试进行管网计算。

【解】根据用水情况即节点流量，考虑供水可靠性等因素进行流量分配，根据经济流

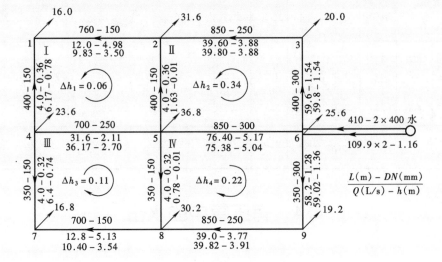

图 4-15　某环状给水管网

速选择管径，并标示于图上。

根据环状管网平差的步骤进行平差计算，并将计算的部分过程和计算结果列于表 4-8 中。在计算时一定要注意校正时不仅要考虑本环校正流量而且要考虑邻环校正流量的影响，同时必须注意校正流量的符号，以得到更为精确的管段设计流量。经过第一次平差计算后，各环的阻力损失闭合差均小于 0.5m（允许值），大环 6-3-2-1-4-7-8-9-6 闭合差为：

$$\Sigma h = -1.54 - 3.88 - 3.50 + 0.78 - 0.74 + 3.54 + 3.91 + 1.36 = 0.07m$$

小于允许值 1.0m，可以满足要求，不需继续进行计算，平差计算到此结束。

环状管网计算表　　　　　　　　　　　　　　　　　　表 4-8

环号	管断编号	管长 (m)	管径 (mm)	初步分配流量				第 一 次 校 正			
				$Q(L/s)$	$1000i$	h (m)	S_iQ_i	Q (L/s)	$1000i$	h (m)	S_iQ_i
I	1-2	760	150	−12.0	6.55	−4.98	0.415	−12+2.17=−9.83	4.60	−3.50	0.356
	1-4	400	150	4.00	0.909	0.36	0.09	4.0+2.17=6.17	1.96	0.78	0.126
	2-5	400	150	−4.00	0.909	−0.36	0.09	−4.0+2.17=−1.63	0.10	−0.04	0.025
	4-5	700	250	31.6	3.02	2.11	0.067	31.6+2.17+2.4=36.17	3.86	2.70	0.075
	$\Delta Q_i = 2.17$					−2.87	0.662			−0.06	0.582
II	2-3	850	250	−39.6	4.55	−3.88	0.098	−39.6−0.2=−39.8	4.57	−3.88	0.097
	2-5	400	150	4.0	0.909	0.36	0.09	4−0.2−2.17=1.63	0.10	0.04	0.025
	3-6	400	300	−59.6	3.84	−1.54	0.026	−59.6−0.2=−59.8	3.85	−1.54	0.026
	5-6	850	300	76.4	6.08	5.17	0.068	76.4−0.2−0.82=75.38	5.93	5.04	0.067
	$\Delta Q_i = -0.20$					0.11	0.282			−0.34	0.215
III	4-5	700	250	−31.6	3.02	−2.11	0.067	−31.6−2.4−2.17=−36.17	3.86	−2.70	0.075
	4-7	350	150	−4.0	0.909	−0.32	0.08	−4.0−2.4=−6.4	2.10	−0.74	0.116
	5-8	350	150	4.0	0.909	0.32	0.08	4.0−2.4−0.82=0.78	0.026	0.009	0.012
	7-8	700	150	12.8	7.33	5.13	0.401	12.8−2.4=10.4	5.06	3.54	0.340
	$\Delta Q_i = -2.40$					3.02	0.628			0.109	0.543
IV	5-6	850	300	−76.4	6.08	−5.17	0.068	−76.4+0.82+0.2=−75.38	5.93	−5.04	0.067
	6-9	350	300	58.2	3.67	1.28	0.022	58.2+0.82=59.02	3.88	1.36	0.023
	5-8	350	150	−4.0	0.909	−0.32	0.08	−4.0+0.82+2.4=−0.78	0.026	−0.009	0.012
	8-9	850	250	39.0	4.44	3.77	0.097	39.0+0.82=39.82	4.60	3.91	0.098
	$\Delta Q_i = 0.82$					−0.44	0.267			0.221	0.200

4.4　有压管中的水击

在压力管路中，由于某种外界因素，如阀门的迅速启闭或水泵的开停，使液体的流速突然发生改变，而引起的一系列急剧的压力交替升降的水力冲击现象，这种现象称为水击。这是液体由于惯性，使压强骤然增高和降低，对于管壁的作用就像锤击一般，所以水击又称水锤。

4.4.1 水击现象及水击压强计算

发生水击时所产生的增压，可能达到管中原来正常压强的几十倍，甚至几百倍，而且增压和减压的频率很高，因此危害性很大，严重时甚至会造成管路的破裂。

在压力管路中，只有非恒定流液体才会发生水击现象，我们在分析水击现象时，不仅要考虑液体的压缩性，而且还要考虑管壁的弹性。

水平设置的压力管路如图 4-16 所示，管路的始端与水池相连，末端装有阀门，直径为 d，长度为 l。若在压力水头 $\dfrac{p_0}{\gamma}$ 的作用下，水沿管路以平均流速 v_0 流动。在某一时刻，管路阀门突然关闭，我们来分析将会出现什么问题。水击的过程是以波的方式传递的，所以称为水击波。设 c 为水击波的传递速度。则我们可以将整个过程作如下分解：

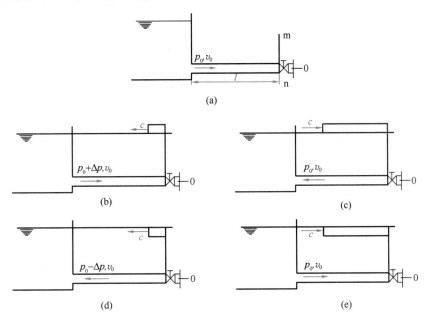

图 4-16 水击现象

（1）水击刚开始时，紧靠阀门的水层 m-n 首先停止流动，流速由 v_0 迅速变为零，动量也由 mv_0 变为零，在这一瞬间，动量的突然变化必然对阀门产生很大的冲击，在紧靠阀门处压强骤然升高。当第一个水层 m-n 停止流动后，紧接着后边的其他各个水层也都会相继停止下来，由此形成一个自阀门向上游断面发展的减速增压过程，一直到靠近水池的断面 M-M 为止。这时整个管路内的液体处于被压缩状态，管壁处于被胀大的状态。这种减速增压一直延续到 $t = \dfrac{l}{c}$ 时。如图 4-16（a）所示。

（2）当经过时间 $t=\dfrac{l}{c}$ 后，自阀门开始的水击波到达水池，由于水池中静压强不变，在断面 M-M 处的水在水击压强和水池静压强的压强差作用下，立即向水池方向流动，这样管内水的受压状态，便从断面 M-M 处开始以波速 c 向下游方向逐层解除，这是一个增速减压过程。如图 4-16（b）所示。

（3）当 $t=\dfrac{2l}{c}$ 时，整个管路中的水恢复正常压强。但是阀门处压强恢复正常以后，由于水的惯性作用，整个管内的水继续往水池方向流动，而不能立即停下来，致使阀门处水层 m-n 的压强降低到正常压强以下，这一低压又以水击波的方式由阀门处逐层向断面 M-M 处传递，这是一个减速减压过程。如图 4-16（c）所示。

（4）当 $t=\dfrac{3l}{c}$ 时，整个管路中的水处在瞬时的低压状态。而水池中的静压强仍然不变，在断面 M-M 处的水由于减压，使其压强低于水池中的静压强，于是在水池的静压强和管内水击压强的压强差作用下，水又开始自水池向管路流动，使管路上的水又逐层获得向阀门方向的流速，压强也相应地逐层上升到正常状态，这是一个增速增压过程。如图 4-16（d）所示。

（5）当 $t=\dfrac{4l}{c}$ 时，整个管路的水流恢复到水击未发生时的起始正常情况。

此后在水的可压缩性及惯性的作用下，上述水击波的传递、反射、水流方向地来回变动，都将重复地进行，直到由于水流的阻力损失及管壁和水因变形做功，把水击波的能量全部消耗为止，水击现象才消失。如图 4-16（e）所示。

以上分析是在管路阀门瞬间关闭时产生水击。但实际上关闭用的时间不会是 0，而总是一个有限的时间间隔 T_s。图 4-17 给出了理想液体在水击现象下阀门断面 0 处的水击压强随时间的周期变化图。实际液体压强的变化曲线则如图 4-18 所示，每次水击压强增值逐渐减小，经几次反复之后完全消失。关闭时间 T_s 与水击波在全管长度上来回传递一次所需时间 $t=\dfrac{2l}{c}$，对比，存在下列两种关系：

（1）$T_s<\dfrac{2l}{c}$，即以不等式表示管长与时间的关系为 $l>\dfrac{cT_s}{2}$，阀门关闭时的时间很短，在从水池返回来的弹性波未到阀门处时，阀门已关闭完了。这种情况下的水击称为直接水

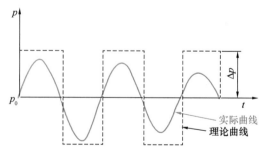

图 4-17　水击强度随时间变化

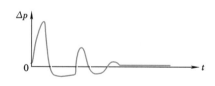

图 4-18　实测液体压强随时间的变化

击。直接水击时，阀门处所受的压强增值达到水击所能引起的最大压强，按儒柯夫斯基公式计算：

$$\Delta p = \alpha(v_0 - v) \tag{4-34}$$

(2) $T_s > \dfrac{2l}{c}$，即 $l < \dfrac{cT_s}{2}$，此时从水池返回来的弹性波，在阀门尚未关闭完全时到达，所发生的水击称为间接水击。这种情况下水击压强比直接水击压强为小。

4.4.2　防止水击危害的措施

水击的危害是较大的，当管路发生水击时，压强增量很大，它可以使管道的接缝开裂，甚至完全破坏，造成危害。所以必须减弱水击现象，办法主要是满足 $T_s > \dfrac{2l}{c}$ 即 $l < \dfrac{cT_s}{2}$ 条件，避免直接水击，使压强的增量 Δp 值减小。在实际工程中，可以在管理上和安装上采取以下措施，保证管路的安全：

(1) 延长管路阀门的启闭时间，使过程延长。

(2) 在管路上设置空气缸可调压塔，如图 4-19 所示，当阀门关闭时，由于惯性作用，沿管路流动的水流，有一部分流入空气缸，而空气缸将起缓冲作用，大大减少水击的危害。

图 4-19　管路设置空气缸

(3) 管路上安装安全阀，这种阀件能在压强升高到某一限值时自动开启，将管中一部分水放出，从而降低水击的压强增量，而当升高的压强消失后，阀件自动关闭。

4.5　无压均匀流的计算

这一节，我们着重讨论无压流的水力计算。无压流是在重力作用下流动的，具有自由表面，而自由表面上的各点都受大气压强的作用。天然河道或排水明沟都是无压流，生产和生活用的污（废）水排水管道，一般不是满流，同样具有自由表面，所以也是无压流。无压流又称为重力流。

无压流根据流线之间的关系和各水力要素的具体情况可以分为无压均匀流和无压非均匀流。在排水工程中，无压流的水力计算一般是按均匀流的规律考虑。因此，我们仅讨论无压均匀流，无压均匀流有以下水力特性：

(1) 过流断面的形状和大小及水深沿流程不变；

(2) 各过流断面上相应的流速大小、方向及流速分布沿流程不变，因而断面平均流速 v 和流速水头沿程也相等；

(3) 由于各过流断面的流速相等，所以液面坡度、总水头线的坡度 J 和测压管水头线

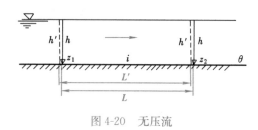

图 4-20　无压流

的坡度 J_P 三者相等。又因各过流断面的液流深度相等，所以液面坡度同渠底（或管底）的坡度 i 必须相等。如图 4-20 所示：

$$J = J_P = i$$

这里需要说明一下，无压流的底坡 i 是指两断面之间渠底（或管底）标高差 $z_1 - z_2$ 与沿流程长度 L 的比值，即：

$$i = \frac{z_1 - z_2}{L} = \sin\theta \tag{4-35}$$

由于无压流底坡 i 很小，沿流程的长度 L 实际上可以认为和它的水平投影长度 L_x 相等，因此：

$$i = \frac{z_1 - z_2}{L_x} = \tan\theta \tag{4-35a}$$

在测量中，我们直接测得的往往是水平投影长度 L_x，所以在实际工程中，式（4-35a）用得比较多。

此外，由于无压流底坡 i 很小，液流的过流断面与液流中所取的垂直断面（垂直于水平面）基本相同，因此在实际工程中，液流的过流断面可取垂直断面。而液流深度 h 也可沿铅垂直线（垂直于水平线）上量取。

无压均匀流必须在以下条件下才会发生：

（1）必须是恒定流；

（2）沿流程的渠底（或管底）的坡度 i 不变，过流断面的形状大小不变，粗糙系数 n 也不变；

（3）必须是正坡（顺坡）。$i>0$。

根据上述条件，无压均匀流实际上很难达到，为了便于计算，我们可以在人工渠道中创造条件，使液流在一段范围内尽量接近均匀流的情况。然后，将整个无压流分段按均匀流进行水力计算。

下面我们介绍无压均匀流的计算公式。

其中流速公式即谢才（Chezy）公式为：

$$v = C\sqrt{RJ}$$

由于 $J=i$，所以上式可以写成

$$v = C\sqrt{Ri} \tag{4-36}$$

而流量公式为：

$$Q = vA = AC\sqrt{Ri}$$

设 $K = AC\sqrt{R}$，称流量模数，m^3/s。其值相当于底坡等于 1 时的流量。代入上式，可得：

$$Q = K\sqrt{i} \tag{4-37}$$

计算阻力系数 C 的经验公式较多，我们常用最简单的曼宁（Manning）公式，即 $C = \frac{1}{n}R^{\frac{1}{6}}$。

若将曼宁公式计算的 C 值分别代入无压流的流速和流量公式，可得：

$$v = \frac{1}{n} R^{\frac{2}{3}} i^{\frac{1}{2}} \tag{4-38}$$

$$Q = \frac{1}{n} A R^{\frac{2}{3}} i^{\frac{1}{2}} \tag{4-39}$$

以上各式中 v——无压流的流速，m/s；

$\qquad$ Q——无压流的流量，m^3/s；

$\qquad$ A——过流断面面积，m^2；

$\qquad$ i——渠底（或管底）的坡度；

$\qquad$ R——过流断面的水力半径，m；

$\qquad$ C——谢才系数，$m^{0.5}/s$；

$\qquad$ K——流量模数，m^3/s；

$\qquad$ n——管渠粗糙系数，根据管渠粗糙度来定。

在排水系统中，经常采用圆形管道，下面我们来讨论圆管无压流的情况。

在排水系统中水流为圆管非满流，具有一定的充满度。所谓的充满度，是指无压管流中液体的深度与管径的比值，即 $\frac{h}{d}$，θ 称为充满角，如图 4-21 所示。一般情况下，排水管道的充满度 $\frac{h}{d} < 1$，为非满流。而计算非满流的流速和流量比较复杂，为了便于计算，并能利用满流时的计算资料，可以根据不同的充满度，将非满流与满流的流速比和流量比的数值，绘制成输水性能曲线图以供使用，如图 4-22 所示。在下面计算中，以 Q、v 分别表示非满流时的流量和流速；以 Q_0、v_0 分别表示满流时的流量和流速，则：

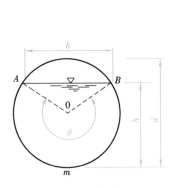

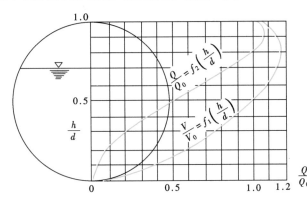

图 4-21　充满度　　　　　　　　　图 4-22　圆管输水性能曲线图

流速比 $\qquad$ $\dfrac{v}{v_0} = \dfrac{C\sqrt{Ri}}{C_0\sqrt{R_0 i}} = \dfrac{\frac{1}{n}R^{\frac{1}{6}}\sqrt{Ri}}{\frac{1}{n}R_0^{\frac{1}{6}}\sqrt{R_0 i}} = \left(\dfrac{R}{R_0}\right)^{\frac{1}{6}+\frac{1}{2}} = \left(\dfrac{R}{R_0}\right)^{\frac{2}{3}} = f_1\left(\dfrac{h}{d}\right)$ $\qquad$ (4-40)

流量比 $\qquad$ $\dfrac{Q}{Q_0} = \dfrac{Av}{A_0 v_0} = \dfrac{A}{A_0}\left(\dfrac{R}{R_0}\right)^{\frac{2}{3}} = f_2\left(\dfrac{h}{d}\right)$ $\qquad$ (4-41)

由于非满流与满流的流速比和流量比都是充满度 $\dfrac{h}{d}$ 的函数，所以在图中，右边的曲线表示充满度与流速比的关系，左边的曲线表示充满度与流量比的关系。当管中为非满流时，如图 4-21 所示，各水力要素计算方法如下：

过水断面 $A = \dfrac{d^2}{8}(\theta - \sin\theta) = \dfrac{d^2}{8}\theta\left(1 - \dfrac{\sin\theta}{\theta}\right)$

湿周 $\chi = \dfrac{d}{2}\theta$

水力半径 $R = \dfrac{d}{4}\left(1 - \dfrac{\sin\theta}{\theta}\right)$

水深 $h = \dfrac{d}{2}\left(1 - \cos\dfrac{\theta}{2}\right)$

充满角 $\theta = 2\arccos\dfrac{\left(h - \dfrac{d}{2}\right)}{\dfrac{d}{2}}$

显然，用以上各公式来计算十分复杂与繁琐，在实际的水力计算中，通常是采用查图表的方法进行的。表 4-9 就是根据上述各公式编制的水力计算表。利用该表可以很方便地查得与某一充满度 h/d 对应的管道过水断面面积 A、水力半径 R 与管径 d 的简单对应关系。

不同充满度时圆形管道的水力要素（d 以 m 计） 表 4-9

充满度 h/d	过流面积 A	水力半径 R	充满度 h/d	过流面积 A	水力半径 R	充满度 h/d	过流面积 A	水力半径 R
0.05	$0.0147d^2$	$0.0326d$	0.40	$0.2934d^2$	$0.2142d$	0.75	$0.6319d^2$	$0.3017d$
0.10	0.0400	0.0635	0.45	0.3428	0.2331	0.80	0.6736	0.3042
0.15	0.0739	0.0920	0.50	0.3927	0.2500	0.85	0.7115	0.3033
0.20	0.1180	0.1206	0.55	0.4426	0.2649	0.90	0.7445	0.2980
0.25	0.1535	0.1466	0.60	0.4920	0.2776	0.95	0.7707	0.2865
0.30	0.1982	0.1709	0.65	0.5404	0.2881	1.00	0.7854	0.2500
0.35	0.2450	0.1935	0.70	0.5872	0.2962			

图 4-22 中的曲线是通过式（4-40）、式（4-41）计算后，由所得结果绘制的。

例如当 $\dfrac{h}{d} = 0.7$ 时，查表可得 $A = 0.5872d^2$，$R = 0.2962d$。

而当 $\dfrac{h}{d} = 1$ 时，$A_0 = \dfrac{\pi d^2}{4} = 0.7854d^2$，$R_0 = \dfrac{A}{X} = \dfrac{\dfrac{\pi d^2}{4}}{\pi d} = 0.25d$。

由此可以求出：

$$\frac{A}{A_0} = \frac{0.5872d^2}{0.7854d^2} = 0.748$$

$$\frac{R}{R_0} = \frac{0.2962d}{0.25d} = 1.185$$

所以流量比和流速比分别为：

$$\frac{Q}{Q_0} = \frac{A}{A_0}\left(\frac{R}{R_0}\right)^{\frac{2}{3}} = 0.748 \times (1.185)^{\frac{2}{3}} = 0.838$$

$$\frac{v}{v_0} = \left(\frac{R}{R_0}\right)^{\frac{2}{3}} = (1.185)^{\frac{2}{3}} = 1.120$$

在图 4-22 中，我们可以看出无压管流的一些特点：

(1) 当 $\frac{h}{d} = 0.81$ 时，$\frac{v}{v_0}$ 为最大值，即：

$$\left(\frac{v}{v_0}\right)_{\max} = 1.16$$

这说明无压管流中，通过最大的流速并不在满流时，而在充满度 $\frac{h}{d} = 0.81$ 时。

(2) 当 $\frac{h}{d} = 0.95$ 时，$\frac{Q}{Q_0}$ 为最大值，即：

$$\left(\frac{Q}{Q_0}\right)_{\max} = 1.087$$

这说明无压管流中，通过最大的流量也不在满流时，而在充满度 $\frac{h}{d} = 0.95$ 时。

产生上述结果的原因是：水力半径在充满度 $\frac{h}{d} = 0.81$ 时达最大，其后水力半径相对减少，但过水断面却在继续增加，当充满度 $\frac{h}{d} = 0.95$ 时，A 值达到最大；随着充满度的继续增加，过水断面虽然还在增加，但湿周 χ 增加得更多，以至于水力半径 R 相比之下反而降低，所以过流量有所减少。

【例题 4-13】某排水管道管径 $d = 150\text{mm}$，坡度 $i = 0.008$，管道的粗糙系数 $n = 0.013$，充满度 $\frac{h}{d} = 0.7$，试求排水管道内污水的流速和流量。

【解】根据式 (4-40) 计算满流流速和流量：

$$v_0 = \frac{1}{n}(R_0)^{\frac{2}{3}}i^{\frac{1}{2}} = \frac{1}{n}\left(\frac{d}{4}\right)^{\frac{2}{3}}i^{\frac{1}{2}} = \frac{1}{0.013}\left(\frac{0.15}{4}\right)^{\frac{2}{3}}(0.008)^{\frac{1}{2}} = 0.77\text{m/s}$$

$$Q_0 = v_0 A_0 = v_0 \frac{\pi}{4}d^2 = 0.77 \times 0.785 \times (0.15)^2 = 0.0136\text{m}^3/\text{s}$$

从图 4-22 中可以查得，当充满度 $\frac{h}{d} = 0.7$ 时，流速比和流量比分别为：

$$\frac{v}{v_0} = 1.13$$

$$\frac{Q}{Q_0} = 0.86$$

所以 $\qquad v = 1.13v_0 = 1.13 \times 0.77 = 0.87\text{m/s}$

$$Q = 0.86Q_0 = 0.86 \times 0.0136 = 0.0117\text{m}^3/\text{s} = 11.7\text{L/s}$$

在排水系统中，无压流的流速有一定的范围，即有最大允许流速 v_{max} 和最小允许流速 v_{min}。因为流速太大，管渠将受到严重的冲刷，甚至造成损坏，所以最大允许流速也称不冲流速。而流速太小，排水中所含的泥砂及污物将会沉淀，使过流断面面积缩小，甚至发生阻塞现象，所以最小允许流速也称不淤流速。具体的流速范围将在有关的专业课中介绍。

【例题 4-14】某工厂的生产废水采用混凝土管道排除，粗糙系数 $n = 0.014$，排除废水流量 $Q = 60L/s$，管道坡度 $i = 0.007$，最小允许流速 $v_{min} = 0.7m/s$，试求管道的直径。

【解】按下列步骤进行水力计算。

(1) 先按满流情况试选管径

由于 $Q = \frac{\pi}{4} d^2 v$，所以：

$$d = \sqrt{\frac{4Q}{\pi v}} = \sqrt{\frac{4 \times 0.06}{3.14 \times 0.7}} = 0.33m$$

先初选偏安全的规格管径 $d = 350mm$。

(2) 根据初选管径计算其满流时的流速和流量

$$v_0 = \frac{1}{n} R_0^{\frac{2}{3}} i^{\frac{1}{2}} = \frac{1}{n} \left(\frac{d}{4}\right)^{\frac{2}{3}} i^{\frac{1}{2}}$$

$$= \frac{1}{0.014} \left(\frac{0.35}{4}\right)^{\frac{2}{3}} (0.007)^{\frac{1}{2}} = 1.18m/s$$

$$Q_0 = \frac{\pi}{4} d^2 v_0 = \frac{\pi}{4} \times (0.35)^2 \times 1.18 = 0.11m^3/s$$

(3) 计算流量比，再从曲线图中求出充满度和流速比

$$\frac{Q}{Q_0} = \frac{0.06}{0.11} = 0.55$$

在图 4-22 中查得，当 $\frac{Q}{Q_0} = 0.55$ 时，充满度和流速比分别为 $\frac{h}{d} = 0.52$，$\frac{v}{v_0} = 1.02$。

(4) 计算管中实际流速

$$v = 1.02 v_0 = 1.02 \times 1.18 = 1.2m/s > 0.7m/s$$

由于实际流速大于最小允许流速，所以试选管径符合要求，确定管径 $d = 350mm$ 负荷要求。

单 元 小 结

本单元重点讲述了简单管路中的不可压缩恒定管流的水力计算，对串联管路、并联管路及均匀流管路的不可压缩恒定流的水力计算进行了分析；同时对有压管路中不可压缩非恒定管流——水击的概念及过程做了简单介绍和分析。学习中应掌握短管（如虹吸管、水泵吸水管等）、长管（串联管、并联管等）的水力计算方法，了解水击及其传播过程，熟知防止水击危害的措施。

思 考 题 与 习 题

1. 什么是长管和短管？并举例说明。

2. 什么是管路阻抗？对于短管和长管有何不同？

3. 在长管计算中的阻抗和比阻有什么区别？

4. 串联管路的水流特点是什么？并联管路的水流特点是什么？

5. 什么是控制点？如何选择控制点？离水源最远的点一定是该管网的控制点吗？

6. 节点流量平衡的含义是什么？

7. 直接水击和间接水击是如何区分的？哪一个危害更大？如何减弱水击的危害？

8. 两个水池用虹吸管连通，如图 4-23 所示。上下游水位差 $H=2m$，上游水面距离管顶 $h_s=1m$，管长 $l_1=3m$，$l_2=5m$，$l_3=4m$，$d=200mm$，$\lambda=0.026$，进口 $\zeta_1=10$，弯头 $\zeta_2=1.5$，出口 $\zeta_3=1.0$。求：

（1）虹吸管中的流量；

（2）虹吸管中压强最低点的位置及最大真空值。

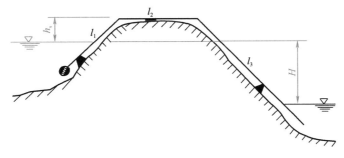

图 4-23

9. 一个简单管路如图 4-24 所示，已知管长 $l=600m$，管径 $d=150mm$，$n=0.013$，作用水头 $H=28m$，求通过管道的流量是多少。

10. 由水塔通过长为 300m，管径为 250mm 的铸铁管向某工地供水（图 4-25），水塔所在地标高 $z_1=60m$，工地地面标高 $z_2=52m$，工地要求的自由水压为 196.14kPa，通过的流量为 $Q=60L/s$。求水塔高度。

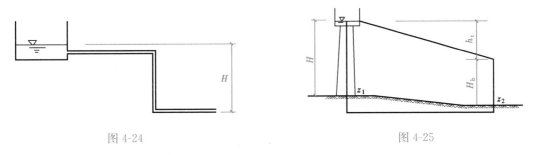

图 4-24   图 4-25

11. 某供热系统，原流量为 $0.005m^3/s$，总水头损失 $h_w=4mH_2O$，现在把流量增加到 $0.010m^3/s$，试问水泵应供给多大的能量？

12. 如图 4-26 所示水泵系统，吸水管：管长为 $l_1=20m$，管径 $d_1=250mm$，压水管：管长为 $l_2=260m$，管径 $d_2=200mm$，局部阻力系数 $\zeta_{底阀}=3.0$，$\zeta_{弯头}=0.2$，$\zeta_{阀门}=0.5$，流量 $Q=0.04m^3/s$，$\lambda=0.030$。求：

（1）吸水管及压水管的阻抗值；

（2）求水泵所需的水头。

13. 某离心式水泵装置如图 4-27 所示，已知水泵流量 $Q=80\text{m}^3/\text{h}$，提升高度 $h=18\text{m}$，吸水管的管径和长度分别为 $d_1=150\text{mm}$，$l_1=10\text{m}$，压水管的管径和长度分别为 $d_2=100\text{mm}$，$l_2=30\text{m}$，水管沿程阻力系数 $\lambda=0.046$，局部阻力系数分别为：$\zeta_{底阀}=6.0$，$\zeta_{弯头}=0.27$，$\zeta_{阀门}=0.2$，$\zeta_{出口}=1.0$，水泵允许真空压强 60kPa，试求（1）确定水泵安装高度；（2）确定水泵的总扬程。

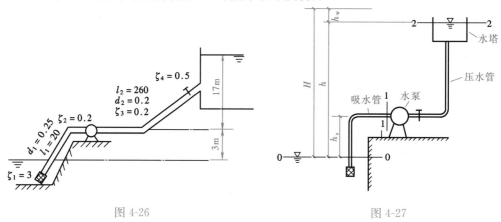

图 4-26　　　　　　　　　　　　　　　图 4-27

14. 如图 4-28 所示，水塔向工地供水，管路全长为 2000m，要求水塔作用水头 $H=25\text{m}$，管内输水流量 $Q=30\text{L/s}$，（1）试确定给水管直径。（2）如果采用 $d_1=150\text{mm}$，$d_2=200\text{mm}$ 的两条管路进行串联，设计该管路（管材粗糙系数 $n=0.012$）。

15. 如图 4-29 所示，水泵通过串联铸铁管向 B、C、D 点供水。已知 D 点要求的自由水头 $H_{ZD}=10\text{mH}_2\text{O}$，流量 $q_B=15\text{L/s}$，$q_C=10\text{L/s}$，$q_D=5\text{L/s}$，管径 $d_1=200\text{mm}$，$d_2=150\text{mm}$，$d_3=100\text{mm}$，管长 $l_1=500\text{m}$，$l_2=400\text{m}$，$l_3=300\text{m}$。试求水泵出口 A 断面处的压强水头为多少？

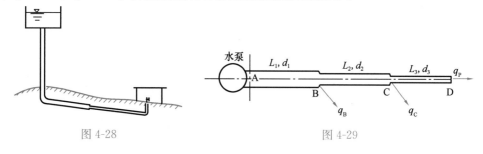

图 4-28　　　　　　　　　　　　　　　图 4-29

16. 有两个管径和管长都相同的支管并联如图 4-30 所示，如果在支管 2 上加设一个调节阀，则 Q_1 和 Q_2 哪一个大些？阻力 h_{f1} 和 h_{f2} 的关系如何？

17. 如图 4-31 所示，简单管路，总流量 $Q=0.08\text{ m}^3/\text{s}$，第一支路 $d_1=200\text{mm}$，$l_1=600\text{m}$，第二支路 $d_2=200\text{mm}$，$l_2=360\text{m}$，$\lambda=0.02$ 求各管段间的流量及两节点间的水头损失。如果要使 $Q_1=Q_2$ 如何改变第二支路？

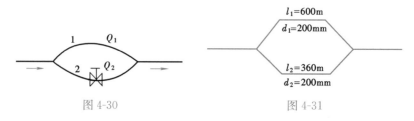

图 4-30　　　　　　　　　　　　　　　图 4-31

18. 如图 4-32 所示，有一管路 ABCD，其中流量为 $Q_A=0.6\text{m}^3/\text{s}$，$\lambda=0.020$，不计局部水头损失。

BC 间为三条管路并联组成，已知 $d_2=350\text{mm}$，$l_2=1100\text{m}$；$d_3=300\text{mm}$，$l_3=800\text{m}$；$d_4=400\text{mm}$，$l_4=900\text{m}$。求 AD 间的水头损失。

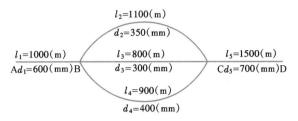

图 4-32

19. 某枝状管网如图 4-33 所示，已知各节点流量、各节点地面标高（括号内数字）及各管段长度，并已知控制点为第 4 节点，各节点要求的自由水压不小于 20m。试确定各管段管径及水塔高度。

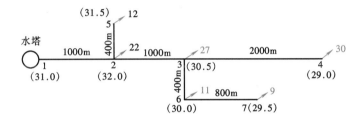

图 4-33

20. 混凝土管道粗糙系数 $n=0.014$，管道坡度 $i=0.005$，管径 $d=1\text{m}$。试求当充满度 h/d 分别为 1.0 和 0.7 时，管道内流速和流量各为多少？

21. 混凝土管道粗糙系数 $n=0.014$，管道坡度 $i=0.003$，管径 $d=800\text{mm}$。试求流量 $Q=400\text{L/s}$ 时，管道内的水深 h 和流速 v。

教学单元 5　孔口、管嘴出流和气体射流

【教学目标】通过本单元教学，使学生熟练掌握孔口、管嘴自由出流与淹没出流的特点及计算方法，作用水头的含义，气体紊流射流的基本特性。理解圆截面、平面射流主体段运动参数的意义及计算，温差与浓差射流的特性。

【素养目标】结合暖通空调专业中孔板送风、风口射流等工程实例，进一步强化专业认同感、工程意识；结合射流中实验数据无因次化处理而获得重要结论的过程，启发学生透过现象看本质的哲学思维。

在实际工程中，除了涉及大量的管路计算问题外，研究流体经孔口、管嘴出流与气体射流，对供热通风与空调工程也具有很重要的实用意义。例如，在通风与空调工程中，通过风口或顶棚的多孔板向室内送风，自然通风中空气通过门窗的流量计算；供热工程中，管道内设置的调压板及孔板流量计算，都属于这类流动。本单元应用流体力学的基本原理，结合流体运动的具体条件，研究孔口、管嘴出流及气体射流的运动规律及计算方法。

5.1　孔　口　出　流

在容器侧壁或底部开孔，容器内的流体经孔口流出的流动现象，称为孔口出流。孔口出流时，如图 5-1 所示，孔口具有很薄的边缘，流体与孔壁接触仅是一条周线，孔的壁厚对出流无影响，这样的孔口称为薄壁孔口。

当孔口直径 d 与孔口形心以上的水头高 H 相比很小时，就可以认为孔口断面上各点水头相等，因此，根据 d/H 的比值将孔口分为大孔口与小孔口两类：

若 $d \leqslant H/10$，这种孔口称为小孔口，这种情况可认为孔口断面上各点的水头都相等，各点的流速相同。

若 $d > H/10$，则称为大孔口，计算中应考虑孔口断面上不同高度的水头不相等，因此流速也是变化的。

5-1

孔口出流

经孔口出流的流体与周围的静止流体是属于同一相时，这种孔口出流称为淹没出流。如果不是同一相时，则属于自由出流，例如从水箱侧壁孔口流出的水流如进入空气中就是自由出流。

本节讨论在恒定流条件下，流体通过圆形薄壁小孔口的出流规律。

5.1.1　孔口自由出流

如图 5-1 所示，水箱中水流从各个方向趋近孔口，由于水流运动的惯性，流线不能成折角地改变方向，只能以光滑的曲线逐渐弯曲，因此在孔口断面上流线互不平行，而使水流在出口后继续形成收缩，直到距孔口约为 $d/2$ 处收缩完毕，流线在此趋于平行，这一断

面称为收缩断面，如图 5-1 中的 c-c 断面。

设收缩断面 c-c 处的过流断面面积为 A_c，孔口的面积为 A，则两者的比值 $\dfrac{A_c}{A}$ 反映了水流经过孔口后的收缩程度，称为收缩系数，以符号 ε 表示，即 $\varepsilon = \dfrac{A_c}{A}$。

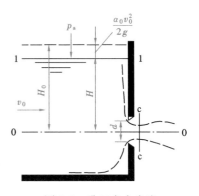

图 5-1 孔口自由出流

为了计算流体经小孔口出流的流速和流量，现以通过孔口中心的水平面为基准面，列出水箱水面 1-1 与收缩断面 c-c 的能量方程式：

$$H + \frac{p_0}{\gamma} + \frac{\alpha_0 v_0^2}{2g} = \frac{p_c}{\gamma} + \frac{\alpha_c v_c^2}{2g} + h_j$$

式中，孔口的局部水头损失 $h_j = \zeta_c \dfrac{v_c^2}{2g}$，而且 $p_0 = p_c = p_a$，令 $\alpha_0 = \alpha_c = 1.0$，则有：

$$H + \frac{v_0^2}{2g} = (1 + \zeta_c)\frac{v_c^2}{2g}$$

令 $H_0 = H + \dfrac{v_0^2}{2g}$，代入上式整理得：

收缩断面流速
$$v_c = \frac{1}{\sqrt{1+\zeta_c}}\sqrt{2gH_0} = \varphi\sqrt{2gH_0} \tag{5-1}$$

孔口出流量
$$Q = v_c A_c = \varphi \varepsilon A \sqrt{2gH_0} = \mu A \sqrt{2gH_0} \tag{5-2}$$

式中　H_0——孔口的作用水头，如 $v_0 \approx 0$，则 $H_0 \approx H$；

ζ_c——孔口的局部阻力系数，根据实测，对圆形薄壁小孔口 $\zeta_c = 0.06$；

φ——孔口的流速系数，从公式可得 $\varphi = \dfrac{1}{\sqrt{1+\zeta_c}}$，对薄壁圆形小孔口 $\zeta_c = 0.06$，所

以 $\varphi = \dfrac{1}{\sqrt{1+\zeta_c}} = \dfrac{1}{\sqrt{1+0.06}} = 0.97$；

μ——孔口的流量系数，根据实测，对于圆形薄壁小孔口 $\varepsilon = 0.62 \sim 0.64$，$\mu = \varepsilon\varphi$ $= 0.60 \sim 0.62$；

A——孔口面积，m^2；

Q——孔口出流的流量，m^3/s。

式（5-1）、式（5-2）即为圆形薄壁小孔口恒定出流的基本公式。

5.1.2 孔口淹没出流

如前所述，当液体从孔口直接流入另一个充满相同液体的空间时称之为淹没出流，如图 5-2 所示。

同孔口自由出流一样，由于惯性作用，水流经孔口后仍然形成收缩断面，然后扩大。孔口淹没出流与自由出流的不同之处在于孔口两侧都有一定的液体深度，因而作用水头有所不同。

现以通过孔口形心的水平面作为基准面，列出水

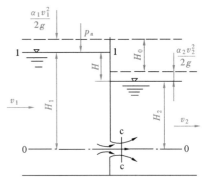

图 5-2 孔口淹没出流

箱两侧水面 1-1 与 2-2 断面的能量方程式：

$$H_1 + \frac{p_1}{\gamma} + \frac{\alpha_1 v_1^2}{2g} = H_2 + \frac{p_2}{\gamma} + \frac{\alpha_2 v_2^2}{2g} + h_w$$

由于 $p_1 = p_2 = p_a$，取 $\alpha_1 = \alpha_2 = 1.0$，忽略两断面之间的沿程水头损失，而局部损失包括孔口的局部损失和收缩断面之后突然扩大的局部水头损失，设它们的局部阻力系数分别为 ζ_c 和 ζ_k，则水头损失为：

$$h_w = h_j = (\zeta_c + \zeta_k) \frac{v_c^2}{2g}$$

将上述已知条件代入能量方程式得：

$$H_1 + \frac{v_1^2}{2g} = H_2 + \frac{v_2^2}{2g} + (\zeta_c + \zeta_k) \frac{v_c^2}{2g}$$

令 $\qquad\qquad\qquad H_0 = (H_1 - H_2) + \left(\frac{v_1^2}{2g} - \frac{v_2^2}{2g} \right)$

为孔口淹没出流的作用水头。上式可写为：

$$H_0 = (\zeta_c + \zeta_k) \frac{v_c^2}{2g}$$

$$v_c = \frac{1}{\sqrt{\zeta_c + \zeta_k}} \sqrt{2gH_0} \tag{5-3}$$

则孔口淹没出流的流量为：

$$Q = v_c A_c = v_c \varepsilon A = \frac{1}{\sqrt{\zeta_c + \zeta_k}} \varepsilon A \sqrt{2gH_0} \tag{5-4}$$

式中　ζ_c——孔口处的局部阻力系数；

$\qquad$ ζ_k——流体在收缩断面之后突然扩大的局部阻力系数。由于 2-2 断面远大于 c-c 断面，所以突然扩大局部阻力系数 $\zeta_k = \left(1 - \frac{A_c}{A_2} \right)^2 \approx 1$。

于是令 $\qquad\qquad\qquad \varphi = \frac{1}{\sqrt{\zeta_c + \zeta_k}} = \frac{1}{\sqrt{1 + \zeta_c}}$

φ 为淹没出流的流速系数。对比自由出流 φ 在孔口形状尺寸相同的情况下，其值相等，但其含义有所不同。对照自由出流的计算公式，$\mu = \varphi\varepsilon$，μ 为淹没出流的流量系数。式（5-4）可写成：

$$Q = \mu A \sqrt{2gH_0} \tag{5-5}$$

上式为水箱上下游液面压强为大气压强（即为敞口容器时）淹没出流的计算公式。式中作用水头在水箱断面较大时（$v_1 = v_2 \approx 0$），等于水箱两侧液面高度之差。但如果上下游水箱液面压强不等于大气压（为封闭容器时），式中的作用水头 $H_0 = (H_1 - H_2) + \left(\frac{p_1}{\gamma} - \frac{p_2}{\gamma} \right)$。式中其他符号的意义同式（5-1）、式（5-2）。

气体出流一般为淹没出流，流量计算与式（5-5）相同，但式中要用压强差代替水头差，公式应变为：

$$Q = \mu A \sqrt{\frac{2\Delta p_0}{\rho}} \tag{5-6}$$

式中 Δp_0——如同式（5-5）中 H_0，是促使出流的全部能量；

$$\Delta p_0 = (p_1 - p_2) + \frac{\rho(\alpha_1 v_1^2 - \alpha_2 v_2^2)}{2} \quad \text{N/m}^2;$$

由于 v_1、v_2 一般比较接近，故：

$$\Delta p_0 = p_1 - p_2$$

$$Q = \mu A \sqrt{\frac{2\Delta p_0}{\rho}} = \mu A \sqrt{\frac{2}{\rho}(p_1 - p_2)} \tag{5-7}$$

式中 Q——通过孔口的流量，m^3/s；

A——孔口面积，m^2；

μ——孔口流量系数；

ρ——流体密度，kg/m^3；

p_1、p_2——两断面流体压强，N/m^2。

5.1.3 孔口出流的应用

1. 孔板送风

孔板送风是将处理过的清洁空气用风机送到房间顶部的夹层空间，并使夹层内的压强比房内的压强大，夹层内的空气通过布置在房顶顶棚上的小圆孔流到房内，达到净化房内空气的目的。

【例题 5-1】如图 5-3 所示，若顶棚上布置有直径 $d=$ 1cm 的小孔 $N=500$ 个，所送空气的温度 $t=20℃$（此时 $\rho=$ 1.2kg/m^3），夹层内压强比房内大 200Pa。求孔口的出流速度和向房间的送风量。（$\varphi=0.97$，$\mu=0.6$）

【解】计算孔口流速 v_c 用下列公式：

$$v_c = \varphi \sqrt{\frac{2\Delta p_0}{\rho}}$$

式中，$\varphi = 0.97$，$\rho = 1.2\text{kg/m}^3$（20℃ 时），$\Delta p_0 = $ 200Pa。代入上式得：

$$v_c = 0.97 \times \sqrt{\frac{2}{1.2} \times 200} = 17.71 \text{ m/s}$$

计算向房间的送风量，先计算每个小孔的送风量，用式 (5-7) 得：

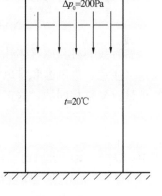

图 5-3 孔板送风

$$Q' = \mu A \sqrt{\frac{2}{\rho}\Delta p_0}$$

式中，$\mu=0.6$，代入上式得：

$$Q' = 0.6 \times \frac{\pi}{4} \times 0.01^2 \times \sqrt{\frac{2}{1.2} \times 200} = 8.6 \times 10^{-4}\text{m}^3/\text{s}$$

总送风量：

$$Q = N \cdot Q' = 500 \times 8.6 \times 10^{-4} = 0.43\text{m}^3/\text{s} = 1548\text{m}^3/\text{h}$$

2. 自然通风量的计算

在工业厂房通风工程中，常会遇到利用热压进行自然通风换气的实例。由于室内热源等因素的影响，厂房内空气的温度，一般高于室外空气的温度，即室外空气的密度大于室内空气的密度，因而会产生引起空气流动的压强差。在此压差作用下，冷空气由底部侧窗流入，经过室内热源加热之后，热空气从上部大窗排出，从而形成室内空气的不断对流。这种由空气本身温度变化所引起的换气现象，称为建筑物的自然通风。当空气流经厂房的侧窗或天窗时，其出流规律可按气体的孔口淹没出流考虑。

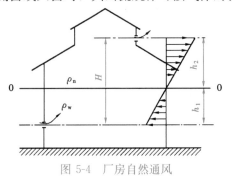

图 5-4　厂房自然通风

从图 5-4 中可以看出，当空气从侧窗流入厂房时，室外空气的压强必须大于室内空气压强；而空气从厂房上部天窗排出时，室内空气压强则必须大于室外空气压强。这就是说，室内空气压强相对室外空气压强是一个由小到大的连续变化过程。因此，在室内某一高度必然会有一个与室外空气压强相等的等压面 0-0。设该等压面距进风窗中心的高度为 h_1，距排风窗中心的高度为 h_2，进、排风窗中心的高差为 H；室内空气的密度为 ρ_n，室外空气的密度为 ρ_w。则：

进风窗内外空气的压强差：

$$\Delta p_j = \rho_w g h_1 - \rho_n g h_1 = (\rho_w - \rho_n) g h_1$$

排风窗内外空气的压强差：

$$\Delta p_p = -(\rho_n g h_2 - \rho_w g h_2) = (\rho_w - \rho_n) g h_2$$

然后我们可利用气体孔口淹没出流计算公式求出自然通风的以重量流量来表示的通风风量（注意：进风窗和排风窗通过的气体温度不同，所以密度不同，体积流量不同，它们的重量流量是相同的，这正好符合流体运动的连续性方程式）。

$$G = \rho g Q = \mu A g \sqrt{2\rho \Delta p} \tag{5-8}$$

式中　G——流经进风窗或排风窗空气的重量流量，N/s；

　　　Q——流经进风窗或排风窗空气的体积流量，m^3/s；

　　　μ——流量系数；

　　　A——进风窗或排风窗的窗口面积，m^2；

　　　Δp——进风窗或排风窗内外空气的压强差，Pa；计算进风量时，应采用 Δp_j；计算排风量时采用 Δp_p；

　　　ρ——空气的密度，kg/m^3；计算进风量时应采用 ρ_w；计算排风量时应采用 ρ_n。

5.2　管　嘴　出　流

在孔口上对接一段长度为 $L = (3 \sim 4) d$ 的圆柱形短管，如图 5-5 所示，即形成管嘴，流体经过管嘴流出的现象称为管嘴出流。本节将对圆柱形外管嘴出流作出分析。

5.2.1　圆柱形外管嘴的恒定出流

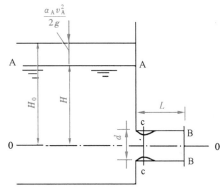

图 5-5　圆柱形外管嘴出流

如同孔口出流一样，当流体从各方向汇集并流入管嘴以后，由于惯性作用，流股也要发生收缩，从而形成收缩断面 c-c。在收缩断面流体与管壁脱离，并伴有旋涡产生，然后流体逐渐扩大充满整个断面满管流出。由于收缩断面是封闭在管嘴内部（这一点和孔口出流完全不同），会产生负压，出现管嘴出流时的真空现象。

下面推导管嘴出流的流速、流量计算公式。

以通过管嘴中心的水平面为基准面，列出水箱水面 A-A 和管嘴出口 B-B 断面的能量方程式：

$$z_A + \frac{p_A}{\gamma} + \frac{\alpha_A v_A^2}{2g} = z_B + \frac{p_B}{\gamma} + \frac{\alpha_B v_B^2}{2g} + \zeta \frac{v_B^2}{2g}$$

由于 $z_A = H, z_B = 0$，取动能修正系数 $\alpha_A = \alpha_B = 1.0$，代入上式得：

$$H + \frac{p_A}{\gamma} + \frac{v_A^2}{2g} = \frac{p_B}{\gamma} + \frac{v_B^2}{2g} + \zeta \frac{v_B^2}{2g}$$

设作用水头 $H_0 = H + \frac{v_A^2}{2g}$，$p_A = p_B = p_a$ 代入上式整理得：

$$H_0 = (1 + \zeta) \frac{v_B^2}{2g}$$

所以

$$v_B = \frac{1}{\sqrt{1+\zeta}} \sqrt{2gH_0} = \varphi \sqrt{2gH_0} \tag{5-9}$$

$$Q = v_B A = \varphi A \sqrt{2gH_0} = \mu A \sqrt{2gH_0} \tag{5-10}$$

式中　H_0——管嘴出流的作用水头，如果流速 v_A 很小时，可近似认为 $H_0 = H$；

　　　ζ——管嘴局部阻力系数，由于管嘴的局部阻力主要是管嘴进口的阻力，它相当于边缘尖锐的管道入口的情况，从单元 3 常用局部损失系数图中查得锐缘进口 $\zeta = 0.5$；

　　　φ——管嘴流速系数，$\varphi = \frac{1}{\sqrt{1+\zeta}} = \frac{1}{\sqrt{1+0.5}} = 0.82$；

　　　μ——管嘴流量系数，因管嘴出口断面无收缩，$\mu = \varphi = 0.82$。

式（5-9）及式（5-10）就是管嘴自由出流流速与流量的计算公式。

如果把圆柱形外管嘴与薄壁圆形小孔口加以比较，设两者的作用水头相等，并且管嘴的过流断面积与孔口的过流断面积也相等，则：

流量比：

$$\frac{Q_{嘴}}{Q_{孔}} = \frac{\mu_{嘴} A \sqrt{2gH_0}}{\mu_{孔} A \sqrt{2gH_0}} = \frac{0.82}{0.62} = 1.32$$

即管嘴出流的流量比孔口出流的流量增大至少 32%。

为什么会出现在上述管嘴出流流量较大的情况呢？下面来进行分析。

仍以通过管嘴中心水平面为基准面，列出收缩断面 c-c 与出口断面 B-B 的能量方程式：

$$\frac{p_c}{\gamma}+\frac{\alpha_c v_c^2}{2g}=\frac{p_B}{\gamma}+\frac{\alpha_B v_B^2}{2g}+h_w$$

则

$$\frac{p_B}{\gamma}-\frac{p_c}{\gamma}=\frac{\alpha_c v_c^2}{2g}-\frac{\alpha_B v_B^2}{2g}-h_w$$

式中　$h_w=$突然扩大局部损失＋管嘴内沿程损失$=\left(\zeta_m+\lambda\frac{L}{d}\right)\frac{v_B^2}{2g}$；

ζ_m——是对应于扩大后流速水头的局部阻力系数，根据教学单元 3 第 8 节的结论 ζ_m $=\left(\frac{A}{A_c}-1\right)^2$，$A_c$ 是收缩断面面积，A 是管嘴的断面面积。而 $\frac{A}{A_c}=\frac{1}{\varepsilon}$，所以 ζ_m $=\left(\frac{1}{\varepsilon}-1\right)^2$。

在上述能量方程式中 $p_B=p_a$，$\alpha_c=\alpha_B=1.0$，所以：

$$v_c=\frac{A}{A_c}v_B=\frac{1}{\varepsilon}v_B$$

则能量方程可以写为：

$$\frac{p_a}{\gamma}-\frac{p_c}{\gamma}=\frac{1}{\varepsilon^2}\frac{v_B^2}{2g}-\frac{v_B^2}{2g}-\left(\frac{1}{\varepsilon}-1\right)^2\frac{v_B^2}{2g}-\lambda\frac{L}{d}\frac{v_B^2}{2g}$$

$$\frac{p_a-p_c}{\gamma}=\left[\frac{1}{\varepsilon^2}-1-\left(\frac{1}{\varepsilon}-1\right)^2-\lambda\frac{L}{d}\right]\frac{v_B^2}{2g}$$

从（5-9）式中可得 $\frac{v_B^2}{2g}=\varphi^2 H_0$，因此：

$$\frac{p_a-p_c}{\gamma}=\left[\frac{1}{\varepsilon^2}-1-\left(\frac{1}{\varepsilon}-1\right)^2-\lambda\frac{L}{d}\right]\varphi^2 H_0$$

当 $\varepsilon=0.64$，$\lambda=0.02$，$\frac{L}{d}=3$，$\varphi=0.82$ 时，代入上式，得：

$$\frac{p_a-p_c}{\gamma}=0.75H_0 \tag{5-11}$$

式（5-11）即为圆柱形外管嘴在收缩断面产生真空度的数学表达式。该式表明圆柱形外管嘴在收缩断面出现的真空度，可以达到管嘴作用水头的 0.75 倍，而且 H_0 愈大，收缩断面上的真空亦愈大，其效果相当于把管嘴的作用水头增大了 75%。所以尽管管嘴出流的阻力要大于孔口出流，但管嘴出流的流量要比孔口出流大得多，因此管嘴出流在工程上应用较广。

但是要注意，管嘴收缩断面上的真空值是有一定限制的，当真空值达到 7.0～8.0mH$_2$O 时，常温下的水就会发生汽化而不断产生气泡，破坏了连续流动。同时在较大的气压差作用下，空气从管嘴出口被吸入真空区，使收缩断面真空遭到破坏，此时管嘴已不能保持满管出流。因此要保持管嘴的正常出流，收缩断面的真空值必须要控制在 7mH$_2$O 以下，所以圆柱形外管嘴的作用水头：

$$H_0\leqslant\frac{7}{0.75}=9.3\text{mH}_2\text{O}$$

这是管嘴正常工作的条件之一。

另外管嘴的长度也有一定要求，长度大阻力也相应增大，这会使出流量减少。但太短，水流收缩后来不及扩大到满管出流，收缩断面就不能被封闭在管嘴中形成真空，因此一般取管嘴长度为 $L=(3\sim4)d$，这是外管嘴能够正常工作的另一个条件。

5.2.2　其他形式的管嘴

除了圆柱形外管嘴之外，工程中还用到一些其他类型的管嘴，对于这些管嘴的出流，其流速、流量的计算公式与圆柱形外管嘴形式是相同的，但流速系数、流量系数各不相同。下面介绍几种工程上常用的管嘴：

1. 流线形管嘴。如图 5-6（a）所示，这种管嘴的外形符合流线形状，因此水头损失较小。其流速系数和流量系数 $\varphi=\mu=0.97\sim0.98$，它适用于要求流量大而水头损失小、出口断面上速度分布均匀的场合。

2. 收缩圆锥形管嘴。如图 5-6（b）所示，其外形呈圆锥收缩状，这种管嘴可以得到高速而密集的射流。其流量系数和流速系数与圆锥收缩角 θ 有关，当 $\theta=30°24'$ 时，$\varphi=0.96, \mu=0.94$ 达到最大值。适用于要求加大喷射速度的场合。如消防水枪、水力喷沙管、射流泵等。

3. 扩大圆锥形管嘴。如图 5-6（c）所示，其外形呈圆锥扩张状，这种管嘴可以得到分散而流速小的射流。其流速系数和流量系数与圆锥扩张角 θ 有关，当 $\theta=5°\sim7°$ 时 $\varphi=\mu=0.42\sim0.50$。它适用于把部分动能转化为压能，加大流量的场合。如引射器的扩压管、水轮机的尾水管、扩散形送风口等。

【例题 5-2】水从封闭的容器中经管嘴流入敞口水池中，如图 5-7 所示。已知管嘴的直径 10cm，容器与水池中水面高差 $h=2$m，封闭容器液面相对压强为 49.05kPa，试求流经管嘴的流量是多少？

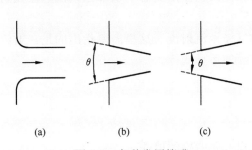

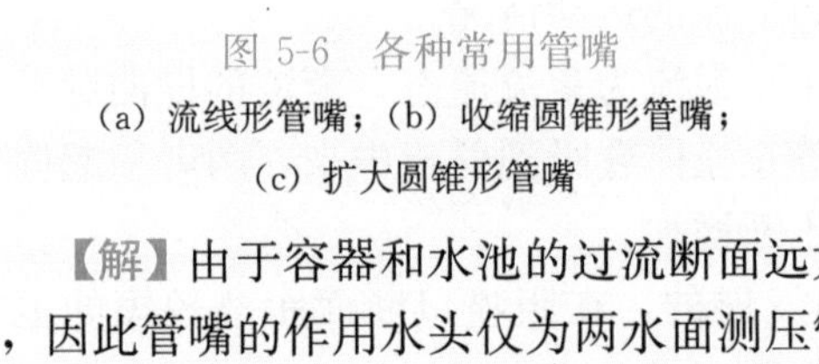

图 5-6　各种常用管嘴
(a) 流线形管嘴；(b) 收缩圆锥形管嘴；
(c) 扩大圆锥形管嘴

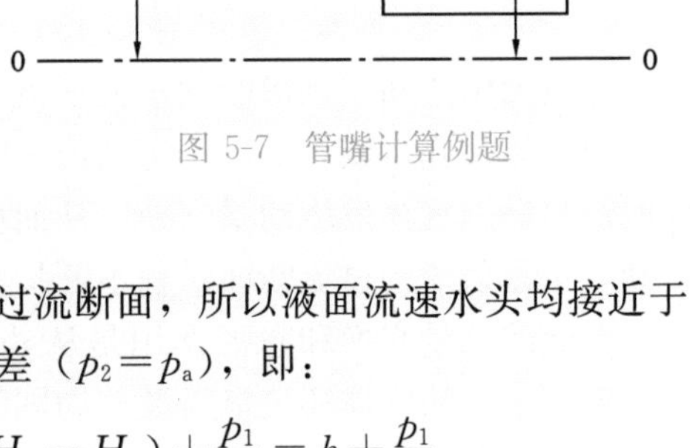

图 5-7　管嘴计算例题

【解】由于容器和水池的过流断面远大于管嘴过流断面，所以液面流速水头均接近于 0，因此管嘴的作用水头仅为两水面测压管水头之差（$p_2=p_a$），即：

$$H_0=\left(H_1+\frac{p_1}{\gamma}\right)-\left(H_2+\frac{p_2}{\gamma}\right)=(H_1-H_2)+\frac{p_1}{\gamma}=h+\frac{p_1}{\gamma}$$

已知 $h=2$m，$p_1=49.05$kPa，$\gamma=9.807$kN/m³。

则
$$H_0=2+\frac{49.05}{9.807}=7\text{mH}_2\text{O}$$

根据管嘴出流计算公式：

$$Q = \mu A \sqrt{2gH_0}$$

式中，$\mu = 0.82$，$A = \frac{1}{4}\pi d^2$。

$$Q = 0.82 \times \frac{1}{4} \times 3.14 \times 0.1^2 \times \sqrt{2 \times 9.807 \times 7} = 0.075 \text{m}^3/\text{s} = 75\text{L/s}$$

5.3 无限空间淹没紊流射流特性

流体经孔口管嘴喷出，流入另一部分流体介质中的流动现象，称为射流。

在供热通风与空调工程中，对所遇射流可进行如下简单分类：

按射流的流体种类，有气体射流和液体射流。

按射流与射流流入空间的流体是否同相，有淹没射流和自由射流。

按出流空间大小、对射流的流动是否有影响，有无限空间射流和有限空间射流。当流动空间很大，射流基本不受周围固体边壁的影响，称为无限空间射流。

按喷口形状，又可分为圆孔射流、矩形射流和条缝射流。圆形射流是轴对称射流。如矩形喷口的长短边之比不超过 3：1 时，矩形射流能够迅速发展为圆形射流，只需要根据当量直径，就可采用圆形射流公式进行计算。当矩形喷口长短边之比超过 10：1 时，就属于条缝射流，条缝射流又称为平面射流。

按射流的流态，有层流射流和紊流射流。气体淹没射流的流态一般都是紊流，层流射流几乎是不存在的。

本节讨论无限空间气体紊流淹没射流，简称气体紊流射流。这里需要指出的是，射流与周围气体温度相同。本节主要研究气体紊流射流的运动规律。

5.3.1 射流的形成与结构

现以无限空间中圆形断面紊流射流为例，分析射流的运动情况。

当气体从孔口或管嘴以一定的流速喷出后，由于射流为紊流流态，紊流的横向脉动造成射流与周围气体发生动量交换，从而把相邻的静止流体卷吸到射流中来，两者一起向前运动，于是射流的过流断面沿程不断扩大，流量不断增加。

射流的动量交换和卷吸作用是从外向内逐渐发展的，在距喷口断面距离较短的范围内，射流中心的气体还没来得及与周围气体相互作用，仍保持原喷口流速的区域，称为射流核心，如图 5-8 所示的 AOD 部分。而射流核心以外的区域流速小于 v_0，称为边界层。由于卷吸的不断深入，参与动量交换的气体数量不断增加。射流边界层的范围从喷口沿射流方向不断扩大，射流核心区沿程不断减小，如图所示到达距喷口 s_n 处，也就是断面 BOE 处，边界层扩展到射流轴心，射流核心消失，这个断面称为过渡断面或临界断面。以过渡断面为界，从喷口到过渡断面称为射流的起始段。过渡断面以后的射流称为射流主体段。起始段射流轴心的速度都为 v_0，而主体段轴心速度沿 x 方向不断下降。

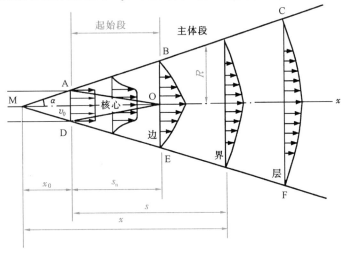

图 5-8　射流的结构

5.3.2　射流的特征

根据实验，紊流射流的基本特征主要表现在以下三个方面：

1. 几何特征

无限空间淹没紊流射流由于不受周围固体边壁的影响，从图 5-8 中可以看出，射流的外边界呈直线状扩散，两条边界线 ABC 与 DEF 延长交于喷口内 M 点，该点称为射流的极点。两边界线夹角的一半称为射流的极角或扩散角，以符号 α 表示。

从喷口轴心延长的 x 轴方向为圆断面射流的对称轴，射流任一断面的轴心到边界线的距离为该截面的半径 R（对平面射流称为半高度 b）。射流的任一断面的半径（或半高度）与该断面到极点的距离成正比。

射流极角的大小与紊流强度和喷口断面的形状有关，可用下式计算：

$$\tan\alpha = a\varphi \tag{5-12}$$

式中　α——射流的极角；

　　　a——紊流系数，该值取决于喷口结构形式和气流经过喷口时受扰动的程度；

　　　φ——喷口形状系数，对圆形喷口 $\varphi = 3.4$（对矩形喷口只要喷口长短边比不超过 3∶1 时，也可以按圆形喷口计算）；对条缝形喷口 $\varphi = 2.44$。

从上式可以看出，射流极角的大小取决于紊流系数，紊流强度越大，射流卷吸能力越强，被带入射流的周围气体数量越多，扩散角也相应增大。

表 5-1 中列出了常用喷口的紊流系数和相应的扩散角。

当扩散角确定后，射流边界相应也被确定，因此射流只能以这样的扩散角作扩散运动。即射流各断面的半径（对平面射流为半高度）是成比例的，这就是射流的几何特征。

根据这一特征，就可以计算出圆断面射流各断面半径沿射程的变化规律，对照图 5-8 有：

$$\frac{R}{r_0} = \frac{x_0 + s}{x_0} = 1 + \frac{s}{r_0/\tan\alpha} = 1 + 3.4a\frac{s}{r_0} = 3.4\left(\frac{as}{r_0} + 0.294\right) \tag{5-13}$$

以直径表示
$$\frac{D}{d_0} = 6.8\left(\frac{as}{d_0} + 0.147\right) \tag{5-14}$$

常用喷口的紊流系数、扩散角 表 5-1

喷口种类	紊流系数 a	扩散角 α	喷口种类	紊流系数 a	扩散角 α
带有收缩口的光滑卷边喷嘴	0.066	12°40′	带有导风板或栅栏的喷管	0.09	17°00′
圆柱形喷管	0.08	14°30′	平面狭缝喷口	0.12	16°20′
方形喷管	0.10	18°45′	带有金属网的轴流风机	0.24	39°20′
带有导风板的轴流式通风机	0.12	22°15′	带导流板的直角弯管	0.2	34°15′
收缩极好的平面喷口	0.108	14°40′	具有导叶且加工磨圆边口的风道上纵向条缝	0.155	20°40′

2. 运动特征

由于紊流射流质点的横向脉动，使射流的质点与周围气体发生动量交换，从而把周围气体带入射流，随同射流一起向前运动。这种卷吸作用会造成射流各断面的半径和流量随射程的逐渐增大而增大，而流速逐渐减小。在射流主体段各断面流速分布也不相同，沿射流流程，轴心流速逐渐减小，流速分布图扁平化，这是射流和管道流动的不同之处。

为了能够方便地计算出射流主体段任意一个断面中任意一点的流速，许多学者做了大量实验。结果表明，尽管由于卷吸作用使主体段各断面流速分布完全不同，但各断面的运动具有相似性。就整个射流而言，沿射程各断面上的流速沿程不断衰减，但卷吸进来的流体与射流气体之间的动量交换强度是从外向内逐渐减弱的，因此各断面轴心处的流速为最大，从轴心向外，流速由最大值逐渐减小到 0。因此各断面流速分布虽然不同，但对大量实验所得数据的无因次化整理，找出了射流主体段各断面的无因次速度与无因次距离之间具有同一性。在这里无因次速度，是指射流横断面上任意一点流速 u 与同一断面上轴心流速 u_m 的比值，即：

$$\frac{u}{u_m} = \frac{\text{任意一断面上任意一点的流速}}{\text{同一断面上轴心流速}}$$

而无因次距离，是指上述射流横断面上任意一点到轴心的距离 y 与同一断面上射流半径 R 的比值，即：

$$\frac{y}{R} = \frac{\text{横断面上流速为 } u \text{ 的点到轴心的距离}}{\text{同一断面上的射流半径}}$$

射流主体段任一断面的无因次速度和无因次距离之间具有这样的相似性：

$$\frac{u}{u_m} = \left[1 - \left(\frac{y}{R}\right)^{1.5}\right]^2 \tag{5-15}$$

式（5-15）表明各断面速度分布虽不相同，但各断面的无因次速度分布规律是相同的。主体段任一断面上从轴心到外边界各点的流速与断面轴心流速之比的变化规律是从 1 到 0，而相应各点到轴心的距离与该断面半径之比的变化规律是从 0 到 1。根据这样的规律，只要知道所求断面到喷口的距离，利用几何相似的原理求出该断面的半径，然后只需求出该断面轴心的流速，就可利用上式求出该断面任意一点的气流速度。

3. 动力特征

实验表明，在整个射流范围内，任意一点的压强等于周围静止气体的压强。如果任取两横断面间的射流为控制体，分析作用在其上的所有外力，因各断面上所受静压强均相等，则控制体上所有的外力之和等于 0。因此，根据动量方程式可以导出，单位时间内射流各横断面上的动量相等，这就是气体紊流射流的动力特征。它是理论上推导射流各运动参数计算公式的主要依据。

5.4　圆截面射流的速度与流量变化规律

在上一节中介绍了圆截面射流的结构及特征。根据射流的几何特征，可以得出射流沿射程的作用范围（即射流半径沿程的变化规律）。

而在实际工程中我们不但要了解射流运动的扩散范围，还要掌握射流在运动中的流速与流量沿射程的变化规律。

根据射流的结构，射流沿射程可以分为起始段和主体段两部分。由于紊流射流的卷吸作用，流速沿程衰减，射流轴心保持喷口速度的起始段一般很短，在工程中具有实用价值的主要为主体段，因此掌握射流在主体段上流速和流量的变化规律更有意义。

根据紊流射流的运动特性和射流主体段各断面的无因次速度分布的数学表达式，只要知道主体段任意一断面的轴心速度 u_m，并利用其几何特征求出相应断面的半径，就可以计算出主体段任意一断面上任意一点的流速。所以计算圆断面射流的流速，关键是要求出任意一断面的轴心速度。

轴心速度的计算公式是根据射流动力特征，即各断面动量守恒的原理推导得出的。本节由于篇幅所限不进行公式的推导，而直接给出其计算公式：

$$\frac{u_m}{v_0} = \frac{0.48}{\dfrac{as}{d_0} + 0.147} \tag{5-16}$$

式中　u_m——射流主体段任意一断面轴心流速，m/s；

　　　v_0——射流喷口气流流速，m/s；

　　　a——紊流系数；

　　　s——所求断面到喷口的距离，m；

　　　d_0——喷口的直径，m。

利用式（5-16）可计算出射流主体段中各断面的轴心流速，将这一流速带入无因次速度的数学表达式，即可求出主体段中各断面上任一点的气流速度。

在掌握了主体段各断面流速的分布规律后，可得出主体段各断面流量的计算公式：

$$\frac{Q}{Q_0} = 4.4\left(\frac{as}{d_0} + 0.147\right) \tag{5-17}$$

式中　Q——射流主体段任一断面的流量，m³/s；

　　　Q_0——射流喷口的出流量，m³/s；

a、s、d_0 的意义同式（5-16）。

在讨论了射流主体段各断面流量及任意一点流速的计算方法之后，有时还需要计算任意一断面的断面平均流速。根据断面平均流速的概念 $v_1 = \dfrac{Q}{A}$，式中 v_1 为射流主体段任意一断面的断面平均流速（m/s），Q 为该断面的流量（m^3/s），A 为断面面积（m^2）。可得：

$$\frac{v_1}{v_0} = \frac{QA_0}{Q_0 A} = \frac{Q}{Q_0}\left(\frac{r_0}{R}\right)^2 = \frac{Q}{Q_0}\left(\frac{d_0}{D}\right)^2$$

将式（5-14）、式（5-17）代入，得：

$$\frac{v_1}{v_0} = \frac{0.095}{\dfrac{as}{d_0} + 0.147} \tag{5-18}$$

式中　v_0——喷口断面平均流速，m/s；

　　　Q_0——喷口的出流量，m^3/s；

　　　A_0——喷口过流断面面积，m^2；

　　　a、s、d_0 的意义同前。

断面平均流速 v_1 表示射流主体段断面上各点流速的算术平均值。比较式（5-16）与式（5-18）可得 $v_1 \approx 0.2 u_{\text{m}}$，这说明断面平均流速仅为同断面轴心流速的 20%，而在实际工程中使用的往往是靠近轴心的射流区。由于断面平均流速与轴心流速相差较大，工程中若按断面平均流速进行设计和计算，就会导致有关设备（如风机）过大，造成不应有的浪费。所以用 v_1 不能恰当地反映被使用区的速度。为此引入质量平均流速 v_2，其定义为：用 v_2 乘以质量流量 ρQ，即得单位时间内射流任意一断面的动量。根据射流的动力特征，射流各断面的动量沿程不变。因此，对于射流出口断面和主体段任意一断面，单位时间内的动量平衡方程式为：

$$\rho Q_0 v_0 = \rho Q v_2$$

$$\frac{v_2}{v_0} = \frac{Q_0}{Q} = \frac{0.23}{\dfrac{as}{d_0} + 0.147} \tag{5-19}$$

比较式（5-16）与式（5-19），$v_2 = 0.47 u_{\text{m}}$。因此用 v_2 代表使用区的流速要比使用 v_1 更合适。但必须要注意，v_1、v_2 不仅在数值上不同，更重要的是定义上有根本区别，所以不可混淆。

以上介绍的是圆截面气体射流运动参数的计算，这些计算公式也同样适用于矩形喷口，但是在计算中要将矩形喷口换算成流速当量直径，才能代入上述公式进行计算。

【例题 5-3】锻工车间装有空气淋浴（即岗位送风）设备，已知送风口距地面的高度为 4.5m，选择的风口为带有栅栏的圆形风口。要求在离地面 1.5m 处形成一个空气淋浴作用区，该区直径为 2m，中心处流速为 2m/s，试求风口直径、出口流速及送风量。

【解】查表 5-1，带栅栏的圆形风口紊流系数 $a = 0.09$，风口至工作区的垂直距离为：

$$s = 4.5 - 1.5 = 3\text{m}$$

根据式（5-14），得：

$$\frac{D}{d_0} = 6.8\left(\frac{as}{d_0} + 0.147\right)$$

则送风口直径：

$$d_0 = \frac{D - 6.8as}{6.8 \times 0.147} = \frac{2 - 6.8 \times 0.09 \times 3}{6.8 \times 0.147} = 0.16\text{m} = 160\text{mm}$$

根据式（5-16），得：

$$\frac{u_\text{m}}{v_0} = \frac{0.48}{\dfrac{as}{d_0} + 0.147} = \frac{0.48}{\dfrac{0.09 \times 3}{0.16} + 0.147} = 0.26$$

所以当 $u_\text{m} = 2\text{m/s}$ 时，送风口的流速为：

$$v_0 = \frac{u_\text{m}}{0.26} = \frac{2.0}{0.26} = 7.69\text{m/s}$$

则送风口的送风量为：

$$Q = \frac{1}{4}\pi d_0^2 v_0 = \frac{1}{4} \times 3.14 \times 0.16^2 \times 7.69 = 0.15\text{m}^3/\text{s} = 540\text{m}^3/\text{h}$$

5.5　平　面　射　流

从圆形喷口或矩形喷口喷出的射流，是以喷口轴心延长线为对称轴的圆截面轴对称射流。但当矩形喷口长短边之比超过 $10:1$ 时，从喷口喷出的射流只能在垂直长度的平面上作扩散运动。如果条缝相当长，这种流动可视为平面运动，故称为平面射流。

平面射流的喷口高度以 $2b_0$（b_0 为喷口半高度）表示，紊流系数 a 值见表 5-1 或查阅通风空调设计手册相关内容。条缝形喷口的形状系数 $\varphi = 2.44$。

平面射流的特征（如几何特征、运动特征和动力特征）与圆截面射流相同，在第 3 节中已进行了较为详细的论述。

为了方便计算，现将圆截面射流和平面射流参数的计算公式列于表 5-2 中，以便对比和查阅。

在平面射流的计算公式中，b_0 是条缝喷口的半高度，其余各参数的意义都与圆截面射流相同。

射流参数计算公式

表 5-2

段名	参数名称	符号	圆　截　面　射　流	平　面　射　流
	扩散角	α	$\tan\alpha = 3.4a$	$\tan\alpha = 2.44a$
	射流直径 或半高度	D b	$\dfrac{D}{d_0} = 6.8\left(\dfrac{as}{d_0} + 0.147\right)$	$\dfrac{b}{b_0} = 2.44\left(\dfrac{as}{b_0} + 0.41\right)$
主 体 段	轴心速度	u_m	$\dfrac{u_\text{m}}{v_0} = \dfrac{0.48}{\dfrac{as}{d_0} + 0.147}$	$\dfrac{u_\text{m}}{v_0} = \dfrac{1.2}{\sqrt{\dfrac{as}{b_0} + 0.41}}$
	流　量	Q	$\dfrac{Q}{Q_0} = 4.4\left(\dfrac{as}{d_0} + 0.147\right)$	$\dfrac{Q}{Q_0} = 1.2\sqrt{\dfrac{as}{b_0} + 0.41}$
	断面平均 流　速	v_1	$\dfrac{v_1}{v_0} = \dfrac{0.095}{\dfrac{as}{d_0} + 0.147}$	$\dfrac{v_1}{v_0} = \dfrac{0.492}{\sqrt{\dfrac{as}{b_0} + 0.41}}$
	质量平均 流　速	v_2	$\dfrac{v_2}{v_0} = \dfrac{0.23}{\dfrac{as}{d_0} + 0.147}$	$\dfrac{v_2}{v_0} = \dfrac{0.833}{\sqrt{\dfrac{as}{b_0} + 0.41}}$

5.6 温差或浓差射流及射流弯曲

在前几节我们研究的射流与周围气体的温度和密度是相同的。所以射流轴线与喷口流速 v_0 的方向相同，形成一条直线，这种射流称为等温射流。但在供热通风与空调工程中，我们涉及的射流往往与周围流体存在着温度差或所含固体颗粒及其他物质的浓度差，这类射流称为温差射流或浓差射流。夏天向房间喷送冷空气降温，冬天向房间喷送热空气取暖，这是温差射流的实例。向含尘浓度高或散发大量有害气体的生产车间喷送清洁空气，用以降低粉尘或有害气体的浓度，改善工作区的环境，则属浓差射流。

分析射流的温度或浓度分布规律，以及由于射流与周围空气之间存在温度差或浓度差造成的射流轴线弯曲，是本节所要讨论的问题。

5.6.1 温差或浓差射流

与周围气体存在温度差或浓度差的射流，当从喷口高速喷出后，由于紊流质点运动的横向掺混，射流除了与周围气体发生动量交换之外，还存在着热量交换或浓度交换。对于温差射流，热量交换的结果是使原来温度较低的气体，温度有所升高，而原来温度较高的气体，温度有所下降。所以射流各断面上的温度分布是不同的，同理，射流各断面上的浓度分布也不同，这将使射流内出现温度或浓度的不均匀连续分布。

在供热通风与空调工程中出现的温度差或浓度差一般都不大，引起的密度变化很小，在分析中仍可按不可压缩流体处理，也不考虑异质的存在对流动的影响。

经研究发现，由于射流的卷吸作用，使射流与周围气体之间存在的质量、热量、浓度的交换中，热量和浓度的扩散要比动量扩散快一些。所以射流的温度和浓度边界层比速度边界层发展要快一些。然而在工程应用中为了简便起见，可以认为温度或浓度边界层的外边界与速度边界层的外边界重合。这样处理的好处是，我们在前几节得出的等温射流参数 R、Q、u_m、v_1、v_2 仍可采用已介绍的公式计算。而我们仅对温差射流中出现的轴心温差（或浓差）、平均温差（或浓差）等沿射程的变化规律进行讨论。

根据以上分析，我们提出在温差或浓差射流中所要研究的参数有：

对温差射流：

T——射流任意断面上任意一点的温度，K；

T_0——喷口处射流的温度，K；

T_m——射流任意一断面轴心处的温度，K；

T_e——周围空气的温度，K。

对浓差射流：

X——射流任意断面上任意一点某种物质的浓度，mg/L 或 g/m³；

X_0——喷口处射流某种物质的浓度，mg/L 或 g/m³；

X_m——射流任意一断面轴心处某种物质的浓度，mg/L 或 g/m³；

X_e——周围空气中某种物质的浓度，mg/L 或 g/m^3。

根据以上参数我们要掌握其温度差或浓度差的变化规律。相应的温度差和浓度差为：

对温差射流：

出口断面温度差 $\qquad\qquad\qquad \Delta T_0 = T_0 - T_e$

轴心温差 $\qquad\qquad\qquad\qquad \Delta T_m = T_m - T_e$

射流任意一断面上任意一点的温差 $\qquad \Delta T = T - T_e$

对浓差射流：

出口断面浓差 $\qquad\qquad\qquad \Delta X_0 = X_0 - X_e$

轴心浓差 $\qquad\qquad\qquad\qquad \Delta X_m = X_m - X_e$

射流任意一断面上任意一点的浓差 $\qquad \Delta X = X - X_e$

尽管温差射流中各断面的温度分布有所不同，但是根据热力学可知，在射流压强相等的条件下，如果以周围气体的焓值为基准，则射流各横截面上的相对焓值不变。温差射流的这一特点，称为射流的热力特征。

通过实验证明，在射流主体段内，各横截面上的温差分布、浓差分布与流速分布之间，存在如下关系：

$$\frac{\Delta T}{\Delta T_m} = \frac{\Delta X}{\Delta X_m} = \sqrt{\frac{u}{u_m}} = 1 - \left(\frac{y}{R}\right)^{1.5} \tag{5-20}$$

从式（5-20）可以看出，温差射流与浓差射流虽是两种完全不同的射流，但它们在各横截面上的温差分布与浓差分布与我们在第 3 节讨论的无因次流速和无因次距离的函数关系却是相同的，这表明这两种射流的运动规律相似。这是由于温差射流和浓差射流在其本质上没有区别，即这两种射流都与周围气体的密度不同。因此，它们的运动参数的计算公式也具有相同的表达形式。

温差射流与浓差射流的温度差与浓度差沿射程的变化规律，可以利用射流各横截面上的相对焓值不变的热力特征为基础，根据热力平衡方程式推导得出。由于篇幅所限，推导过程从略，现将计算公式列于表 5-3 中。

温差、浓差射流的计算公式　　　　　　　　　　　　　　表 5-3

段名	参数名称	符号	圆截面射流	平面射流
主体段	轴心温差	ΔT_m	$\dfrac{\Delta T_m}{\Delta T_0} = \dfrac{0.35}{\frac{as}{d_0} + 0.147}$	$\dfrac{\Delta T_m}{\Delta T_0} = \dfrac{1.032}{\sqrt{\frac{as}{b_0} + 0.41}}$
	质量平均温差	ΔT_2	$\dfrac{\Delta T_2}{\Delta T_0} = \dfrac{0.23}{\frac{as}{d_0} + 0.147}$	$\dfrac{\Delta T_2}{\Delta T_0} = \dfrac{0.833}{\sqrt{\frac{as}{b_0} + 0.41}}$
	轴心浓差	ΔX_m	$\dfrac{\Delta X_m}{\Delta X_0} = \dfrac{0.35}{\frac{as}{d_0} + 0.147}$	$\dfrac{\Delta X_m}{\Delta X_0} = \dfrac{1.032}{\sqrt{\frac{as}{b_0} + 0.41}}$
	质量平均浓差	ΔX_2	$\dfrac{\Delta X_2}{\Delta X_0} = \dfrac{0.23}{\frac{as}{d_0} + 0.147}$	$\dfrac{\Delta X_2}{\Delta X_0} = \dfrac{0.833}{\sqrt{\frac{as}{b_0} + 0.41}}$

续表

段名	参数名称	符号	圆 断 面 射 流	平 面 射 流
主体段	温差射流轴线偏差	y'	$y' = \dfrac{Ar}{d_0}\left(0.51\dfrac{a}{d_0}s^3 + 0.35s^2\right)$	$y' = \dfrac{0.113Ar}{b_0a^2}\left(\dfrac{T_0}{T_e}\right)^{\frac{1}{2}}(as+0.205)^{\frac{5}{2}}$
	浓差射流轴线偏差	y'	$y' = \dfrac{Ar}{d_0}\left(0.51\dfrac{a}{d_0}s^3 + 0.35s^2\right)$	$y' = \dfrac{0.113Ar}{b_0a^2}\left(\dfrac{X_0}{X_e}\right)^{\frac{1}{2}}(as+0.205)^{\frac{5}{2}}$
	轴线轨迹方程	y	$\dfrac{y}{d_0} = \dfrac{x}{d_0}\tan\alpha + Ar\left(\dfrac{x}{d_0\cos\alpha}\right)^2$ $\times\left(0.51\dfrac{ax}{d_0\cos\alpha}+0.35\right)$	$\dfrac{y}{2b_0} = \dfrac{0.226Ar\left(a\dfrac{x}{2b_0}+0.205\right)^{5/2}}{a^2\sqrt{T_1/T_2}}$ $\dfrac{y}{2b_0}\dfrac{\sqrt{T_1/T_2}}{Ar} = \dfrac{0.226}{a^2}\left(a\dfrac{x}{2b_0}+0.205\right)^{5/2}$

5.6.2 射流弯曲

由于温差射流和浓差射流的密度与周围气体密度不同，射流在运动过程中，所受重力与浮力不平衡，导致射流在流动过程中会发生向上或向下的弯曲。也就是说温差或浓差射流的轴心线不再是一条与喷口轴线方向相同的直线，而是一条曲线，但整个射流仍可看作是对称于轴心线。为了能利用前面介绍的公式计算射流沿射程的运动参数及温差或浓差的变化规律，就必须了解射流轴心线的偏移量或它的轨迹。

根据理论推导和实验证明，圆截面温差与浓差射流的轴线偏移量，可按下式计算：

$$y' = \frac{Ar}{d_0}\left(0.51\frac{a}{d_0}s^3 + 0.35s^2\right) \tag{5-21}$$

式中　y'——射流轴线上任意一点偏离喷口轴线的垂直距离，m，见图 5-9；

　　　d_0——射流喷口的直径，m；

　　　a——紊流系数；

　　　s——射流计算断面到喷口的距离，m；

　　　Ar——阿基米德数，是一个无因次量。

对圆截面温差射流，阿基米德数可按下式计算：

$$Ar = \frac{d_0 g\Delta T_0}{v_0^2 T_e} \tag{5-22}$$

式中　Ar——阿基米德数；

　　　g——重力加速度，m/s²；

　　　d_0——喷口直径，m；

　　　v_0——喷口流速，m/s；

　　　ΔT_0——射流喷口计算温差，即 $\Delta T_0 = T_0 - T_e$，K；

　　　T_e——周围气体的温度，K。

对于圆截面浓差射流，有：

$$Ar = \frac{d_0 g\Delta X_0}{v_0^2 X_e} \tag{5-23}$$

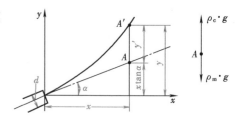

图 5-9　射流轴线的弯曲

式中　ΔX_0——射流喷口计算浓度差，mg/L 或 g/m³，即 $\Delta X_0 = X_0 - X_e$，mg/L 或 g/m³；

　　　X_e——周围气体的浓度，mg/L 或 g/m³。

其他符号意义同前。

在上表中的质量平均温差，是以该温差乘以 ρQC，便为射流某断面的相对焓值。

在平面射流的公式中 b_0 为射流喷口的半高度。但在计算阿基米德数 Ar 时，应以 $2b_0$ 代替 d_0 代入相应公式中进行计算。

【例题 5-4】工作区质量平均风速要求为 2m/s，工作面直径为 3m，采用带导叶的通风机水平送风，已知送风温度为 12℃，车间空气温度为 32℃，若要求把工作区的质量平均温度降到 25℃，试计算：

（1）送风口的直径及气流速度；

（2）送风口到工作面的距离；

（3）射流轴线在工作面的偏移量。

【解】喷口温差　$\Delta T_0 = T_0 - T_e = (273+12) - (273+32) = -20K$

质量平均温差 $\Delta T_2 = T_2 - T_e = (273+25) - (273+32) = -7K$

则

$$\frac{\Delta T_2}{\Delta T_0} = \frac{0.23}{\dfrac{as}{d_0} + 0.147} = \frac{-7}{-20}$$

求出

$$\frac{as}{d_0} + 0.147 = 0.23 \times \frac{20}{7} = 0.66$$

将上式结果代入下式：

$$\frac{D}{d_0} = 6.8\left(\frac{as}{d_0} + 0.147\right) = 6.8 \times 0.66 = 4.49$$

所以送风口直径：

$$d_0 = \frac{D}{4.49} = \frac{3}{4.49} = 0.67\text{m}$$

根据工作区质量平均流速与喷口流速之间的关系：

$$\frac{v_2}{v_0} = \frac{0.23}{\dfrac{as}{d_0} + 0.147} = \frac{-7}{-20} = \frac{7}{20}$$

已知工作区要求的质量平均流速为 2m/s，因此可解得送风口的流速：

$$v_0 = \frac{20}{7} v_2 = \frac{20}{7} \times 2 = 5.71\text{m/s}$$

由于：

$$\frac{as}{d_0} + 0.147 = 0.66$$

代入紊流系数 $a=0.12$，送风口直径 0.67m，由此可得到送风口至工作面的距离：

$$s = (0.66 - 0.147)\frac{d_0}{a} = (0.66 - 0.147)\frac{0.67}{0.12} = 2.86\text{m}$$

根据射流偏移量计算公式：

$$y' = \frac{Ar}{d_0}\left(0.51\frac{a}{d_0}s^3 + 0.35s^2\right)$$

由以上计算可知 $d_0 = 0.67\text{m}, a = 0.12, s = 2.86\text{m}$。

将 $Ar = \dfrac{d_0}{v_0^2}\dfrac{\Delta T_0}{T_e}g$ 代入上式：

$$
\begin{aligned}
y' &= \frac{\Delta T_0 \cdot g}{v_0^2 \cdot T_e}\left(0.51\frac{a}{d_0}s^3 + 0.35s^2\right)\\
&= \frac{9.807 \times (-20)}{5.71^2 \times (273+32)}\left(0.51 \times \frac{0.12}{0.67} \times 2.86^3 + 0.35 \times 2.86^2\right)\\
&= -0.1\text{m}
\end{aligned}
$$

即射流轴心线在工作面相对于送风口中心的水平轴线下降了 0.1m。

5.7 有限空间射流简介

我们前面介绍的射流属于无限空间射流，其流动不受周围固体壁面的影响，在空间内可以自由扩散。但在供热通风与空调工程中应用的射流，如果房间比较小，射流在空间中会受到墙壁、顶棚及地面等围护结构的限制和影响，从而限制了射流的扩散运动，射流结构及其运动规律和无限空间射流相比，有着明显的不同，因此必须研究受限后的射流即有限空间射流运动规律。目前有限空间射流理论尚不完全成熟，设计计算所用公式多为根据实验结果整理而成，所以本节仅对有限空间射流运动的特征及其有关运动参数的计算作一般性介绍。

5.7.1 有限空间射流运动的特征

当射流经喷口喷入房间后，由于房间边壁限制了射流边界层的发展，射流流量和半径不像无限空间射流那样是一直增大的，而是增大到一定程度以后又逐渐缩小，致使射流的外部边界呈橄榄形，如图 5-10 所示。

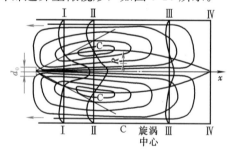

图 5-10 有限空间射流流场

如果以图 5-10 中的橄榄形周边为界，可将射流运动的整个空间分为两个区域，橄榄形边界以内的流体质点沿喷口流速方向运动，该区称为射流的作用区；而橄榄形边界以外的流体质点，由于受到固体边壁阻滞和射流卷吸作用的影响，会产生与喷口流速方向相反的回流运动，该区称为射流的回流区。射流回流区的产生，使流线呈闭合状，这些闭合流线环绕的中心，就是射流与回流共同形成的旋涡中心 C。

有限空间射流在运动空间内引起的回流，是区别于无限空间射流的重要特征之一。供热通风和空调工程上正是利用射流的这一特征，在回流区组织气流运动，来改善环境气候条件。

　　射流出口至断面 I-I 之间的射流段，因为固体边壁尚未妨碍射流边界层的扩展，射流的外部边界和无限空间射流一样呈直线状扩散，因此各运动参数所遵循的规律与自由射流一样。我们把断面 I-I 称为第一临界断面，从喷口至 I-I 为自由扩张段。

　　在第一临界断面之后，固体边壁对射流边界层的限制和影响逐渐增大，致使射流对周围气体的卷吸作用减弱，因此射流半径和流量的增加幅度减慢，但总的趋势还是半径和流量随射程的增加仍有一定程度的增大，射流外部边界沿流速方向呈曲线状扩散。

　　通过旋涡中心 C 点的 II-II 断面，是射流各运动参数发生根本性转折的断面，称为第二临界断面。从实验结果可以得出这样的结论：该断面的回流平均流速、回流流量、射流主体段流量都达到最大值，而射流半径在该断面稍后一点也达到最大值。从 II-II 断面以后射流主体流量、回流流量、回流平均速度都将逐渐减小。射流主体段半径从 II-II 断面稍后一点处的最大值开始沿程收缩，在到达 IV-IV 断面处减小到 0。

　　有限空间射流的结构，除了要受到固体边壁的影响之外，还取决于射流喷口的安装位置。如果喷口设在房间侧壁的正中央，则射流结构上下、左右对称，即中间为橄榄形射流主体，四周为回流区。但通风空调工程的送风口，一般都是设置在房间上部，如果送风口高度 h 位于房间高度 H 的 0.7 倍以上，即 $h \geqslant 0.7H$ 时，射流会出现贴附现象，使射流上部回流区过流断面减小，甚至消失，主流区流速增高，压强减小。这样造成射流上部的流体处于增速减压状态，而回流区则集中在射流主体段下部与地面之间，处于减速增压状态。在这个上下压差的作用下，射流将整个贴附在房间顶棚，回流则全部由射流下部区域通过，这种射流称为贴附射流。

5.7.2　动力特征

　　在实验中发现，有限空间射流，在第一临界断面以后，射流边界层内的压强受回流影响随射程逐渐增大，而且射程愈大，压强愈大。在橄榄形射流主体的前端压强达到最大值，它略高于周围静止气体的压强。这样射流各横断面上的动量也不相等，其动量沿射程不断减小以至消失。即射流各横断面的动量是不守恒的，这是有限空间射流与无限空间射流的又一主要区别，也是从理论上还无法对有限空间射流各运动参数的计算公式进行推导的主要原因。

5.7.3　半经验公式

　　有限空间射流主要用于集中式通风和空调工程中，多采用贴附射流。这样工作区域就处于射流的回流区内，并且对回流区的气流速度要有一定的限制。

　　对于 $h \geqslant 0.7H$ 的贴附射流，回流平均流速 v 的半经验公式为：

$$\frac{v}{v_0} \frac{\sqrt{F}}{d_0} = 1.77(10\overline{L})\mathrm{e}^{10.7\overline{L}-37\overline{L}^2} = f(\overline{L}) \tag{5-24}$$

式中　v——回流平均流速，m/s；

　　　v_0——喷口出流速度，m/s；

d_0——射流喷口直径，m；

F——垂直于射流的房间横截面积，m^2；

$\overline{L}$——射流计算断面至喷口的无因次距离。

$\overline{L}$ 可按下式计算：

$$\overline{L} = \frac{aL}{\sqrt{F}} \qquad (5\text{-}25)$$

式中　a——紊流系数；

L——计算断面至射流喷口的距离，m。

根据射流的运动特征可知，在断面Ⅱ-Ⅱ处的回流速度最大，设其为 v_1；通过实验可以得出：断面Ⅱ-Ⅱ距送风口无因次距离 $\overline{L}=0.2$。将以上条件代入公式（5-24），可得：

$$\frac{v_1}{v_0}\frac{\sqrt{F}}{d_0} = 0.69 \qquad (5\text{-}26)$$

设距送风口 L 处的计算断面回流速度为 v_2，代入式（5-24），可得：

$$\frac{v_2}{v_0}\frac{\sqrt{F}}{d_0} = f(\overline{L}) \qquad (5\text{-}27)$$

联立式（5-26）与式（5-27）可以解得：

$$0.69\frac{v_2}{v_1} = 1.77(10\overline{L})\mathrm{e}^{10.7\overline{L}-37\overline{L}^2} = f(\overline{L}) \qquad (5\text{-}28)$$

由于 v_1、v_2 是根据工程要求确定的设计参数，是已知量，把它们代入式（5-28）即可求出无因次距离 $\overline{L}$。然后把计算出的 $\overline{L}$ 值代入式（5-25）便可求出射流的作用距离即回流速度为 v_2 的断面到送风口距离。

$$L = \overline{L}\frac{\sqrt{F}}{a}$$

由于式（5-28）的函数关系比较复杂，为了简化计算，根据不同的 v_1 和 v_2 值代入式（5-28），计算出相应的无因次距离 $\overline{L}$，整理成表5-4。

无因次距离 $\overline{L}$　　　　　　　　　　　　　　　　表 5-4

v_1 (m/s)	v_2 (m/s)					
	0.07	0.10	0.15	0.20	0.30	0.40
0.50	0.42	0.40	0.37	0.35	0.31	0.28
0.60	0.43	0.41	0.38	0.37	0.33	0.30
0.75	0.44	0.42	0.40	0.38	0.35	0.33
1.00	0.46	0.44	0.42	0.40	0.37	0.35
1.25	0.47	0.46	0.43	0.41	0.39	0.37
1.50	0.48	0.47	0.44	0.43	0.40	0.38

但要注意的是，以上所给公式仅适用于喷嘴安装高度 $h \geqslant 0.7H$ 的贴附射流。当喷嘴安装高度 $h=0.5H$ 时，射流上下对称，四周均有回流区。由于工程上一般仅利用射流的下部回流区，如果以通过射流轴线的水平面为界，射流下部的过流面积为 $0.5F$，因此应

以 0.5F 代替 F 代入相应的公式中进行计算，而且其射程要短一些，一般约为贴附射流的 70%。

【例题 5-5】某工业厂房，在厂房的端部需要布置送风口，已知车间长 $L=70\mathrm{m}$，高 $H=8.5\mathrm{m}$，宽 $B=30\mathrm{m}$，风口高度 $h=6\mathrm{m}$，送风量 $Q_0=8\mathrm{m}^3/\mathrm{s}$。要求工作区内的风速 $v_1=0.6\mathrm{m/s}$，$v_2=0.3\mathrm{m/s}$，若选用圆柱形喷管，试确定喷口直径。

【解】与射流相垂直的房间横截面积：
$$F=BH=30\times8.5=255\mathrm{m}^2$$

由于 $v_1=0.6\mathrm{m/s}$，$v_2=0.3\mathrm{m/s}$，查表 5-4 得无因次射程 $\overline{L}=0.33$。

查表 5-1，圆柱形喷管的紊流系数 $a=0.08$。

由于送风口高度　　　　　$h=6\mathrm{m}>0.7H(5.95\mathrm{m})$。

所以射程：
$$L=\frac{\overline{L}}{a}\sqrt{F}=\frac{0.33}{0.08}\sqrt{255}=65.9\mathrm{m}$$

根据式（5-26），可得：
$$v_0=\frac{v_1}{0.69}\frac{\sqrt{F}}{d_0}$$

已知　　　　　　　　　$Q_0=\frac{1}{4}\pi d_0^2 v_0$

把 v_0 的解析式代入上式后得：
$$Q_0=\frac{1}{4}\pi d_0^2\frac{v_1}{0.69}\frac{\sqrt{F}}{d_0}=\frac{1}{4}\pi d_0\frac{v_1}{0.69}\sqrt{F}$$

代入 $Q_0=8\mathrm{m}^3/\mathrm{s}$，$v_1=0.6\mathrm{m/s}$，及 $F=255\mathrm{m}^2$，由此解得射流喷口的直径：
$$d_0=\frac{4Q_0}{\pi}\frac{0.69}{v_1\sqrt{F}}=\frac{4\times8\times0.69}{3.14\times0.6\times\sqrt{255}}=0.73\mathrm{m}$$

单 元 小 结

本单元重点讲述了孔口、管嘴出流的水力计算方法，同时对无限空间淹没紊流射流，温差或浓差射流及射流弯曲及有限空间射流进行了分析和介绍。学习中应理解孔口及其分类、管嘴概念，理解孔口、管嘴自由出流与淹没出流的特点，熟知气体紊流射流及温差与浓差射流的特性；了解有限空间射流的特征及计算方法；掌握孔口、管嘴自由出流与淹没出流在工程中的应用、分析及水力计算方法。

思 考 题 与 习 题

1. 什么叫孔口出流？什么叫收缩断面和收缩系数？怎样区分大孔口和小孔口？
2. 什么是孔口的自由出流？什么是孔口的淹没出流？
3. 孔口自由出流和孔口淹没出流的计算中作用水头有何区别？
4. 什么叫管嘴出流？在孔口、管嘴断面面积和作用水头相等的条件下，为什么管嘴比孔口的过水能力大?

5. 要保证圆柱管嘴能正常出流的条件是什么？

6. 敞口水箱和封闭水箱（液面相对压强为 p_0）上分别安装长度及过流断面面积相同的圆柱形外管嘴。管嘴中心在液面下深度相同，这两个管嘴的作用水头有何不同？

7. 液体经孔口淹没出流，如孔口中心在液面下的深度不同时，其出流量是否会发生变化？为什么？

8. 什么是有限空间射流？什么是无限空间射流？

9. 无限空间气体紊流射流为什么沿射程流量会增大？

10. 无限空间气体紊流射流的运动特征主要表现在哪一方面？

11. 什么是温差射流的热力特征？

12. 什么是射流的质量平均流速？为什么要引入这一流速？

13. 某房间通过天花板用大量小孔口分布送风，孔口直径 $d=20\text{mm}$，风道中的静压 $p=200\text{N/m}^2$，空气温度 $t=20℃$，要求总风量 $Q=1\text{m}^3/\text{s}$，问应布置多少个孔口？

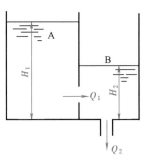

14. 某水箱水面保持恒定（5m），箱壁上开一孔口，孔口直径 $d=10\text{mm}$。

(1) 如箱壁厚度 $\delta=3\text{mm}$，求通过孔口的流速和流量；

(2) 如箱壁厚度 $\delta=40\text{mm}$，求通过孔口的流速和流量。

15. 一隔板将水箱分为 A、B 两格，隔板上有直径为 $d_1=40\text{mm}$ 的薄壁孔口，如图 5-11 所示，B 箱底部有一直径 $d_2=30\text{mm}$ 的圆柱形管嘴，管嘴长 $l=0.1\text{m}$，A 箱水深 $H_1=3\text{m}$ 恒定不变。

图 5-11

(1) 分析出流恒定性条件（H_2 不变的条件）；

(2) 在恒定出流时，B 箱中水深 H_2 等于多少？

(3) 水箱流量 Q_1 为何值？

16. 水从 A 水箱通过直径为 10cm 的孔口流入 B 水箱，流量系数为 0.62。设上游水箱的水面高程 $H_1=3\text{m}$ 保持不变，如图 5-12 所示。

(1) B 水箱中无水时，求通过孔口的流量；

(2) B 水箱水面高程 $H_2=2\text{m}$ 时，求通过孔口的流量；

(3) A 箱水面压力为 2000Pa，$H_1=3\text{m}$ 时，而 B 水箱水面压力为 Pa，$H_2=2\text{m}$ 时，求通过孔口的流量。

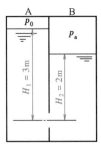

图 5-12

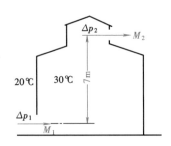

图 5-13

17. 工业厂房如图 5-13 所示，已知室内空气温度为 30℃，室外空气温度为 20℃，在厂房上下部各开有 8m^2 的窗口，两窗口的中心高程差为 7m，窗口流量系数 $\mu=0.64$，气流在自然压头作用下流动。求车间自然通风换气量。

18. 某诱导器的静压箱上装有圆柱形管嘴，管径为 4mm，长度 $l=100$mm，$\lambda=0.02$，从管嘴入口到出口的局部阻力系数 $\Sigma\zeta=0.5$，求管嘴的流速系数和流量系数（图 5-14）。

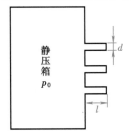

图 5-14

19. 某体育馆的圆柱形送风口，$d_0=0.6$m，风口至比赛区为 60m，要求比赛区风速（质量平均风速）不得超过 0.3m/s。求送风口的送风量应不超过多少 m^3/s？

20. 岗位送风所设风口向下，距地面 4m。要求在工作区（距地 1.5m 高范围）形成直径为 1.5m 射流，限定轴心速度为 2m/s，求喷嘴直径及出口流量。

21. 空气以 8m/s 的速度从圆管喷出，d_0 为 0.2m，求距出口 1.5m 处的 u_m，v_2，D。

22. 要求空气淋浴地带的宽度 $b=1$m，周围空气中有害气体的浓度 $X_e=0.06$mg/L，室外空气中浓度 $X_0=0$，工作地带允许的浓度为 $X_m=0.02$mg/L。今用一平面喷嘴 $a=0.2$，试求喷嘴 b_0 及工作地带距喷嘴的距离 s。

23. 高出地面 5m 处设一孔口 d_0 为 0.1m，以 2m/s 速度向房间水平送风，送风温度 $t_0=-10$℃，室内温度 $t_e=27$℃。试求距出口 3m 处的 v_2，t_2。

24. 已知圆喷口的紊流系数 $a=0.12$，送风温度 15℃，车间空气温度 30℃，要求工作地点的质量平均风速为 3m/s，轴线温度为 23.8℃，工作面射流直径为 2.5m，求：

(1) 风口直径和送风速度；

(2) 风口到工作面的距离。

25. 由 $R_0=75$mm 的喷口中喷射 $T_0=300$K 的气体，周围气体 $T_e=275$K，试求距喷口 $s=5$m 处，与射流轴线相距 $y=0.4$m 点的气体温度（设 $a=0.075$）。

教学单元 6   流体测量

【教学目标】通过本单元教学，使学生掌握流体中的静压测量方法；熟练掌握毕托管、文丘里管、喷嘴流量计和孔板流量计的测量原理和方法；了解测量速度和测量流量的其他方法和仪器。

【素质目标】结合毕托管测速原理的学习，启发学生理论联系实际和理论成果的转化意识。

流体测量和实验研究是密切联系的。实验研究从古至今都是流体力学研究与发展的重要手段和方法之一。由于实际流动非常复杂，实验研究和流体测量仍然是检验理论分析和数值计算结果最终的具有说服力的方法。如前面教学单元中介绍的管道内层流与紊流两种不同的流动状态、管道内紊流流动阻力系数及速度分布等等都是实验研究获得的成果。工程中流体测量通常是各种流体的物理特性，如密度、黏度和表面张力等的测量，以及各种流动参数，如压力、速度和流量等的测量。本教学单元主要介绍流动参数测量的基本原理及方法。

6.1 静 压 测 量

教学单元 1 对流动流体中的静压作了定义，流体中静压不会因测量仪器而变化。为了精确测量流动流体中的静压，测量探头及测点必须与流线一致，保证探头不会产生对流动的扰动。在直管道内，静压一般用测压管和压力表或 U 形管测压计测量。测压管在管道内的开口应该是垂直于管道轴线并保证表面光滑，如图 6-1 中 a 管所示。任何如图 6-1 中 b 管那样的突出都将产生测量误差。据测算，如果突出达到 2.5mm 将会造成 16％的局部流速水头的变化，此时，测得的压力低于未受扰动的液体压力。因为流线扰动将使速度增加，并根据伯努利方程可知压力降低。在测量管道内静压时，最好在测量断面上管道周围开两个或多个测孔

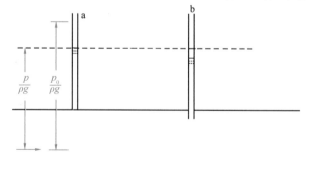

图 6-1   测压管结构及布置

以避免壁面不完善的影响，此时将使用一个环状测压管，如图 6-2 所示。

用静压管测量流场静压，如图 6-3 所示，这种仪器通过在管道周围对称布置的静压管测孔将压力传输到压力计或测压表中。如果与流动完全一致则可以得到比较好的结果。事实上，通过测压管孔的平均速度比未受扰动流场的速度略高，因此，测孔处的压力一般比未受扰动的流体压力低一些。采用直径尽可能小的静压管可以使误差降到最小。为了获得流体压力读数，可以将测压管与压力表或压力变送器相连，压力变送器可以将压力以数字形式显示在屏幕上。

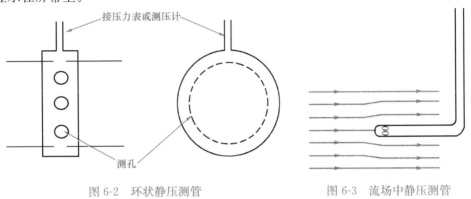

图 6-2   环状静压测管   图 6-3   流场中静压测管

6.2   毕托管测量流速

毕托在 1733 年首次用一根弯成直角的玻璃管测量了塞纳河的流速。这种弯成直角的开口细管就是简单的毕托管，是利用驻点压力原理制成的一种常用的测速仪器。它具有可靠度高、成本低、耐用性好、使用简便等优点。

毕托管原理是应用伯努利方程，通过测量点压强的方法来间接地测出点速度的大小。最简单的毕托管就是一根弯成 90° 的开口细管，如图 6-4 所示。流动流体中，静止物体最前缘点速度为 0，称为驻点或前驻点，驻点处的动能全部转换为压力能，驻点处压强称为总压 p_0，由伯努利能量方程可得：

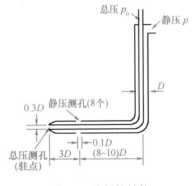

$$\frac{p_0}{\gamma} = \frac{p}{\gamma} + \frac{u^2}{2g}$$

式中，p 和 u 分别是物体前未受扰动的来流的静压和速度。如果测得某点的总压 p_0 和静压 p，就可以得

图 6-4   毕托管结构

到该点的速度。在工程应用中，一般把毕托管的一端放到压力管内流体中，开口顶端对准来流，在毕托管入口处形成一个驻点。静压管和毕托管组合成一体，静压管包围着毕托管，并在驻点之后适当距离的外管壁上沿圆周均匀地钻几个小的静压测孔，用 U 形管测出内管总压和环形空间内静压或差值 Δh，计算得到测点处的流速。测点处流速为：

$$u = \sqrt{2g\frac{p_0 - p}{\gamma}} = \sqrt{2g\Delta h} \tag{6-1}$$

实际上，由于流体具有黏性，能量转换时会有损失，还有毕托管放入流体后对流场的干扰等，所以上式中右端应乘以修正系数 c，即：

$$u = c\sqrt{2g\Delta h} \tag{6-2}$$

式中　c——修正系数，可由实验确定，一般在 $1.0 \sim 1.04$，标准毕托管通常为 1.0。

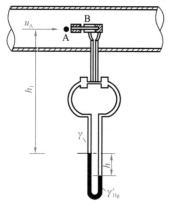

常用的毕托管是由一根测压管和一根测速管组成，它们被制成一端装有一半圆球探头的双层套管，在两管的另一末端连接上压差计，如图 6-5 所示。探头端点处开了一小孔与内套管相连，直通压差计的一端；外套管侧表面与探头端点相邻的 B 处，沿圆周均匀地开一排与外管壁相垂直的小孔（静压孔），外管直通压差计的另一端。测速时，将毕托管放置在欲测速的恒定流中某点 A 处，探头对着来流，使管轴与流体运动方向一致。流体的速度接近探头时逐渐减低，流至探头端点处速度为 0，即端点为驻点，该点压强为驻点压强。流体在探头端点分叉后沿管向下流去，所以沿管壁 AB 是一条流线，由于管子很细，B 点处的速

图 6-5　常用毕托管的构造

度、压强已基本恢复到与来流速度和压强相等的数值。由以上讨论可知，外套管中的压强反映的是来流压强，因此，通过压差计读出的两管压强差就是 A 点的流速水头，即：

$$h = \frac{u_A^2}{2g}$$

$$u_A = \sqrt{2gh}$$

如前所述，实际流体的流速为：

$$u_A = c\sqrt{2gh}$$

【例题 6-1】 如图 6-6 所示，在毕托管上连接酒精比压计，测定风管中的某点风速，已知微压计测压斜管的倾角 $\alpha = 30°$，读数 $l = 50\text{mm}$，酒精的重度 $\gamma_{jO} = 7.85\text{kN/m}^3$，空气的重度 $\gamma_{KO} = 12.68\text{N/m}^3$，流速系数 $c = 1.0$，试求管内该点的风速。

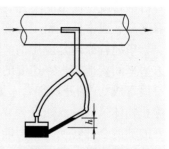

【解】 根据已知条件：

$$\frac{\Delta p}{\gamma} = \frac{\gamma_{jO}}{\gamma_{KO}}\Delta h = \frac{\gamma_{jO}}{\gamma_{KO}}l\sin\alpha$$

$$= \frac{7.85 \times 10^3}{12.68} \times 0.05 \times 0.5 = 15.5\text{m}$$

图 6-6　毕托管测量风速

所以管内该点的风速：

$$u = c\sqrt{2g\frac{\Delta p}{\gamma}} = 1.0\sqrt{15.5 \times 2 \times 9.807} = 17.4\text{m/s}$$

【例题 6-2】 如图 6-5 所示，为测量管内某点 A 速度常用的毕托管。已知压差计左右水银柱液面高差 $h = 0.02\text{m}$，毕托管校正系数 $c = 1.0$，试求水中 A 点的速度 u_A。

【解】 设毕托管放入前 A 点处的压强为 p_A，放入后驻点压强为 p_s，由压差计读数可得：

$$p_A + \gamma h_1 + \gamma_{Hg}h = p_s + \gamma(h_1 + h)$$

$$\frac{p_s - p_A}{\gamma} = \frac{(\gamma_{Hg} - \gamma)h}{\gamma} = \frac{(133.318 \times 10^3 - 9.807 \times 10^3)h}{9.807 \times 10^3} = 12.6h$$

所以 $\quad u_A = c\sqrt{2g\dfrac{p_s - p_A}{\gamma}} = \sqrt{2g \times 12.6h} = \sqrt{2 \times 9.807 \times 12.6 \times 0.02}$

$$= 2.22 \text{m/s}$$

6.3 测量速度的其他方法

6.3.1 热线测速仪（HWA）

热线测速仪发明于 20 世纪 20 年代。其基本原理是将一根细的金属丝放在流体中，通电流加热金属丝，使其温度高于流体的温度，因此将金属丝称为"热线"。当流体沿垂直方向流过金属丝时，将带走金属丝的一部分热量，使金属丝温度下降。通过测量热线两端的电压，即可确定流速。

热线测速仪的优点是：体积小，对流场干扰小，测量精度高，适用范围广；不仅可用于气体也可用于液体，在气体的亚声速、跨声速和超声速流动中均可使用；除了可测量平均速度外，特别适用于测量紊流脉动速度；除了测量单方向运动外，还可同时测量多个方向的速度分量；频率响应高，重复性好。热线测速仪的缺点是：探头对流场有一定干扰，热线容易断裂。

6.3.2 激光多普勒测速仪（LDV）

激光多普勒测速仪是测量通过激光探头的示踪粒子的多普勒信号，再根据速度与多普勒频率的关系得到被测速度。其基本原理是将激光投射到流动流体中一个固定的非常小的区域，实际上是一个点处。当流体中小颗粒（约纳米大小）或气泡随流体流过测试区域时，LDV 测得了光发散的多普勒偏移，可以精确地确定流速，或三个速度分量，并且不会扰动流场。如果有足够多的颗粒，就可以测得连续的流动过程。

由于是激光测量，对流场没有干扰，测速范围宽，而且由于多普勒频率与速度是线性关系，和该点的温度、压力没有关系，所以 LDV 是目前世界上测量速度精度最高的仪器。

6.3.3 粒子图像测速仪（PIV）

PIV 是粒子图像测速仪的简称，是 20 世纪 90 年代后期成熟起来的流动显示技术的发展。它能够同时测量一个面上几万个点的速度，是激光技术、数字信号处理技术、芯片技术、计算机技术、图像处理技术等高新技术发展的综合结果。其原理是利用激光发射出的快速脉冲照亮二个面或一定体积内的流体，流体中伴有中等密度、纳米大小的颗粒或气泡。对颗粒或气泡的连续成像能够非常好地可视化流场，并计算出流场中的速度矢量。PIV 已经应用于单相和两相流体测量，这种技术不仅精确而且不扰动流场。不过，实际的三维流动非常复杂，这种技术还处于发展的初级阶段，PIV 与 LDV 相比，最主要的优点是可以测量更大区域内的流体流动。

6.3.4 水流计和风速仪

这两种仪器都基于相同的原理，认为流速是与流动平行或垂直的水杯或叶片的旋转速度的函数。用于水流速度的测量工具称为水流计，用于空气流速的测量工具则称为风速仪。因为产生的力取决于流体的密度和速度，所以风速仪必须在比水流计小的摩擦阻力下使用。

6.3.5 漂浮测量

这是最原始的方法，用于估计水流的平均流速，漂浮物随水流漂动，一般水流是直线和均匀流动，水面扰动小，水流平均流速为漂浮速度的（0.85±0.05）倍。

6.3.6 照相和光学测量

照相是流体力学研究中一种非常有效的方法之一。例如，在研究水流运动时，可以通过适当的喷嘴引入一些与水具有相同重度的苯与四氯化碳混合物的微小颗粒，照相时，这些小颗粒将被记忆在照片中。如果将连续拍的照片表示在同一张图中，就可以确定颗粒的运动速度和加速度。相类似的方法是利用作为直流电路负极的细丝上产生的氢气泡，如果在细丝上加脉冲电压，水将被电解而释放出氢气泡，气泡在细丝的固定点处产生，可以进行流动的可视化研究。

6.3.7 其他测速仪器与方法

其他测量速度的仪器包括磁流速仪和声流速仪。磁流速仪用于测量液体流速，液体作为导体，在流过磁场时将产生电压，经过适当的校正，可以测量管内平均流速。小的磁流速仪能够测量流动流体中的局部流速，但是在边界附近精度有所降低。声流速仪取决于流动流体对声波的效应，如超声波流量计，可测得流速并计算出流量。以上这些仪器造价较高，主要用于科学研究中，它们的优点是不扰动流场。

6.4 流 量 测 量

流量的测量方法有多种。在实际工程中，把测量流量的仪表称为流量计。流量可利用各种物理现象来间接测量，所以流量测量仪表种类繁多。按测量方法分，流量计有差压式、变面积式、容积式、速度式和电磁式等。表 6-1 列出了各类流量计的主要性能和特点。

差压流量计是应用非常广泛的一类流量测量仪表，约占流量测量仪表总数的 70%。它由节流装置和差压计两部分组成，下面我们重点介绍文丘里流量计、喷嘴流量计和孔板流量计。

各类流量计的主要性能和特点　　　　　　　　　　　　　　　表 6-1

类型和名称	被测流体	管径 （mm）	最大流量/ 最小流量	精确度 （%）	主要特点
差压式 　孔板流量计 　喷嘴流量计 　文丘里流量计	液体 气体 蒸汽	50～1000 50～630 200～1200	3：1	±(1~2)	简单，适应性广，不需要标定，安装要求严格，刻度为非线性
变面积式 　转（浮）子流量计 　冲塞式流量计	液体、气体 蒸汽	4～100 25～100	10：1	±(1.5~2.5)	宜测量中小流量，压损小，安装要求不高，必须垂直安装
速度式 　水表 　涡轮流量计	水 液体、气体	15～400 4～500	10：1	+2 ±(0.2~0.5)	简单，水表价廉，体积小，精度高，涡轮可运转
电磁流量计	导电液体	6～1200	10：1	±(0.5~1)	无压损、可双向使用，能测脏污介质，被测流体必须导电
容积式 　椭圆齿轮流量计 　腰轮流量计 　摆盘流量计 　旋转活塞流量计	液体 液体、气体 液体 液体	10～250 15～400 15～80 15～100	10：1	±(0.2~0.5)	精度高，受黏度影响小，安装要求不高，体积大，加工要求高
卡门涡街流量计	液体、气体	50～250	30：1	±1	无活动部件，压损小，测量范围宽，对安装要求高
超声(波)流量计	液体、气体	300～3500	20：1	±(1~2)	宜测大流量，无压损，对安装要求高
堰式流量计	液体	全幅堰水槽 宽 500	10：1	±(3~5)	宜测废液大流量，压损小，精度不高
槽式流量计	液体	水槽宽度 700～3000	10：1	±3	宜测废液大流量，压损小，精度不高

6.4.1　文丘里流量计

文丘里流量计由渐缩管、中间的喉部断面和渐扩管组成。渐缩管内速度增加，压力下降，渐扩管内动能又转变为压力能，速度减小，压力增加。因为压力与流速有关，所以可以用来测流量。如图 6-7 所示，以管道轴线为基准面，1 和 2 两断面间伯努利方程为：

$$z_1 + \frac{p_1}{\gamma} + \frac{v_1^2}{2g} = z_2 + \frac{p_2}{\gamma} + \frac{v_2^2}{2g}$$

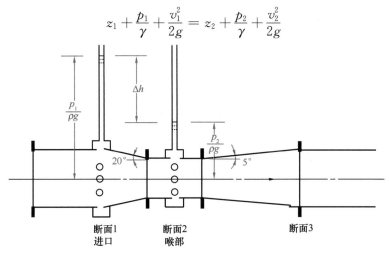

图 6-7 文丘里流量计

代入连续性方程，得：

$$v_1 = \frac{A_2}{A_1} v_2$$

喉部理想流速为：

$$v_2 = \sqrt{\frac{1}{1 - \left(\frac{A_2}{A_1}\right)^2}} \cdot \sqrt{2g\left[\left(z_1 + \frac{p_1}{\gamma}\right) - \left(z_2 + \frac{p_2}{\gamma}\right)\right]}$$

如果用 U 形管测得两个断面处的测压管高度差 Δh，则上式为：

$$v_2 = \sqrt{\frac{2g\Delta h}{1 - \left(\frac{A_2}{A_1}\right)^2}}$$

因为 1 和 2 两断面间会有摩擦损失，实际流速小于理想流速，引入流量系数 μ，则流量为：

$$Q = \mu A_2 v_2 = \mu \frac{\pi d_2^2}{4} \sqrt{\frac{2g\Delta h}{1 - \left(\frac{d_2}{d_1}\right)^4}} \tag{6-3}$$

为了测量精确，在文丘里管前应该至少有管道直径 5～10 倍长的直管段。所需要的直管段长度取决于进口断面的条件。随管径比率增加，进口断面处流动影响增大。例如，在两个短弯头处形成的旋涡在 30 倍的管长范围内都不会消除，因此，可以在流量计前安装直的导流叶片以减小扰动影响。压力差测量应该用管道周围的环形测压管，并保证在两个断面处有适当的开孔数。事实上，开孔常常由沿管道周围非常窄的狭缝所代替。

对于一个给定的文丘里管，除特殊给定外，通常假设雷诺数超过 10^5，μ 值根据实验确定，称为文丘里管系数，它的值约在 0.95～0.98 之间。文丘里管长期使用后 μ 可能下降 1%～2%。

【例题 6-3】 如图 6-8 所示，求 20℃水流过文丘里管时的流量。已知 $d_1 = 800\text{mm}$，$d_2 = 400\text{mm}$，测压管高度差 $\Delta h = 150\text{mmHg}$。

【解】 根据题意，有：

$$\left(z_1 + \frac{p_1}{\gamma}\right) - \left(z_2 + \frac{p_2}{\gamma}\right) = \left(\frac{\gamma_{Hg}}{\gamma} - 1\right)\Delta h$$

$$= (13.59 - 1) \times 0.15 = 1.8825\text{m}$$

取 $\mu = 0.98$，由式（6-3），得：

$$Q = \mu A_2 v_2 = \mu \frac{\pi d^2}{4} \sqrt{\frac{2g\Delta h}{1 - \left(\frac{d_2}{d_1}\right)^4}}$$

$$Q = \frac{0.98 \times 3.14 \times 0.4^2}{4} \sqrt{\frac{2 \times 9.807 \times 1.8825}{1 - \left(\frac{0.4}{0.8}\right)^4}} = 0.773\ \text{m}^3/\text{s}$$

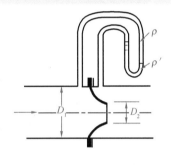

图 6-8

管内水流量为 $0.773\text{m}^3/\text{s}$。

6.4.2 喷嘴流量计

如果文丘里管流量计中去掉渐扩管，则成为喷嘴流量计，如图 6-9 所示，这种结构比文丘里管流量计更适宜安装在管道的法兰之间。虽然管道内阻力有所增加，但是它与文丘里管流量计具有相同的功能。文丘里管流量计的计算式同样可以应用于喷嘴流动的情况，习惯上用流动系数对来流速度作修正，所以：

图 6-9 喷嘴流量计

$$Q = KA_2\sqrt{2g\Delta h} \tag{6-4}$$

式中 K——流动系数；

A_2——喷嘴喉部面积，m^2。

即

$$K = \frac{\mu}{\sqrt{1 - \left(\frac{d_2}{d_1}\right)^4}} \tag{6-5}$$

国际标准协会（ISA）推荐的流动喷嘴结构如图 6-10 所示，喷嘴直径是喉部直径 d_2。随雷诺数变化，不同直径比率的流动系数 K 也要发生变化，像文丘里流量计一样，为了测量精确，喷嘴前直管段长度至少为 10 倍管径。两种不同布置的测压孔结构如图 6-8、图 6-9 所示。

6.4.3 孔板流量计

在管道中装置一薄壁孔板，称为孔板流量计，如图 6-11所示，其工作原理与文丘里流量计和喷嘴流量计相同，出流规律符合孔口淹没出流。那么，通过孔板流量计的流量可以表示为：

$$Q = KA_0 \sqrt{2g\Delta h} \tag{6-6}$$

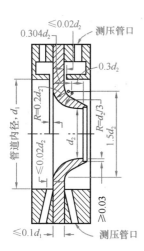

图 6-10 滚动喷嘴结构图

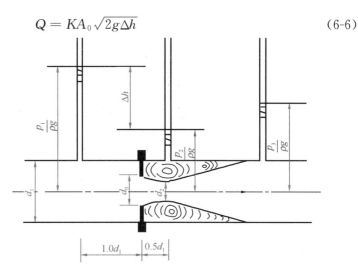

图 6-11 孔板流量计

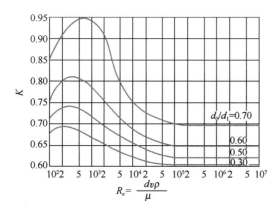

图 6-12 孔板流量计的流动系数 K 变化图

式中，A_0 是孔口面积，标准的孔板流量计的流动系数 K 表示在图 6-12 中。K 随雷诺数变化，与文丘里管流量计和喷嘴流量计不同，高雷诺数下，流动处于完全粗糙区，K 基本上是常数。但雷诺数变小时，孔板流动系数 K 是增加的，不同的 d_0/d_1 时，在雷诺数为 200～600 时，K 达到最大值。低雷诺数下，黏性作用增加，使流速系数 φ 降低、收缩系数 ε 增大，并且后者比前者变化更显著，直到收缩系数 ε 接近 1.0 的最大值，随雷诺数进一步降低，K 因收缩系数 ε 的降低而变小。

孔板流量计与文丘里流量计和喷嘴流量计的差别是后两者没有收缩断面，A_2 就是喉部面积并且固定不变，而孔口的 A_2 是出流收缩断面，是变化的，比孔口面积 A_0 小。对于文丘流量计和喷嘴流量计，其流量系数实际上就等于流速系数；而对于孔口流量计，其流量系数受到收缩系数 ε 变化的影响比流速系数 φ 变化影响还要大。

压差测量可以在孔口上游 1 倍管径处和孔口下游约 0.5 倍管径处的收缩断面处，如图 6-11 所示。收缩断面处的距离不是恒定的，随 d_0/d_1 的增加而减小。压差还可以在孔板两侧的角落处测量，这时法兰盖可以作为孔板流量计的一部分，而不需要测压管与管道相连。

孔板流量计的突出优点是在管道上安装便利，费用最低。其主要缺点是产生的阻力损失比文丘里流量计和喷嘴流量计更大。

【例题 6-4】孔板流量计，测得测压管高度差 $\Delta h = 600$ mmH₂O，管道直径 $d_1 = 200$mm，孔板直径 $d_0 = 100$mm，求管内 20℃水的流量。若其他条件不变，求管内 20℃空气的流量。

【解】设 $Re = \dfrac{\rho v d_1}{\mu} > 10^5$，流动处于完全粗糙区，$K$ 基本上是常数，又因为 $d_0/d_1 = 0.5$，查图 6-12 中得 $K \approx 0.625$。管内水流动时，由式 6-6 得：

$$Q = KA_0\sqrt{2g\Delta h} = K\frac{\pi}{4}d_0^2\sqrt{2g\Delta h}$$

$$Q = 0.625 \times \frac{3.14}{4} \times 0.1^2 \times \sqrt{2 \times 9.807 \times 0.6} = 0.0168 \ \text{m}^3/\text{s}$$

$$v = \frac{Q}{A_1} = \frac{4Q}{\pi d_1^2} = \frac{4 \times 0.0168}{3.14 \times 0.2^2} = 0.54 \ \text{m/s}$$

如果管内是空气，则：

$$\left(z_1 + \frac{p_1}{\gamma}\right) - \left(z_2 + \frac{p_2}{\gamma}\right) = \left(\frac{\gamma_{H_2O}}{\gamma} - 1\right)\Delta h$$

$$Q = KA_0\sqrt{2g\Delta h} = K\frac{\pi}{4}d_0^2\sqrt{2g\left(\frac{\gamma_{H_2O}}{\gamma} - 1\right)\Delta h}$$

$$Q = 0.625 \times \frac{3.14}{4} \times 0.1^2 \times \sqrt{2 \times 9.807 \times \left(\frac{9789}{11.82} - 1\right) \times 0.6} = 0.48 \ \text{m}^3/\text{s}$$

$$v = \frac{4 \times 0.48}{3.14 \times 0.2^2} = 15.29 \ \text{m/s}$$

若管道内水流动，则：

$$Re = \frac{\rho v d_1}{\mu} = \frac{998.2 \times 0.54 \times 0.2}{1.002 \times 10^{-3}} = 1.07 \times 10^5$$

若管道内空气流动，则：

$$Re = \frac{\rho v d_1}{\mu} = \frac{1.205 \times 15.29 \times 0.2}{1.81 \times 10^{-5}} = 2.04 \times 10^5$$

管道内流动雷诺数均大于 10^5 的初始假设，计算结果符合实际情况。

6.5　测量流量的其他方法

6.5.1　差压流量计（DP）

这是最普通的测量技术，包括孔板流量计、文丘里流量计和音速喷嘴流量计。DP 流量计可用于测量大多数液体、气体和蒸汽的流速。DP 流量计没有移动部分，应用广泛，易于使用。但堵塞后，它会产生压力损失，影响测量精确度。流量测量的精确度取决于压力表的精确度。

6.5.2　容积流量计（PD）

PD 流量计用于测量液体或气体的体积流速，它将流体引入计量空间内，并计算转动次数。叶轮、齿轮、活塞或孔板等用以分流流体。PD 流量计的精确度较高，是测量黏性液体流量的几种工具之一。但是它也会产生压力误差，还需装有移动部件。

6.5.3　变面积流量计

它的主要形式是转（浮）子流量计，如图 6-13 所示，由锥形玻璃管和浮子组成。浮子能在垂直安装的锥形玻璃管内上下移动。被测流体自下向上流过管壁与浮子之间环隙时，向上托起浮子，这时管与浮子之间的环隙面积增大，直到浮子两边压差所形成的力与浮子重力相等时，浮子便处在一个平衡位置。流量变化时浮子两边压差所形成的力也随之变化，使浮子又在一个新的位置上重新平衡。浮子浮起的高度即为流量计的读数。

6.5.4　涡轮流量计

由传感器和显示仪表组成。传感器主要由磁电感应转换器和涡轮组成，如图 6-14 所示。流体流过传感器时，先经过前导流件，再推动铁磁材料制成的涡轮旋转。旋转的涡轮切割壳体上的磁电感应转换器的磁力线，磁路中的磁阻便发生周期性的变化，从而感应出交流电信号。信号的频率与被测流体的体积流量成正比。传感器的输出信号经前置放大器

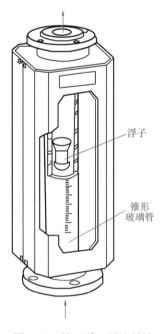

浮子

锥形
玻璃管

图 6-13　转（浮）子流量计

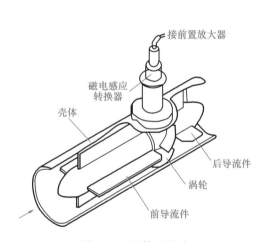

接前置放大器

磁电感应
转换器

壳体

后导流件

涡轮

前导流件

图 6-14　涡轮流量计

放大后输至显示仪表，进行流量指示和计算。涡轮转速信号还可用光电效应、霍尔效应等转换器检出。涡轮流量计可精确地测量洁净的液体和气体流量。和 PD 流量计一样，涡轮流量计会产生压力误差，也需要转动部件。

6.5.5　电磁流量计

具有传导性的流体在流经电磁场时，通过测量电压可得到流体的速度。电磁流量计由传感器、转换器和显示仪表组成，根据法拉第电磁感应原理工作。传感器主要由励磁线圈和一对电极组成，如图 6-15 所示。在用非磁性材料制成的、直径为 D 的管道内，导电液体若以速度 v 流动，切割由励磁线圈感应出的均匀磁通密度为 B 的磁场，则在流体方向和磁场方向都垂直的一对电极上感应出电动势 E_s，则 $E_s = BDv$，经换算可得到体积流量。电磁流量计没有转动部件，不受流体的影响，在满管时测量导电性液体精确度很高，电磁流量计可用于测量浆状流体的流速。

6.5.6　超声（波）流量计

超声（波）流量计是一种利用超声波脉冲来测量流体流量的速度式流量仪表，它从 20 世纪 80 年代开始进入我国工业生产和计量领域，并在 20 世纪 90 年代得到迅速发展。在管道上纵向距离为 l 的两处安装两组超声波发生器和接收器，如图 6-16 所示（T_1、R_1 和 T_2、R_2）。当流体静止时，声速为 c。当流体速度为 v 时，顺流的声速为 $c+v$，传播时间为 T_1；逆流的声速为 $c-v$，传播时间为 T_2。通过测量时间差 $\Delta T = T_2 - T_1 \approx \dfrac{2lv}{c}$ 来测量流速的方法称为时间法。由于时间差非常小，欲测 ΔT 需要较复杂的电子线路，为简化测量线路，用测量顺逆两个连续波之间的相位差（为一连续波的角频率）来求得流速的方法称为相位差法。这两种方法都需要准确知道声速，但液体中的声速随温度变化。为消除因温度差异而产生的误差，可通过测量频率差而求得流速，这种方法称为频率差法。集成电路的发展使超声（波）流量计可普遍使用锁相环路技术，这样就能消除由声速带来的误差，使超声（波）流量计的应用得到推广。它是无阻碍流量计，如果超声变送器安装在管道外侧，就无须插入。它几乎适用于所有的液体，包括浆体等，测量精确度高，但管道的污浊会影响精确度。

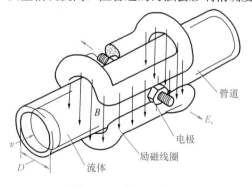

图 6-15　电磁流量计

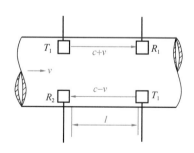

图 6-16　超声（波）流量计原理图

6.5.7 涡街流量计

在流体中放置一个非流线型柱状物（圆柱或三角柱等），在某一雷诺数范围内便会在柱状物后面的两侧交替地产生一种有规律的旋涡，如图 6-17 所示。当两侧旋涡之间的距离与同侧旋涡之间距之比满足 $h/l = 0.281$ 时，旋涡是稳定的，且有规则。根据斯特芬哈尔实验得知旋涡产生的频率与流体流速成正比，因此测出旋涡频率即可得出体积流量。旋涡频率信号可通过热敏元件、热丝、压电晶体和应变等元件检测出来。涡街流量计主要用于工业管道介质流体的流量测量，如气体、液体、蒸汽等多种介质。其特点是压力损失小，量程范围大，精度高，在测量工况体积流量时几乎不受流体密度、压力、温度、黏度等参数的影响。涡街流量计无可动机械零件，维护量小，仪表参数能长期稳定，因此可靠性高，可在 $-20℃ \sim +250℃$ 的温度范围内工作，有模拟标准信号，也有数字脉冲信号输出。但涡街流量计会产生噪声，而且要求流体具有较高的流速，以产生旋涡。

6.5.8 质量流量计

质量流量计是测量质量流量的流量计。一般质量流量计测量的是体积流量，而流体密度是随温度、压力的变化而变化的。因此，在密度变化的情况下，求出的体积流量对某一规定的工况来说是不准确的。而质量流量与温度、压力变化无关，因此在一些情况下，就需要使用质量流量计。质量流量计可分为直接式和推导式两类，如图 6-18 所示是动量矩式质量流量计，它是直接式质量流量计的一种。仪表壳体内的两个叶轮分别装在两短轴上，中间有一隔离盘，在两叶轮的轮缘上有若干直叶片作为流体的通道。电动机以恒定角速度驱动主动叶轮，使流体具有与主动叶轮相同的角速度，并产生与质量流量成比例的动量矩作用在从动叶轮上。从动叶轮因被弹簧限制不能旋转而吸收动量矩，因此测出弹簧的制动力矩，就可知道动量矩的变化，也即测得质量流量。推导式质量流量计是在测量体积流量的同时测出管道内流体温度、压力或密度的变化值，并将它们的输出信号用计算器自动运算，这样即可测得体积流量换算到规定状态下的体积流量或质量流量。

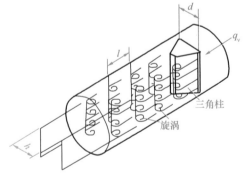

图 6-17 涡街流量计原理图

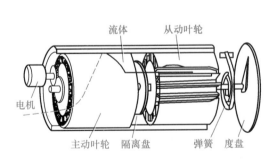

图 6-18 动量矩式质量流量计

6.5.9 科里奥利流量计

这种流量计利用振动流体管道产生与质量流量相应的偏转来进行测量。科里奥利流量计可用于液体、浆体、气体或蒸汽的质量流量的测量，测量精确度高，但要对管道壁进行定期的维护，防止腐蚀。

6.5.10 新型流量计

为了满足流量测量的特殊要求，随着新技术的发展又出现一些新型流量测量仪表。例如多普勒激光流速计能测量射流元件内气流变化速度、超声速的气流和紊流流速、燃烧火焰流速，特别是它能测量速度的分布。用气动力输送各种物料时，需要测量气—固两相流的流量，为此而研制出一种不需要单独标定的相关流量计。为解决烟丝、水泥和玉米粉的固体流量测量而研制出冲量流量计；为解决矿石、纸、煤破碎后变成浆状液的输送和污水处理、挖泥等污泥的运送中的计量问题，已有耐磨内衬和带浓度补偿的电磁流量计。另外，在大口径中插入一种由小口径涡轮、涡街和电磁等制成的插入式流量计可测量大流量，仪器价格低廉，压损小，也便于维修。

单 元 小 结

本单元对静压测量、流速测量、流量测量所采用测量方法和仪器进行了详细介绍和分析，要求熟练掌握毕托管流量计，文丘里管流量计、喷嘴流量计和孔板流量计的测量原理和方法，了解诸如水流计、风速仪、激光多普勒测速仪、磁流速仪和声流速仪等的适用范围和测量原理。

思 考 题 与 习 题

1. 如图 6-19 所示，装有文丘里管流量计的倾斜管道通过的流量为 Q 时，图中水银差压计的读数为 h_p。试问：

(1) 当阀门 B 逐渐开大或逐渐关小时，水银差压计的读数 h_p 将如何变化？为什么？

(2) 若保证管中流量不变，将管道水平设置，水银差压计的读数 h_p 是否会改变？为什么？

2. 如图 6-20 所示，利用毕托管原理测量输水管中的流量。已知输水管直径 $d=200$mm，测得水银差压计读数 $\Delta h_p=60$mm，若管流的断面平均流速 $v=0.84u_m$，式中 u_m 为管中轴线上的最大流速。试求输水管中的最大流量 Q。

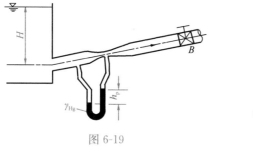

图 6-19

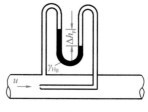

图 6-20

3. 用如图 6-21 所示的水银比压计测油速，已知相对密度为 0.8，水银的相对密度为 13.6，设流动恒定，不计黏性影响，$h = 60\text{mm}$，求管内油的流动速度。

4. 设用一附有压差计的毕托管测定某风管中的空气流速，如图 6-22 所示。已知压差计读数 $h = 150\text{mmH}_2\text{O}$，空气的密度 $\rho = 1.2\text{kg/m}^3$，水的密度 $\rho = 1000\text{kg/m}^3$，若不计能量损失，毕托管校正系数 $c = 1$，试求空气流速 u_0。

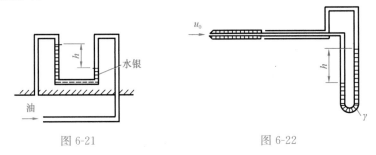

图 6-21   图 6-22

5. 设用一附有空气-水倒 U 形差压计的毕托管来测定管流过流断面上若干点的流速，如图 6-23 所示。已知管径 $d = 0.2\text{m}$，各测点离管壁的距离 y 及其相应的差压计的读数 h 分别为：$y = 0.025\text{m}$，$h = 0.05\text{m}$；$y = 0.05\text{m}$，$h = 0.08\text{m}$；$y = 0.10\text{m}$，$h = 0.10\text{m}$；毕托管校正系数 $c = 1.0$。求各测点流速，并绘出过流断面上的流速分布图。

6. 为了测量石油管道的流量，在输送石油的管道上安装一个文丘里流量计。如图6-24所示，已知管道直径 $d_1 = 200\text{mm}$，文丘里管喉道直径 $d_2 = 100\text{mm}$，石油密度 $\rho = 850\text{kg/m}^3$，文丘里管的流量系数 $\mu = 0.95$，现测得水银差压计读数 $h_p = 150\text{mm}$。试求此时石油的流量 Q。

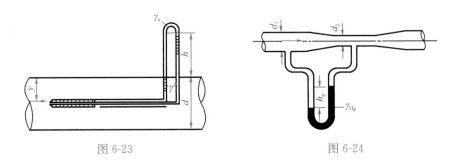

图 6-23   图 6-24

7. 如图 6-25 所示，水流通过铅直放置的文丘里流量计。已知 $d_1 = 40\text{mm}$，$d_2 = 20\text{mm}$，水银差压计读数 $h_p = 30\text{mm}$，两测点断面间的水头损失 $h_w = 0.05\dfrac{v_2^2}{2g}$。试求文丘里管喉道的断面平均流速 v_2 及管中流量 Q。

8. 一倾斜装置的文丘里流量计如图 6-26 所示。已知 $D = 50\text{mm}$，$d = 25\text{mm}$，水银比压计的读数 $\Delta h = 100\text{mm}$，流量系数 $\mu = 0.98$，求流量。

9. 一喷嘴流量计如图 6-27 所示，已知 $D = 50\text{mm}$，$d = 30\text{mm}$，喷嘴的局部阻力系数 $\zeta = 0.08$，管中通过重度 $\gamma = 7854\text{N/m}^3$ 的煤油，若水银比压计的读数 $\Delta h = 175\text{mm}$ 时，煤油流量 Q 为多少？

10. 如图 6-8 所示，文丘里管直径 $d_1 = 200\text{mm}$，$d_2 = 100\text{mm}$，高度 $\Delta z = 450\text{mm}$，若压差计内盛密度为 1590kg/m^3 的四氯化碳，其读数 $\Delta h = 100\text{mm}$，取 $c = 0.98$，求 $20℃$ 水的流量。若文丘里管水平放置数 $\Delta z = 0$，流量将如何变化？

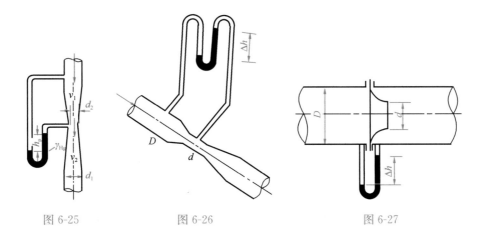

图 6-25　　　　　　　　　图 6-26　　　　　　　　　图 6-27

11. 20℃空气在绝对压力为 700kPa 时流过文丘里管，系数 c 为 0.98，喉部绝对压力为 420kPa，进口面积为 0.060m²，喉部面积为 0.015m²，求理想的质量流量、实际质量流量和喉部速度。

12. 空气流过进口直径为 200mm 和喉部直径为 100mm 的文丘里管流量计，进口温度为 15℃，表压为 150kPa，当水银压差计读数为 180mm 时，取 $c=0.98$，求空气流量（大气压力为标准大气压）。

教学单元 7 离心式泵与风机的构造及理论基础

【教学目标】通过本单元教学，使学生掌握离心式泵与风机的工作原理，离心式泵与风机的基本性能参数，离心式泵与风机性能曲线的变化规律及相似律在泵与风机运行、调节和选型中的应用；理解比转数的意义；熟悉离心式泵与风机的基本构造，不同叶型叶轮对泵或风机工作的影响；了解泵与风机的分类及其应用，离心式泵与风机的基本方程式。

【素质目标】结合相似律，树立唯物主义辩证法思维；结合欧拉方程，了解欧拉生平故事，学习不畏艰难的科学精神。

7.1 泵与风机的分类和应用

泵与风机是利用原动机（电动机）驱动使流体提高能量的一种流体机械装置。输送液体并提高液体能量的流体机械称为泵；输送气体并提高气体能量的流体机械称为风机。

7.1.1 泵与风机的分类

根据泵与风机的工作原理，通常可分类如下：

1. 叶片式

叶片式泵与风机是由装在主轴上的叶轮产生旋转作用对流体做功，从而使流体获得能量。根据流体的流动情况又可分为离心式、轴流式和混流式等。

2. 容积式

容积式泵与风机是靠机械运转时，内部的工作容积不断变化对流体做功，从而使流体获得能量。一般使工作容积改变的方式有往复运动和旋转运动两种，前者如活塞式往复泵，后者如齿轮泵、转子泵、罗茨鼓风机等。

3. 其他类型的泵与风机

除了叶片式和容积式以外的泵与风机均可列入这一类，如引射器、空气扬水机（气升泵）、贯流式风机、真空泵、水锤泵等。

7.1.2 泵与风机在国民经济和供热通风、空调及燃气工程中的应用

泵与风机均属于一般的通用机械，广泛地应用于国民经济及国防工业等各个部门。随着现代工业的发展和社会的进步，采矿、冶金、电力、石化、交通、市政、农林等部门以及在人们日常生活的诸多方面，使用了各种形式的泵与风机，而且其规模和投资愈来愈大，近年来泵与风机的应用在安全、经济、环保与维护等方面尤为重要且要求不断提高，其作用在行业中不可替代。

在建筑物中，泵与风机是给水、排水及空调系统正常运转的枢纽。除此以外，市政管道工程中的给水、排水及煤气工程的流体输送更需要泵与风机。

在工业、矿山企业的生产过程中，泵与风机是很多生产工艺过程中必不可少的设施。使用汽轮发电机组的火电站及供热锅炉房，为保证机组的正常工作，需要一系列相应的泵和风机，如火电站中供冷凝器冷却水的循环泵，输送冷凝水的凝水泵，锅炉上水的给水泵，用于补水的补水泵，保证热网循环的循环泵，水力除灰泵，鼓、引风机，煤粉系统和水冷壁吹灰系统的空气压缩机等。在矿山采矿生产中，竖井的井底排水、矿床的地表水输送、掘进斜井的初期排水、水力掘进、水力选矿等需用不同的水泵，为保证安全生产，矿井有专门的排风和送风系统。

我国人均水资源仅为世界人均水资源的 1/4，且现存的水资源分布又很不均匀。因此，我们不仅要节约利用水资源，还要合理地进行跨流域水资源调度，在此方面，水泵是跨流域调水工程的核心。随着农业的发展与需要，在农田灌溉及排涝方面，泵站作为一个独立的构筑物而服务于各项工作中。这类泵站的数量和总装机容量，在我国国民经济各领域的泵站中所占的比例最大。因此水泵在抗御旱涝灾害、保证农业生产方面，发挥了重要的作用。

当前泵与风机的发展趋势和特点有以下几个方面：

1. 大型化、大容量化。通常，泵与风机的型号、容量越大效率越高，因而这种发展趋势很明显。如国外 130×10^4 kW 汽轮发电机组（单机）配套的锅炉给水泵，功率已达到 5×10^4 kW。城市给水工程中单级双吸离心泵的单机功率已达到 5500kW，巨型轴流泵的叶轮直径可达 7m，潜水泵直径可达 1.6m。

2. 高速化、高扬程化。目前，国内锅炉给水泵的单级扬程已有突破千米大关的记录。要实现泵的高速化、高扬程化，势必要提高水泵转数。提高水泵转数主要受泵体与叶轮材料的限制。随着现代科学技术的全面进步，水泵的优化设计，水泵所使用材料耐汽蚀性能和强度的进一步提高，已使泵的高速化、高扬程化发展方向变为现实。

3. 系列化、标准化、通用化。产品的三化是用户对产品的要求，也是对现代工业生产的必然要求。为了实现三化，我国已建立了自己的三化体系，三化程度不断提高，并且有部分产品已与国际接轨，如我国已按国际标准化协会制订的 ISO2858—1975E 标准设计与生产单级单吸离心泵，其产品作为标准水泵出现在国际市场。

4. 自动与节能。泵与风机的启动、运行、停机、监控、流量压力调节，全过程的自动化应用愈来愈广泛，从而已被多数生产制造厂与用户接受和采用。尤其是近年来泵与风机的运行采用了变频调速机组，不仅提高了水泵高效工作范围，减少了扬程浪费，节约电能，更节约了人力、时间，提高了运行的安全性。

随着计算机在管理中应用愈来愈普遍，泵与风机的设计理论、现代计算与模拟试验技术、测试手段等的改进，材料性能的发展与创新，加工工艺的革新，可以预见泵与风机的各项性能指标会得到进一步的提高。

各种类型的泵与风机的使用范围是不相同的，由于泵与风机的使用范围较广，在供热通风与空调工程中，应用最多的就是离心式泵与风机，故我们本教材主要以叶片式中的离心式泵与风机为研究对象，对其他形式的泵与风机仅摘选几种作一般简介。

由于本专业常用泵是以不可压缩流体为工作对象，而风机的增压量也不高（通常在 9807Pa 或 1000mmH_2O 以下），所以泵与风机中通过的流体仍以不可压缩流体进行论述。

7.2 离心式泵与风机的基本构造、工作原理

7.2.1 离心式泵的基本构造

7-1

离心泵的基本构造及工作原理

离心式泵主要由叶轮、泵壳、泵轴、泵座、密封环和轴封装置等构成。如图 7-1 所示。

1. 叶轮

叶轮是离心泵最主要的部件。它一般由两个圆形盖板以及盖板之间若干片弯曲的叶片和轮毂所组成，如图 7-2 所示。叶片固定在轮毂上，轮毂中间有穿轴孔与泵轴相联接。

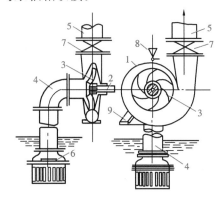

图 7-1 单级单吸式离心泵的构造
1—泵壳；2—泵轴；3—叶轮；4—吸水管；5—压水管；6—底阀；7—闸阀；8—灌水漏斗；9—泵座

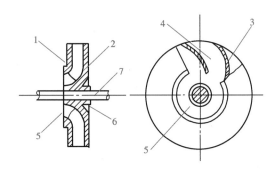

图 7-2 叶轮结构简图
1—前盖板；2—后盖板；3—叶片；4—流道；5—吸水口；6—轮毂；7—泵轴

离心泵的叶轮可分为单吸叶轮和双吸叶轮两种。目前多采用铸铁、铸钢和青铜制成。叶轮按其盖板情况可分为封闭式叶轮、敞开式叶轮和半开式叶轮三种形式，如图 7-3 所示。凡具有两个盖板的叶轮，称为封闭式叶轮，这种叶轮应用最广，前述的单吸式、双吸式叶轮均属于这种形式。只有叶片没有完整盖板的叶轮称为敞开式叶轮。只有后盖板，没有前盖板的叶轮，称为半开式叶轮。一般在抽吸含有悬浮物的污水泵中，为了避免堵塞，有时采用开式或半开式叶轮。这种叶轮的特点是叶片少，一般仅有 2~5 片。而封闭式叶轮一般有 6~8 片，多的可至 12 片。

2. 泵壳

离心式泵的泵壳常铸成蜗壳形，其过水部分要求有良好的水力条件。如图 7-4 所示。泵壳的作用是收集来自叶轮的液体，并使部分液体的动能转换为压力能，最后将液体均匀地导向排出口。泵壳顶上设有充水和放气的螺孔以便在水泵启动前用来充水和排走泵壳内的空气。底部设有放水的方头螺栓，以便停用和检修时排水。

3. 泵轴

泵轴是用来旋转叶轮并传递扭矩的。常用的材料是碳素钢和不锈钢。泵轴应有足够的抗扭强度和足够的刚度。它与叶轮用键进行连接。

4. 泵座

泵座上有与底板和基础固定的法兰孔，有收集轴封滴水的水槽，轴向的水槽底设有泄水螺孔，以便随时排出由填料盖内渗出的水。

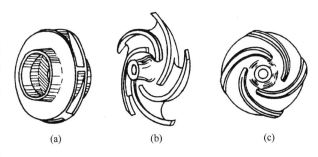

图 7-3　叶轮形式

（a）封闭式叶轮；（b）敞开式叶轮；（c）半开式叶轮

5. 减漏环

减漏环也叫承磨环或密封环。它是用来减小高速转动的叶轮和固定的泵壳之间的缝隙，从而减少泵壳内高压区泄漏到低压区的液体量，如图 7-5 所示。

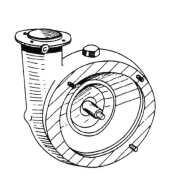

图 7-4　蜗壳形泵壳

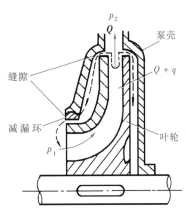

图 7-5　减漏装置

减漏环是一种金属口环，通常镶嵌在缝隙处的泵壳上，或在泵壳与叶轮上各镶一个。此环的接缝面可以做成阶梯形，以增加液体的回流阻力，提高减漏效果，如图 7-6 所示为三种不同形式的减漏环。

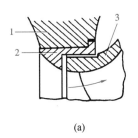 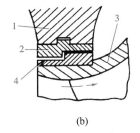 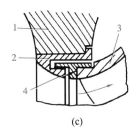

(a)　　　　　　　　　(b)　　　　　　　　　(c)

图 7-6　减漏环的形式

（a）单环形；（b）双环形；（c）双环迷宫形

1—泵壳；2—镶在泵壳上的减漏环；3—叶轮；4—镶在叶轮上的减漏环

6. 轴封装置

离心泵的泵轴穿出泵壳时，在轴与壳之间存在着间隙，如不采取措施，间隙处就会泄漏。当间隙处的液体压力大于大气压力（如单吸式离心泵）时，泵壳内的高压水就会通过此间隙向外大量泄漏，当间隙处的液体压力为真空（如双吸式离心泵）时，则大气就会从间隙处漏入泵内，从而降低泵的吸水性能。为此，需在轴与泵之间的间隙处设置密封装置，称为轴封。常用的轴封有填料轴封、骨架橡胶轴封、机械轴封和浮动环轴封数种，其中填料轴封应用最为广泛。

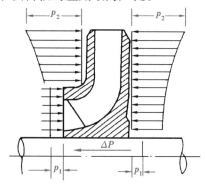

图 7-7 轴向推力

7. 轴向力平衡装置

单吸式离心泵，由于叶轮盖板不具对称性，当离心泵工作时，作用于前后盖板上的压力不相等，结果作用于叶轮上有一个推向吸入端的轴向推力 ΔP，如图 7-7 所示。从而造成叶轮的轴向位移与泵壳发生磨损，水泵消耗的功率也相应增大。

对于单级单吸式离心泵而言，一般采取在叶轮后盖板上钻开平衡孔，并在后盖板上加装减漏环的办法来实现轴向力平衡。如图 7-8 所示。开孔口位置接近轮毂且要尽可能对称，开孔面积及个数应由实验决定，开孔后应做叶轮的静、动平衡实验。为配合开平衡孔加装的减漏环，其目的是增加回流通道阻力，降低开孔区水压。用这种办法平衡轴向推力会使水泵效率有所降低，但简单易行，仍被广泛采用。

对多级单吸式离心泵，为平衡轴向推力，一般在最后一级装设推力平衡盘，其结构示意见图 7-9。

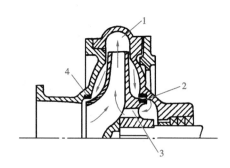

图 7-8 平衡孔

1—排出压力；2—加装的减漏环；
3—平衡孔；4—泵壳上的减漏环

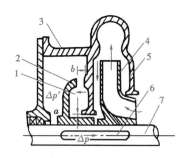

图 7-9 推力平衡盘示意

1—平衡室；2—平衡盘；3—通大气孔；
4—叶轮；5—泵壳；6—键；7—泵轴

平衡盘用键与轴连接，盘、轴、叶轮可视为一"固联体"，随轴一起转动。当水泵运行时，平衡推力过程中泵轴作有限的（允许的）左右窜动。

7.2.2 离心式风机的基本构造

离心式风机根据其增压量大小，可分类为：（1）低压风机：增压值小于 1000Pa；（2）中压风机：增压值为 1000～3000Pa；（3）高压风机：增压值大于 3000Pa。低压和中压风机多用于通风换气、排尘系统和空气调节系统，高压风机一般用于强制通风。风机的种类繁多，根据用途不同，风机各部件的具体构造有许多差别。

一般离心式风机的主要工作部件是叶轮、机壳、机轴等，如图 7-10 所示。对于大型离心式风机，一般还有进气箱、前导器和扩压器，现分述如下。

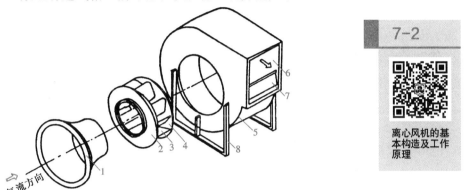

7-2

离心风机的基本构造及工作原理

图 7-10 离心式风机主要结构分解示意图
1—吸入口；2—叶轮前盘；3—叶片；4—后盘；5—机壳；
6—出口；7—截流板，即风舌；8—支架

1. 叶轮

叶轮是离心式风机的心脏部分，它的尺寸和几何形状对风机的特性有着重大的影响。离心式风机的叶轮一般由前、后盘、叶片和轮毂所组成，如图 7-11 所示。其结构有焊接和铆接两种形式。

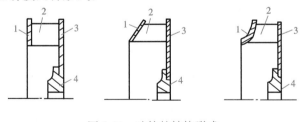

图 7-11 叶轮的结构形式
1—前盘；2—叶片；3—后盘；4—轮毂

图 7-12 是离心式风机叶轮的主要结构参数示意图：图中 D_0 为叶轮进口直径，D_1 为叶片进口直径，D_2 为叶片出口直径，即叶轮外径，b_1 为叶片进口宽度，b_2 为叶片出口宽度，β_1 为叶片进口安装角，β_2 为叶片出口安装角。

叶轮上的主要零件是叶片，其基本形状有弧形、直线形和机翼形三种，如图 7-13 所示。叶片的形状、数目及出口安装角对通风机的工作有很大影响。根据叶片出口安装角度的不同，可将叶轮的形式分为以下三种：

（1）前向叶片的叶轮（$\beta_2 > 90°$）：

如图 7-14（a）、图 7-14（b）所示。叶片出口方向和叶轮旋转方向相同，这种类型叶轮流道短，而出口宽度较宽，水头损失大，水力效率低。

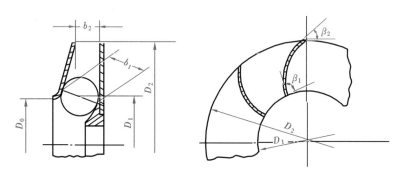

图 7-12 叶轮的主要结构参数

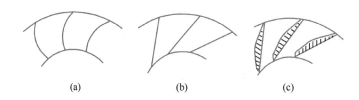

图 7-13 叶片的基本形状

（a）弧形；（b）直线形；（c）机翼形

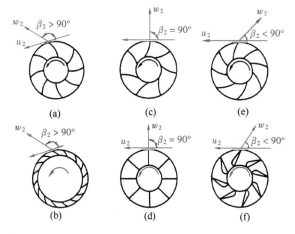

图 7-14 离心式风机叶轮形式

（a）薄板前向叶轮；（b）多叶前向叶轮；

（c）曲线径向叶轮；（d）直线径向叶轮；

（e）薄板后向叶轮；（f）机翼形后向叶轮

（2）径向叶片的叶轮（$\beta_2 = 90°$）：

如图 7-14（c）、图 7-14（d）所示。叶片出口按径向装设，前者制作复杂，但损失小，后者则相反。

（3）后向叶片的叶轮（$\beta_2 < 90°$）：如图 7-14（e）、图 7-14（f）所示。叶片出口方向和叶轮旋转方向相反，这类叶型的叶轮能量损失少，整机效率高，运转时噪声小，但产生的风压较低。

2. 机壳

离心式风机的机壳由蜗壳、进风口等零部件组成。

（1）蜗壳

蜗壳是由蜗板和左右两块侧板焊接或咬口而成。蜗壳的蜗板是一条对数螺旋线。蜗壳的作用是汇集叶轮中甩出来的气体，并引到蜗壳的出口，经过出风口把气体输送到管道中或排到大气中去。有的风机将流体的一部分动压通过蜗壳转变为静压。

（2）进风口

进风口又称集风器，它保证气流能均匀地充满叶轮进口，使气流的流动损失最小。目前常用的进风口有圆筒形、圆锥形、圆弧形和双曲线形四种，如图 7-15 所示。进风口形状应尽可能符合叶轮进口附近气流的流动状况，以避免漏流引起的损失。

3. 支承与传动方式

风机的支承包括机轴、轴承和机座。我国离心式风机的支承与传动方式已经定型，共分为 A、B、C、D、E、F 这 6 种形式，如图 7-16 所示。A 型风机的叶轮直接固装在风机的轴上；B、C 与 E 型均为皮带传动，这种传动方式便于改变风机的转速，有利于调节；D、F 型为联轴器传动；E 型和 F 型的轴承分设于叶轮的两侧，运转比较平稳，多用于大型风机。

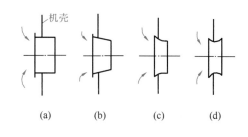

图 7-15　进风口形式示意图
（a）圆筒形吸入口；（b）圆锥形吸入口；
（c）圆弧形吸入口；（d）双曲线形吸入口

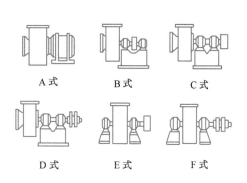

图 7-16　电动机与风机的传动方式

离心式风机的传动方式如表 7-1。

离心式风机的六种传动方式　　　　　　　　　　　　　　　　　　表 7-1

代号	A	B	C	D	E	F
传动方式	无轴承，电机直接传动	悬臂支承，皮带轮在轴承中间	悬臂支承，皮带轮在轴承外侧	悬臂支承，联轴器传动	双支承，皮带轮在外侧	双支承，联轴器传动

4. 进风箱

进风箱一般只使用在大型的或双吸的离心式风机上。其主要作用可使轴承装于风机的机壳外边，便于安装与检修，对改善锅炉引风机的轴承工作条件更为有利。对进风口直接装有弯管的风机，在进风口前装上进气箱，能减少因气体不均匀进入叶轮产生的流动损失。进口逐渐有些收敛的进气箱的效果较好。

5. 前导器

一般在大型离心风机或要求性能调节的风机的进风口或出风口的流道内装置前导器。改变前导器叶片的角度，能扩大风机性能、使用范围和提高调节的经济性。前导器有轴向式和径向式两种。

6. 扩散器

扩散器装于风机机壳出口处，其作用是降低出口流体速度，使部分动压转变为静压。根据出口管路的需要，扩散器有圆形截面和方形截面两种。

离心式风机可以做成右旋转或左旋转两种形式。从电动机一端正视，叶轮旋转为顺时针方向的称为右旋转，用"右"表示；叶轮旋转为逆时针方向的称为左旋转，用"左"表示，但是必须注意叶轮只能顺着蜗壳螺旋线的展开方向旋转。

7.2.3　离心式泵与风机的工作原理

离心泵与风机的主要部件是叶轮和机壳。机壳内的叶轮固装于由原动机驱动的转轴上，当原动机通过转轴带动叶轮作旋转运动时，处在叶轮叶片间的流体也随叶轮高速旋转，此时流体受到离心力的作用，经叶片间出口被甩出叶轮，这些被甩出的流体挤入机壳后，机壳内流体压强增高，最后被导向出口排出。与此同时，叶轮中心由于流体被甩出而形成真空，外界的流体在大气压的作用下，沿吸入管的进口吸入叶轮，如此源源不断地输送流体。

综上所述，离心式泵与风机的工作过程，实际上是一个能量的传递和转化过程，它把电动机高速旋转的机械能转化为被输送流体的动能和势能。在这个能量的传递和转化过程中，必然伴随着诸多的能量损失，这种损失越大，该泵或风机的性能就越差，工作效率越低。

7.3　离心式泵与风机的基本性能参数

离心式泵与风机的基本性能，通常用以下参数来表示：

1. 流量

单位时间内泵或风机所输送的流体量称为流量。常用体积流量并以字母 Q 表示，单位是 m^3/s 或 m^3/h，若采用质量流量其单位是 kg/h。

2. 泵的扬程或风机的全压

泵的扬程或风机的全压分别表示每单位重量或每单位体积的流体流经泵或风机时所获得的总能。

流经泵的出口断面与进口断面单位重量流体所具有的总能量之差称为泵的扬程，用字母 H 表示，其单位为 mH_2O 或 Pa。

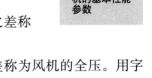

7-3

离心式泵与风机的基本性能参数

流经风机出口断面与进口断面单位体积流体具有的总能量之差称为风机的全压。用字母 p 表示，单位为 Pa 或 mmH_2O。

3. 功率

（1）有效功率：表示在单位时间内流体从离心式泵或风机中所获得的总能量。用字母 N_e 表示，它等于重量流量与扬程的乘积，单位为 kW。

$$N_e = \gamma QH = Qp \tag{7-1}$$

式中　γ——被输送液体的重度，kN/m^3。

（2）轴功率：原动机传递到泵或风机轴上的输入功率称之为轴功率。用字母 N 表示，单位为 kW。

4. 效率

泵或风机的有效功率与轴功率之比为总效率，常用字母 η 表示，以百分比计。

$$\eta = N_e/N \tag{7-2}$$

效率反映损失的大小和输入的轴功率被利用的程度，效率高，即损失小。从不同角度出发，我们还可以定义不同的效率，如：容积效率，传动效率等。

5. 转速

转速指泵或风机的叶轮每分钟的转数，常用字母 n 表示，单位为 r/min。

此外，泵与风机的性能参数还有比转数 n_s 以及泵的其他一些重要的性能参数，如允许吸上真空高度 H_s 及汽蚀余量 Δh 等，待后续教学单元进一步论述。

为了方便用户使用，水泵制造厂家提供两种性能资料。一是水泵样本，在样本中，除了水泵的结构、尺寸外，主要提供一套体现各性能参数相互之间关系的性能曲线，以便用户全面了解该水泵的性质。二是在每台泵或风机的机壳上都钉有一块铭牌，铭牌上简明地列出了该泵或风机在设计转速下运转时，效率为最高时的流量、扬程（或全压）、转速、电机功率及允许吸上真空高度值。现举例如下：

IS65-50-125 型单级单吸悬臂式离心泵铭牌：

离 心 式 清 水 泵

型号：IS65-50-125	转速：2900r/min
流量：25m³/h	效率：69%
扬程：20m	电机功率：3kW
允许吸上真空高度：7m	重量：
出厂编号：	出厂：　年　月　日

铭牌上泵的型号为 IS65-50-125，其中 IS 表示国际标准离心泵；65 表示进口直径为 65mm；50 表示出口直径为 50mm；125 表示叶轮名义直径为 125mm。

4-72 型离心风机铭牌：

离 心 式 通 风 机

型号：4-72	№ 5
流量：11830m³/h	电机功率：13kW
全压：290mmH₂O	转速：2900r/min
出厂编号：	出厂：　年　月　日

铭牌上风机的型号为 4-72№5，其中 4 表示风机在最高效率点时全压系数乘 10 后的化整数，本例风机的全压系数 0.4；72 表示比转数；№ 5 代表风机的机号，以风机叶轮外径的分米数表示，那么№5 就表示叶轮外径为 500mm。

7.4　离心式泵与风机的基本方程

本节将从分析流体在叶轮中运动入手，得出外加轴功率与流体所获得的能量之间关系的理论依据。

7.4.1　流体在叶轮中的流动过程

流体在叶轮流道中流动示意图，如图 7-17 所示。当叶轮旋转时，流体沿轴向以绝对

速度 v_0 自叶轮进口处流入，流体质点流入叶轮后，就进行着复杂的复合运动。因此，研究流体质点在叶轮中的流动时，首先应明确两个坐标系：旋转叶轮是动坐标系，固定的机壳（或机座）是静坐标系。流动的流体在叶槽中以速度 w 沿叶片而流动，这是流体质点对动坐标系的运动，称为相对运动；与此同时，流体质点又具有一个随叶轮进行旋转运动的圆周速度 u，这是流体质点随旋转叶轮对静坐标系的运动，称为牵连运动。且有：

$$\vec{v} = \vec{w} + \vec{u}$$

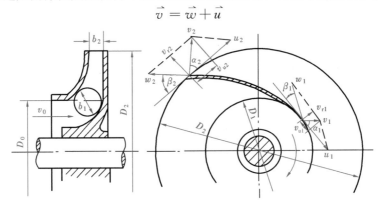

图 7-17　流体在叶轮流道中的流动

该矢量关系式可以形象地用速度三角形来表示，如图 7-18 所示。图中相对速度 w 与牵连速度 u 反方向之间的夹角 β 表明了叶片的弯曲方向，称为叶片安装角，它是影响泵或风机性能的重要几何参数。绝对速度 v 与牵连速度 u 之间的夹角 α 称为叶片的工作角，α_1 是叶片进口工作角，α_2 是叶片出口工作角。

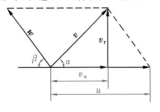

图 7-18　流体在叶轮中的
速度三角形

为了便于分析，有时将绝对速度 v 分解为与流量有关的径向分速 v_r 和与压力有关的切向分速 v_u。前者的方向与半径方向相同，后者与叶轮的圆周运动方向相同。显然，从图中可知：

$$v_{u2} = v_2 \cos\alpha_2 = u_2 - v_{r2} \cot\beta_2$$
$$v_{r2} = v_2 \sin\alpha_2$$

速度三角形除清楚地表达了流体在叶轮流道中的流动情况外，它又是研究泵与风机的一个重要手段。

应当说明，当叶轮流道几何形状（安装角 β 已定）及尺寸确定后，如已知叶轮转速 n 和流量 Q_T，即可求得叶轮内任何半径 r 上的某点的速度三角形。

这里，流体的圆周速度 u 为：

$$u = \omega r = \frac{n\pi d}{60}$$

由于叶轮流量 Q_T 等于径向分速度 v_r 乘以垂直于 v_r 的过流断面积 F，即 $Q_T = v_r F$，由此可求出径向分速度 v_r。其中 F 是一个环周面积，可以近似认为它是以半径 r 处的叶轮宽度作母线，绕轴心线旋转一周所成的曲面，故有：

$$F = 2\pi r b \varepsilon$$

式中，ε 为叶片排挤系数，它反映了叶片厚度对流道过流面积的遮挡程度。

既然 u 和 v_r 已求得，又已知 β 角，则此速度三角形就不难绘出了。

7.4.2 基本方程——欧拉方程

流体在叶轮中的流动过程是十分复杂的。为便于用一元流理论来分析其流动规律，首先对叶轮的构造、流动性质作以下三个理想化假设：

（1）流体在叶轮中的流动是恒定流。即流动不随时间变化。

（2）叶轮的叶片数目为无限多，叶片厚度为无限薄。因此可以认为流体在流道间作相对运动时，其流线与叶片形状一致。叶轮同半径圆周上各质点流速相等。

（3）流经叶轮的流体是理想不可压缩流体，流体在流动过程中，不计能量损失。

实际情况与上述条件有相当大的出入，但根据这些条件研究得出的结果，仍有十分重要的意义。对于那些与实际情况不符的地方，以后再逐步加以修正。

用动量矩定理可以方便地导出离心式泵与风机的基本方程——欧拉方程。力学中的动量矩定理告诉我们：质点系对某一转轴的动量矩对时间的变化率，等于作用于该质点系的所有外力对该轴的合力矩 M。用公式表示为：

$$M = \rho Q_{T\infty}(r_2 v_{u2T\infty} - r_1 v_{u1T\infty})$$

由于外力矩 M 乘以叶轮角速度 ω 就是加在转轴上的外加功率 $N = M\omega$，而在单位时间内叶轮内流体所做的功 N，在理想条件下，又全部转化为流体的能量，即 $N = \gamma Q_{T\infty} H_{T\infty}$。再将 $u = r\omega$ 关系代入上式，便得：

$$H_{T\infty} = \frac{1}{g}(u_2 v_{u2} - u_1 v_{u1})_{T\infty} \tag{7-3}$$

式中 $H_{T\infty}$——离心式泵与风机的理论扬程（压头）；

u_1，u_2——分别为叶轮进、出口处的圆周速度；

v_{u1}，v_{u2}——分别为叶轮进、出口处绝对速度的切向分速；

T_∞——角标表示理想流体与无穷多叶片。

上式表示为单位重量流体所获得的能量，也就是离心式泵与风机的基本方程。它是1745 年首先由欧拉推出，故又称为欧拉方程。

如果将图 7-17 中的叶片进出口速度三角形按余弦定理展开：

$$w_2^2 = u_2^2 + v_2^2 - 2u_2 v_2 \cos\alpha_2 = u_2^2 + v_2^2 - 2u_2 v_{u2}$$
$$w_1^2 = u_1^2 + v_1^2 - 2u_1 v_1 \cos\alpha_1 = u_1^2 + v_1^2 - 2u_1 v_{u1}$$

两式移项得：

$$u_2 v_{u2} = \frac{1}{2}(u_2^2 + v_2^2 - w_2^2)$$

$$u_1 v_{u1} = \frac{1}{2}(u_1^2 + v_1^2 - w_1^2)$$

代入（7-3）式得：

$$H_{T\infty} = \frac{u_2^2 - u_1^2}{2g} + \frac{w_1^2 - w_2^2}{2g} + \frac{v_2^2 - v_1^2}{2g} \tag{7-4}$$

式（7-4）是欧拉方程式的另一表达式。式中第一项是单位重量流体流经叶轮时，由于离心力作用所增加的静压，该静压值的提高与圆周速度的平方差成正比。第二项是由于叶片间流道展宽，以致相对速度有所降低而获得的静压水头增量，它代表着流体经过叶轮时动能转化为压能的份额。由于此相对速度变化不大，故其增量较小。第三项是单位重量流体的动能增量。通常在总扬程相同的条件下，该项动能增量不宜过大。虽然，人们利用导流器及蜗壳的扩压作用，可使一部分动压水头转化为静压水头，但其流动的水力损失也会增大。

从欧拉方程式可以看出：

（1）用动量矩定理推导基本方程式时，并未分析流体在叶轮流道中的运动过程。可见流体所获得的理论扬程 $H_{T\infty}$ 仅与流体在叶片进、出口处的运动速度有关，而与流动过程无关。

（2）流体所获得的理论扬程 $H_{T\infty}$，与被输送流体的种类无关。对于不同重度的流体，只要叶片进出口处的速度三角形相同，都可以得到相同的 $H_{T\infty}$。

7.4.3 欧拉方程的修正

在推导欧拉方程时我们曾做了三点假设，其中的第一点只要原动机转速不变是基本上可以保证的，而后两点是需要作出修正的。

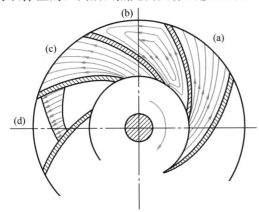

图 7-19 反旋现象对流速分布的影响

在叶轮叶片为无限多的假设下，叶道内同一截面上的相对速度是相等的，并且其方向与叶道一致，如图 7-19（a）所示。实际上，离心式泵与风机的叶片数目是有限的。显然由于叶片间流道的加宽而减小了叶片对流速的约束。在叶轮转动时，由于流体的惯性作用不可能完全受叶片的约束而保持与叶片一致的方向运动。却趋向于保持原来的流动惯性，相对流道产生一种反旋轴向涡流现象，如图 7-19（b）所示。因此流道中的流体不可能保持均匀一致，流速如图 7-19（c）所示。结果相对流速在同一半径的圆周上的分布变得不均匀起来，如图 7-19（d）所示，它一方面使叶片两面形成压力差，成为作用于轮轴上的阻力矩，需原动机克服此力矩而耗能；另一方面，在叶轮出口处，相对速度将朝旋转反方向偏离切线。这就影响了叶轮产生的扬程值，在实际应用中需要进行修正，修正后有限多叶片数的理论扬程为 H_T，它与无限多叶片数的理论扬程之间的关系为：

$$k = \frac{H_T}{H_{T\infty}} < 1$$

式中 k 称涡流修正系数。它仅说明叶轮对流体做功时，有限多叶片比无限多叶片要小，这并非黏性的缘故，而是由于存在轴向涡流的影响。关于 k 值的大小，目前泵与风机中都采用经验或半经验公式来计算。对离心式泵与风机来说，k 值一般在 0.78～0.85 之间。

为简明起见，将流体运动储量中用来表示理想条件的下角标"$T\infty$"去掉。可得：

$$H_T = \frac{1}{g}(u_2 v_{u2} - u_1 v_{u1}) \qquad (7\text{-}5)$$

对假设 3 的修正，将留在后文专门讨论。

当进口切向分速 $v_{u1} = v_1 \cos\alpha_1 = 0$ 时，根据式（7-5）计算的理论扬程 H_T 将达到最大值。因此，在设计泵或风机时，总是使进口绝对速度 v_1 与圆周速度 u_1 间的工作角 $\alpha_1 = 90°$。这时流体按径向进入叶片的流道，理论扬程方程式就简化为：

$$H_{\mathrm{T}} = \frac{1}{g} u_2 v_{u2} \tag{7-6}$$

由叶片出口速度三角形可知：

$$v_{u2} = u_2 - v_{r2} \cot\beta_2 \tag{7-7}$$

代入式（7-6），得：

$$H_{\mathrm{T}} = \frac{1}{g}(u_2^2 - u_2 v_{r2} \cot\beta_2) \tag{7-8}$$

上式表示出理论扬程 H_{T} 与出口安装角 β_2 之间的关系。

在叶轮直径固定不变且转速相同的条件下，对于 $\beta_2 < 90°$ 的后向叶型的叶轮，$\cot\beta_2 > 0$，则 $H_{\mathrm{T}} < \frac{u_2^2}{g}$；对于 $\beta_2 = 90°$ 的径向叶型的叶轮，$\cot\beta_2 = 0$，则 $H_{\mathrm{T}} = \frac{u_2^2}{g}$；对于 $\beta_2 > 90°$ 的前向叶型的叶轮，$\cot\beta_2 < 0$，则 $H_{\mathrm{T}} > \frac{u_2^2}{g}$。如图 7-20 所示。

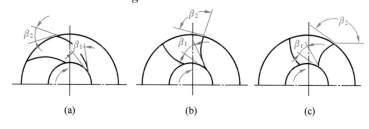

图 7-20　叶轮叶型与出口安装角

（a）后向叶型 $\beta_2 < 90°$；（b）径向叶型 $\beta_2 = 90°$；（c）前向叶型 $\beta_2 > 90°$

显然具有前向叶型的叶轮所获得的理论扬程最大，其次为径向叶型，而后向叶型的叶轮所获得的理论扬程最小。

前向叶型的泵和风机虽能提供较大的理论扬程，但由于流体在前向叶型的叶轮中流动时流速较大，在扩压器中流体进行动、静压转换时的损失也比较大，因而总效率比较低。因此，离心式泵全都采用后向式叶轮。在大型风机中，为了增加效率和降低噪声水平，也几乎都采用后向叶型。但就中小型风机而论，效率不是考虑的主要因素，也有采用前向叶型的，这是因为叶轮是前向叶型的风机，在相同的压头下，轮径和外形可以做得较小。故在微型风机中，大多采用前向叶型的多叶叶轮。至于径向叶轮的泵或风机的性能，介于两者之间。

7.5　泵与风机的性能曲线

7.5.1　泵与风机的理论性能曲线

由于泵与风机的扬程、流量以及所需的功率等性能是相互影响的，所以通常用以下三种函数关系式来表示这些性能之间的关系：

（1）泵与风机所提供的流量和扬程之间的关系，用 $H = f_1(Q)$ 来表示；

7-4

泵与风机的
性能曲线

（2）泵与风机所提供的流量与所需外加轴功率之间的关系，用 $N = f_2(Q)$ 来表示；

（3）泵与风机所提供的流量与设备本身效率之间的关系，用 $\eta = f_3(Q)$ 来表示。

上述三种关系常以曲线形式绘在以流量 Q 为横坐标的图上。这些曲线叫泵与风机的性能曲线。

从欧拉方程出发，我们总可以在理想条件下得到 $H_T = f_1(Q_T)$ 及 $N_T = f_2(Q_T)$ 的关系。

设叶轮的出口面积为 F_2（这是以叶片出口宽度 b_2 作母线，绕轴心旋转一周所成的曲面面积），叶轮工作时所排出的理论流量应为：

$$Q_T = v_{r2} F_2$$

代入式（7-8）得：

$$H_T = \frac{1}{g} \left(u_2^2 - \frac{u_2}{F_2} Q_T \cot\beta_2 \right)$$

对于大小一定的泵或风机来说，转速不变时，上式中 u_2、g、β_2、F_2 均为常数。

令 $$A = \frac{u_2^2}{g} \qquad B = \frac{u_2}{F_2 g}$$

可得：

$$H_T = A - B\cot\beta_2 Q_T \tag{7-9}$$

显然，这是一个斜率为 $B\cot\beta_2$、截距为 A 的直线方程。图 7-21 绘出了三种不同叶型的泵与风机理论上的 Q_T-H_T 曲线。图中看出由 $B\cot\beta_2$ 所代表的曲线斜率是不同的，因而三种叶型具有各自的曲线倾向。同时还可以看出，当 $Q_T = 0$ 时，$H_T = A = \dfrac{u_2^2}{g}$。

下面研究理论上的流量与外加轴功率的关系。理想条件下，理论上的有效功率就是轴功率即：

$$N_e = N_T = \gamma Q_T H_T$$

将式（7-9）代入上式可得：

$$N_T = \gamma Q_T (A - B\cot\beta_2 Q_t) = C Q_T - D\cot\beta_2 Q_T^2 \tag{7-10}$$

从公式可以看出：当泵与风机的转速一定时，其理论流量 Q_T 与功率 N_T 的关系是非线性关系。且对于不同的 β_2 值具有不同的曲线形状，这里 $C = A\gamma$，$D = B\gamma$，但 $Q_T = 0$ 时，$N_T = 0$，三条曲线同交于原点；径向叶型，$\beta_2 = 90°$，$\cot\beta_2 = 0$，功率曲线为一条直线；前向叶型，$\beta_2 > 90°$，$\cot\beta_2 < 0$，功率曲线为一条上凹的二次曲线；后向叶型，$\beta_2 < 90°$，$\cot\beta_2 > 0$，功率曲线则为一条下凹曲线。如图 7-22 所示。

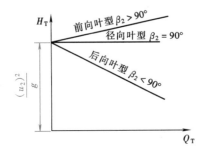

图 7-21 三种叶型的 Q_T-H_T 曲线

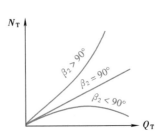

图 7-22 三种叶型的 Q_T-N_T 曲线

从图中的 Q_T-N_T 曲线可以看出，前向叶型的泵或风机所需要的轴功率随流量的增加而增长得很快。因此，这种风机在运行中增加流量时，原动机超载的可能性比径向叶型的泵或风机大得多，而后向叶型的叶轮一般不会发生原动机超载的现象。

7.5.2 泵与风机的实际性能曲线

前面研究的是不计各种损失时，泵与风机的理论性能曲线。只有考虑机内的损失问题，才能得出实际的性能曲线。然而机内流动情况十分复杂，现在还不能用分析方法精确地计算这些损失，当运行偏离设计工况时，尤其如此，所以各制造厂都只能用实验方法直接测出性能曲线。但从理论上对这些损失进行研究并将其分类整理，作出定性分析，可以找出减少损失的途径。

1. 泵或风机中的能量损失

泵或风机中的能量损失按其产生的原因常分为三类：水力损失、容积损失、机械损失。

图 7-23 是外加于机轴上的轴功率扣除机内损失以后和实际得到的有效功率之间的关系图。

（1）水力损失

水力损失又分为摩阻损失和冲击损失两类。其大小与过流部件的几何形状、壁面粗糙度以及流体的黏滞性有关。

摩阻损失包括局部损失和沿程损失两项，主要发生于以下几个部分。流体经泵或风机入口进入叶片进口之前，发生摩擦及 90°转弯所引起的水力损失；当机器实际

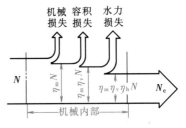

图 7-23 轴功率与机内损失的关系图

运行流量与设计额定流量不同时，相对速度的方向就不再同叶片进口安装角的切线相一致，从而发生冲击损失；叶轮中的沿程摩擦损失和流道中流体速度大小、方向变化及离开叶片出口等局部损失；流体离开叶轮进入机壳后，由动压转换为静压的转换损失；以及机壳的出口损失。上述这些水力损失都遵循流体力学中流动阻力的规律。

水力损失常用水力效率来估计：

$$\eta_h = \frac{H_T - \Sigma \Delta H}{H_T} = \frac{H}{H_T} \tag{7-11}$$

式中，$H = H_T - \Sigma \Delta H$ 为泵或风机的实际扬程。

（2）容积损失

当叶轮工作时，机内存在着高压区和低压区。同时，由于结构上有运动部件和固定部件之分，这两种部件之间必然存在着缝隙。这就使流体从高压区通过缝隙泄漏到低压区，显然这部分流体也获得能量，但未能有效利用。此外，对离心泵来说为平衡轴向推力常设置平衡孔，同样引起泄漏回流量，如图 7-24 所示。

通常用容积效率 η_v 来表示容积损失的大小。如以 q 表示泄漏的总回流量，则：

$$\eta_v = \frac{Q_T - q}{Q_T} = \frac{Q}{Q_T} \tag{7-12}$$

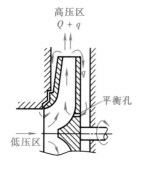

图 7-24 机内流体
泄漏回流示意图

式中，$Q = Q_T - q$ 为泵或风机的实际流量。

显然，要提高容积效率，就必须减小回流量。减小回流量的措施有两个，一是尽可能增加密封装置的阻力，如减小密封环的间隙或将密封环做成曲折形状；二是尽量减小密封环的直径，从而降低其周长使流通面积减小。

（3）机械损失

泵或风机的机械损失包括轴承和轴封的摩擦损失以及叶轮盖板旋转时与机壳内流体之间发生的所谓圆盘摩擦损失。

摩擦损失的大小通常以损耗的功率表示。设轴承与轴封摩擦损失的功率为 ΔN_1，圆盘摩擦损失的功率为 ΔN_2，机械损失的总功率 ΔN_m 为：

$$\Delta N_m = \Delta N_1 + \Delta N_2$$

泵或风机的机械损失可以用机械效率来表示：

$$\eta_m = \frac{N - \Delta N_m}{N} \tag{7-13}$$

2. 泵与风机的全效率

当只考虑机械效率时，供给泵或风机的轴功率应为：

$$N = \frac{\gamma Q_T H_T}{\eta_m}$$

而泵或风机实际所得的有效功率为：

$$N_e = \gamma Q H$$

据效率的定义，结合式（7-11）、式（7-12），泵或风机的全效率可由下式表示：

$$\eta = \frac{N_e}{N} = \frac{\gamma Q H}{\gamma Q_T H_T} \eta_m = \eta_v \eta_h \eta_m \tag{7-14}$$

3. 泵与风机的实际性能曲线

利用泵与风机内部的各种能量损失，对理论性能曲线逐步进行修正，可以得出泵与风机的实际性能曲线。

在 $Q\text{-}H$ 坐标图上同时标注出功率 N 和效率 η 的尺度，如图 7-25 所示。以后向叶型的叶轮为例。根据有限多叶片理论流量和扬程的关系式（7-9）绘出一条 $Q_T\text{-}H_T$ 曲线，如图中直线 Ⅱ 所示。显然，无限多叶片理想扬程和流量的关系曲线 $Q_{T\infty}\text{-}H_{T\infty}$ 如图中直线 Ⅰ 所示。以直线 Ⅱ 为基础，扣除在相应理论流量下机内产生的水力损失，包括直影线表示的冲击损失和斜影线表示的各种摩阻损失，得到曲线 Ⅲ。再以曲线 Ⅲ 为基础扣除容积损失。由于容积损失是

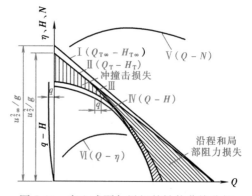

图 7-25 离心式泵与风机的性能曲线分析

以泄漏流量 q 的大小来估算的，而泄漏流量的大小又与扬程有关，曲线Ⅲ的横坐标值中减去相应 H 值时的 q 值，最后便可得出泵或风机的 $Q\text{-}H$ 实际性能曲线。如图中曲线Ⅳ所示。

因为轴功率 N 是理论功率 $N_T = \gamma Q_T H_T$ 与机械损失功率 ΔN_m 之和，即：

$$N = N_T + \Delta N_m = \gamma Q_T H_T + \Delta N_m$$

根据这一关系式，可以在图 7-25 上绘制一条表明泵或风机的流量与轴功率之间关系的 $Q\text{-}N$ 曲线，如图中曲线Ⅴ所示。

有了 $Q\text{-}N$ 和 $Q\text{-}H$ 两曲线，按式（7-2）计算在不同流量下的 η 值，从而得出 $Q\text{-}\eta$ 曲线，如图中的曲线Ⅵ。$Q\text{-}\eta$ 曲线的最高点为最大效率，它的位置与设计流量是相对应的。

如前所述，泵和风机的性能曲线实际上都是由制造厂根据实验得出的。这些性能曲线是选用泵或风机和分析其运行工况的根据。

图 7-26 绘出了型号为 6B33 型水泵的性能曲线。此图是在 $n=$ 1450r/min 的条件下，通过性能实验数据绘制的。该泵的标准叶轮直径为 328mm，制造厂还提供了经过切削的

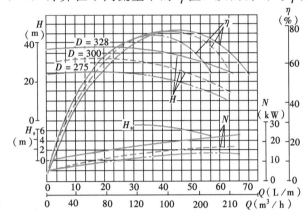

图 7-26　6B33 型离心式水泵的性能曲线

较小直径的叶轮，直径分别为 300mm 及 275 mm，这两种叶轮的泵的性能曲线也绘在同一张性能曲线图上。关于切削的问题，参见教学单元 8。

7.6　力学相似性原理

目前，在流体力学范畴内，进行实验研究的方法之一，是根据问题的具体情况，组织模型实验和将实验结果应用到原型中。

模型流动和原型流动要实现相似的流动，一般按照力学相似性原理进行，力学相似性原理包括几何相似、运动相似和动力相似。

1. 几何相似

几何相似是指模型和原型具有相同的形状但大小不同，如果分别以下标 m 和 n 表示模型和原型，则模型和原型各相应部位的线性长度 l 成比例，且有同一比例常数。模型与原型对应的夹角 β 相等。

长度比率
$$\lambda_l = \frac{l_m}{l_n}$$

$$\beta_m = \beta_n$$

模型与原型对应的面积和体积也分别成一定比例，并且与长度比率的关系为：

面积比率
$$\lambda_A = \frac{A_m}{A_n} = \frac{l_m^2}{l_n^2} = \lambda_l^2$$

体积比率
$$\lambda_V = \frac{V_m}{V_n} = \frac{l_m^3}{l_n^3} = \lambda_l^3$$

2. 运动相似

运动相似是指模型与原型流动中对应点处的速度方向相同，大小成比例，并且具有同一比率。运动相似还要求对应时间间隔成比例，并且有同一比率。因此，相应时刻流场和流线也相似。

速度比率
$$\lambda_v = \frac{v_m}{v_n}$$

时间比率
$$\lambda_t = \frac{t_m}{t_n} = \frac{l_m/t_m}{l_n/t_n} = \frac{\lambda_l}{\lambda_v}$$

加速度比率
$$\lambda_a = \frac{a_m}{a_n} = \frac{v_m/t_m}{v_n/t_n} = \frac{\lambda_v}{\lambda_t} = \frac{\lambda_v^2}{\lambda_l}$$

因此，只要确定了模型与原型的长度比率和速度比率，便可由它们确定其他运动学量的比率。运动相似还需要注意模型和原型具有相同的流态，即同处于层流状态或紊流状态。

3. 动力相似

动力相似是指模型与原型受到相同性质力的作用，并且这些力大小成比例，且有同一比率。

$$\frac{F_{pm}}{F_{pn}} = \frac{F_{\tau m}}{F_{\tau n}} = \frac{F_{gm}}{F_{gn}} = \frac{F_{im}}{F_{in}} = \frac{F_{Em}}{F_{En}} = \frac{F_{am}}{F_{an}} = \cdots = \lambda_F$$

式中，p、τ、g、i、E、a 分别为总压力、黏性力、重力、惯性力、弹性力和表面张力，λ_F 为力的比率。

通过以上的分析说明，凡相似的流动，必定是几何相似、运动相似和动力相似的流动。这三种流动是相互联系的，即几何相似是力学相似的基础和前提，运动相似是力学相似的目的，动力相似是力学相似的保证。此外，模型与原型相似还需要注意初始条件和边界条件的相似。

7.7 相似律与比转数

泵或风机的相似律表明了同一系列相似机器的相似工况之间的相似关系。泵或风机的设计、制造通常是按"系列"进行的。同一系列中，大小不等的泵或风机都是相似的，也就是说它们之间的流体力学性质遵循本书所阐明的力学相似原理。相似律是根据相似原理导出的，除用于设计泵或风机外，对于从事本专业的工作人员来说，更重要的还在于用来作为运行、调节和选用型号等的理论根据和实用工具。

7.7.1　泵与风机的相似条件

根据相似理论，要保证流体流动过程力学相似必须同时满足几何相似、运动相似、动力相似。其中几何相似是前提，动力相似是保证，运动相似是目的。

1. 几何相似

两台相似的水泵或风机，其相应几何尺寸的比值相等，且相应角也相等。即：

$$\frac{D_{2n}}{D_{2m}} = \frac{D_{1n}}{D_{1m}} = \frac{b_{2n}}{b_{2m}} = \frac{b_{1n}}{b_{1m}} = \cdots\cdots = \lambda_l \qquad (7\text{-}15)$$

$$\beta_{1n} = \beta_{1m}$$
$$\beta_{2n} = \beta_{2m}$$

严格地说，几何相似还应包括泵与风机的叶片厚度、叶轮和进风口间的间隙和表面粗糙度等。但这些尺寸相似与否对泵与风机性能的影响较小，故可忽略不计。

2. 运动相似

两台相似的泵或风机，各相应点上速度三角形相似。即相应点的同名速度方向相同，大小比值等于常数。即：

$$\frac{v_{2n}}{v_{2m}} = \frac{v_{2m}}{v_{2m}} = \frac{u_{2n}}{u_{2m}} = \cdots\cdots = \lambda_v \qquad (7\text{-}16)$$

$$\alpha_{1n} = \alpha_{1m}$$
$$\alpha_{2n} = \alpha_{2m}$$

凡是满足几何相似和运动相似条件的两台泵或风机称工况相似的泵或风机。

3. 动力相似

动力相似要求作用于流体的同名力之间的比值相等。作用在泵或风机内流体的诸力中，以压力为主，而黏性力，由于雷诺数较大，所以影响不大，一般可以略而不计，自动满足动力相似。

7.7.2　相似律

7-5

相似律

在相似工况下，研究原型与模型之间流量、扬程和功率的关系，此关系叫相似律。

1. 流量关系

$$\frac{Q_n}{Q_m} = \frac{v_{2m}\pi D_{2n}b_{2n}\eta_{vn}}{v_{2m}\pi D_{2m}b_{2m}\eta_{vm}} = \frac{u_{2n}}{u_{2m}}\left(\frac{D_{2n}}{D_{2m}}\right)^2 \frac{\eta_{vn}}{\eta_{vm}}$$

由于 $u = \dfrac{\pi D n}{60}$ 所以：

$$\frac{u_{2n}}{u_{2m}} = \frac{D_{2n}n_n}{D_{2m}n_m}$$

代入上式得：

$$\frac{Q_{\mathrm{n}}}{Q_{\mathrm{m}}} = \frac{n_{\mathrm{n}}}{n_{\mathrm{m}}}\left(\frac{D_{2\mathrm{n}}}{D_{2\mathrm{m}}}\right)^3\frac{\eta_{v\mathrm{n}}}{\eta_{v\mathrm{m}}} = \lambda_{\mathrm{n}}\lambda_l^3\lambda_{v\eta} \tag{7-17}$$

2. 扬程关系

$$\frac{H_{\mathrm{n}}}{H_{\mathrm{m}}} = \frac{g_{\mathrm{m}}u_{2\mathrm{n}}v_{2\mathrm{n}}\cos\alpha_{2\mathrm{n}}\eta_{h\mathrm{n}}}{g_{\mathrm{n}}u_{2\mathrm{m}}v_{2\mathrm{m}}\cos\alpha_{2\mathrm{m}}\eta_{h\mathrm{m}}} = \left(\frac{n_{\mathrm{n}}}{n_{\mathrm{n}}}\right)^2\left(\frac{D_{2\mathrm{n}}}{D_{2\mathrm{m}}}\right)^2\frac{\eta_{h\mathrm{n}}}{\eta_{h\mathrm{m}}} = \lambda_{\mathrm{n}}^2\lambda_l^2\lambda_{h\eta} \tag{7-18}$$

对于风机，$p = \gamma H$ 代入上式可得压头关系式：

$$\frac{p_{\mathrm{n}}}{p_{\mathrm{m}}} = \lambda_{\rho}\lambda_{\mathrm{n}}^2\lambda_l^2\lambda_{h\eta} \tag{7-19}$$

3. 功率关系

$$\frac{N_{\mathrm{n}}}{N_{\mathrm{m}}} = \frac{\gamma_{\mathrm{n}}Q_{\mathrm{n}}H_{\mathrm{n}}\eta_{m\mathrm{m}}}{\gamma_{\mathrm{m}}Q_{\mathrm{m}}H_{\mathrm{m}}\eta_{m\mathrm{n}}} = \lambda_{\rho}\lambda_{\mathrm{n}}^3\lambda_l^5\lambda_{m\eta} \tag{7-20}$$

实际应用中，如果两台工况相似的泵或风机的尺寸相差不大，转速也相差不大时，可近似认为两台相似泵或风机的容积效率、水力效率、机械效率均相等。这时相似定律可写为：

$$\frac{Q_{\mathrm{n}}}{Q_{\mathrm{m}}} = \lambda_{\mathrm{n}}\lambda_l^3 \tag{7-21}$$

$$\frac{H_{\mathrm{n}}}{H_{\mathrm{m}}} = \lambda_{\mathrm{n}}^2\lambda_l^2 \tag{7-22}$$

$$\frac{p_{\mathrm{n}}}{p_{\mathrm{m}}} = \lambda_{\rho}\lambda_{\mathrm{n}}^2\lambda_l^2 \tag{7-23}$$

$$\frac{N_{\mathrm{n}}}{N_{\mathrm{m}}} = \lambda_{\rho}\lambda_{\mathrm{n}}^3\lambda_l^5 \tag{7-24}$$

7.7.3 相似律的实际应用

在特殊情况下，如同一台泵与风机（即 $D_{\mathrm{n}}=D_{\mathrm{m}}$）当转速或流体密度发生变化时，或者，同系列中不同机号（$D_{\mathrm{n}}\neq D_{\mathrm{m}}$）输送同一流体（$\rho_{\mathrm{n}}=\rho_{\mathrm{m}}$）时，可用相似律求出新的性能参数，此时相似律就可以简化。表 7-2 是相似泵与风机在各种情况下的性能换算综合表。

泵与风机性能换算综合表　　　　　　　　　　表 7-2

换算公式 项目 \ 换算条件	$D_{2\mathrm{n}}\neq D_{2\mathrm{m}}$ $n_{\mathrm{n}}\neq n_{\mathrm{m}}$ $\rho_{\mathrm{n}}\neq\rho_{\mathrm{m}}$	$D_{2\mathrm{n}}=D_{2\mathrm{m}}$ $n_{\mathrm{n}}=n_{\mathrm{m}}$ $\rho_{\mathrm{n}}\neq\rho_{\mathrm{m}}$	$D_{2\mathrm{n}}=D_{2\mathrm{m}}$ $n_{\mathrm{n}}\neq n_{\mathrm{m}}$ $\rho_{\mathrm{n}}=\rho_{\mathrm{m}}$	$D_{2\mathrm{n}}\neq D_{2\mathrm{m}}$ $n_{\mathrm{n}}=n_{\mathrm{m}}$ $\rho_{\mathrm{n}}=\rho_{\mathrm{m}}$
扬程换算	$\dfrac{H_{\mathrm{n}}}{H_{\mathrm{m}}}=\lambda_l^2\lambda_{\mathrm{n}}^2$	$H_{\mathrm{n}}=H_{\mathrm{m}}$	$\dfrac{H_{\mathrm{n}}}{H_{\mathrm{m}}}=\lambda_{\mathrm{n}}^2$	$\dfrac{H_{\mathrm{n}}}{H_{\mathrm{m}}}=\lambda_l^2$
全压换算	$\dfrac{p_{\mathrm{n}}}{p_{\mathrm{m}}}=\lambda_{\rho}\lambda_{\mathrm{n}}^2\lambda_l^2$	$\dfrac{p_{\mathrm{n}}}{p_{\mathrm{m}}}=\lambda_{\rho}$	$\dfrac{p_{\mathrm{n}}}{p_{\mathrm{m}}}=\lambda_{\mathrm{n}}^2$	$\dfrac{p_{\mathrm{n}}}{p_{\mathrm{m}}}=\lambda_l^2$
流量换算	$\dfrac{Q_{\mathrm{n}}}{Q_{\mathrm{m}}}=\lambda_{\mathrm{n}}\lambda_l^3$	$Q_{\mathrm{n}}=Q_{\mathrm{m}}$	$\dfrac{Q_{\mathrm{n}}}{Q_{\mathrm{m}}}=\lambda_{\mathrm{n}}$	$\dfrac{Q_{\mathrm{n}}}{Q_{\mathrm{m}}}=\lambda_l^3$
功率换算	$\dfrac{N_{\mathrm{n}}}{N_{\mathrm{m}}}=\lambda_{\rho}\lambda_{\mathrm{n}}^3\lambda_l^5$	$\dfrac{N_{\mathrm{n}}}{N_{\mathrm{m}}}=\lambda_{\rho}$	$\dfrac{N_{\mathrm{n}}}{N_{\mathrm{m}}}=\lambda_{\mathrm{n}}^3$	$\dfrac{N_{\mathrm{n}}}{N_{\mathrm{m}}}=\lambda_l^5$
效率	$\eta_{\mathrm{n}}=\eta_{\mathrm{m}}$			

【例题 7-1】 现有 Y9-35-12№10D 型锅炉引风机一台，铭牌上的参数为：$n_0=960$r/min，$p_0=162$mmH$_2$O，$Q_0=20000$m³/h，$\eta=60\%$。配用电机功率为 22kW，三角皮带传动，传动效率 $\eta_t=98\%$，现用此引风机输送温度为 20℃的清洁空气，n 不变，求在这种情况下风机的性能参数，并校核配用电机的功率能否满足要求。

【解】 因为该风机铭牌上的参数是在大气压为 101.325kPa，介质温度为 200℃条件下给出的（该状态下空气的重度 $\gamma_0=7.31$N/m³）。当改送 20℃空气时，其相应的重度 $\gamma=11.77$N/m³，由相似律可知该风机的实际性能参数为：

$$Q=Q_0=20000\text{m}^3/\text{h}$$

$$p=\frac{\rho}{\rho_0}p_0=\frac{\gamma}{\gamma_0}p_0=\frac{11.77}{7.31}\times162=261\text{mmH}_2\text{O}$$

校核配用电机的功率：

$$N=K\frac{Qp}{\eta\eta_i}=1.15\times\frac{20000}{3600}\times261\times9.807\times\frac{1}{0.6}\times\frac{1}{0.98}=27.81\text{kW}>22\text{kW}$$

其中，K 是电机的安全备用系数；η 为风机的全效率；η_i 为机械传动效率。可见，配用电机的功率满足不了实际需要。

【例题 7-2】 已知 4-72-11№6C 型离心式风机铭牌上表示的性能参数为：$n_0=1250$r/min，$p_0=79$mmH$_2$O，$Q_0=8300$m³/h，轴功率 $N_0=2$kW，$\eta_0=91.4\%$。如果该风机改在 $n=1450$r/min 情况下运行，试问相应的流量 Q，全压 p 及轴功率 N 应为多少？

【解】 由相似定律知：

$$Q=Q_0\frac{n}{n_0}=8300\times\frac{1450}{1250}=9628\text{m}^3/\text{h}$$

$$p=p_0\left(\frac{n}{n_0}\right)^2=79\times\left(\frac{1450}{1250}\right)^2=106.3\text{mmH}_2\text{O}$$

$$N=N_0\left(\frac{n}{n_0}\right)^3=2\times\left(\frac{1450}{1250}\right)^3=3.12\text{kW}$$

【例题 7-3】 已知某模型机在直径 $D_{2m}=162$mm，转速 $n_m=2900$r/min 下的 Q-H 曲线 I 如图 7-27 所示。试按相似律换算出同一系列相似泵当轮径 $D_2=120$mm，$n_2=2600$r/min 情况下的 Q-H 曲线。

【解】 根据相似律只适用于相似工况点的原则，首先在曲线 I 上任取某一工况点 A_I，然后查出该工况点所对应 Q_{A_I} 和 H_{A_I} 的值：

$$Q_{A_I}=12.5\text{m}^3/\text{h}$$

$$H_{A_I}=34\text{m}$$

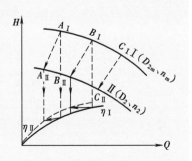

图 7-27　相似泵 Q-H 曲线的换算

根据式（7-20）和式（7-21）即可求出在 D_2 及 n_2 新条件下 $Q_{A_{II}}$ 和 $H_{A_{II}}$ 的值：

$$Q_{A_{II}}=\lambda_n\lambda_L^3 Q_m$$

$$H_{A_{II}}=\lambda_n^2\lambda_L^2 H_m$$

式中，$\lambda_n = \dfrac{n_2}{n_m} = \dfrac{2600}{2900} = 0.9$。

$$\lambda_l = \frac{D_2}{D_{2m}} = \frac{120}{160} = 0.75$$

所以

$$Q_{A\text{II}} = 0.9 \times (0.75)^3 \times 12.5 = 4.75 \text{m}^3/\text{h}$$

$$H_{A\text{II}} = (0.9)^2 \times (0.75)^2 \times 34 = 15.49 \text{m}$$

于是，在图上就可以找到与 A_I 点对应的相似工况点 A_II。

用同样方法，在曲线 I 上另取一工况点 B_I（$Q_{B\text{I}} = 25\text{m}^3/\text{h}$，$H_{B\text{I}} = 28\text{m}$），求出其对应的相似工况点 B_II（$Q_{B\text{II}} = 9.49\text{m}^3/\text{h}$，$H_{B\text{II}} = 12.76\text{m}$）。循此方法，再从曲线 I 上的 C_I（$Q_{C\text{I}} = 32.5\text{m}^3/\text{h}$，$H_{C\text{I}} = 22\text{m}$）找到对应的 C_II（$Q_{C\text{II}} = 12.34\text{m}^3/\text{h}$，$H_{C\text{II}} = 10.02\text{m}$）。最后将 A_II、B_II、C_II 各点用光滑曲线连接起来，便得出该相似泵在 D_2 及 n_2 条件下的 $Q\text{-}H$ 曲线 II。

同理，利用式（7-21）及式（7-24）进行相似泵或风机的 $Q\text{-}N$ 曲线换算。

$Q\text{-}\eta$ 曲线的换算利用相似工况点之间的效率 η 相等的性能很容易得到。从 A_I 点所对应的效率 $\eta_{A\text{I}}$ 作水平线，与相似点 A 引的垂线的交点，就是相似点的效率。照此办法即可绘出对应的 $Q\text{-}\eta$ 曲线（图 7-27）。

用此换算方法，可将泵或风机在某一直径和某一转速下实验得出的性能曲线，换算出各种不同直径和转速下的许多条性能曲线。例如，选择性能曲线等。

7.7.4　风机的无因次性能曲线

由于同类型通风机具有几何相似、运动相似和动力相似的特性，所以，每台通风机的流量、压力、功率与输送气体的密度、通风机叶轮外径以及通风机转速三者之间所组成的同因次量之比是一个常数，这些常数分别以 $\overline{Q}$、$\overline{p}$、$\overline{N}$ 来表示。它们是没有因次的量，故分别称为流量系数、压力系数、功率系数。根据相似律和我国目前约定俗成的办法可得它们的表达式如下：

$$\overline{Q} = \frac{Q}{\dfrac{\pi}{4}D_2^2 u_2} = \frac{Q}{0.04112 D_2^3 n} \tag{7-25}$$

$$\overline{p} = \frac{p}{\rho u_2^2} = \frac{p}{2.74 \times 10^{-3} \rho D_2^2 n^2} \tag{7-26}$$

$$\overline{N} = \frac{1000N}{\dfrac{\pi}{4}D_2^2 \rho u_2^3} = \frac{N}{1.127 \times 10^{-7} \rho D_2^5 n^3} \tag{7-27}$$

式中　Q——风机实验中某测点（某工况）的流量，m^3/s；

　　　p——相应工况下风机的全压，Pa；

　　　N——相应工况下风机的轴功率，kW；

　　　n——相应测点下风机叶轮的转速，r/min；

　　　D_2——叶轮直径，m；

u_2——叶轮圆周速度，$u_2 = \dfrac{\pi D_2 n}{60}$，m/s;

ρ——输送气体的密度，kg/m³。

通风机的全压效率 η，可由 $\overline{Q}$、$\overline{p}$、$\overline{N}$ 求出：

$$\eta = \frac{\overline{Q}\,\overline{p}}{\overline{N}}$$

注意：$\overline{Q}$、$\overline{p}$ 及 $\overline{N}$ 是无因次比例常数，它是取决于相似工况点的函数，不同的相似工况点所对应的 $\overline{Q}$、$\overline{p}$ 及 $\overline{N}$ 值不同。

为了绘制无因次性能曲线，在某一系列中选用一台风机作为模型机，令其在不同的流量 Q_1、Q_2、Q_3 ……条件下以固转速 n 运行，测出相应的 p_1、p_2、p_3……和 N_1、N_2、N_3……，同时取得输送的介质密度 ρ，就可以算出 u_2 值和对应的 $\overline{p}_1$、$\overline{p}_2$、$\overline{p}_3$……、$\overline{Q}_1$、$\overline{Q}_2$、$\overline{Q}_3$…… 及 $\overline{N}_1$、$\overline{N}_2$、$\overline{N}_3$……，η_1、η_2、η_3……，用圆滑曲线连接这些点，就可以描绘出一组无因次曲线，其中包括 $\overline{Q}-\overline{p}$、$\overline{Q}-\overline{N}$ 及 $\overline{Q}-\eta$ 三条曲线，如图 7-28 所示。人们称之为无因次特性曲线，这组曲线适用于转速不等、尺寸不同的同一类型的泵与风机，所以又叫类型特性曲线。相对地说，前面所述的实际性能曲线只适用于一定转速一定尺寸的泵与风机，所以又称单体特性曲线。

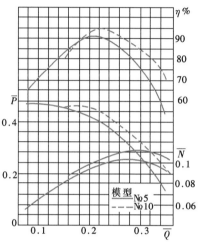

图 7-28　离心式风机的无因次性能曲线

显然，根据无因次性能曲线得出的无因次量是不能直接使用的，所以应将自曲线查得的 $\overline{p}$、$\overline{Q}$、$\overline{N}$ 值再用式（7-25）～式（7-27）进行反运算以求出实际的性能参数。

7.7.5　比转数

一个"系列"的诸多相似机既然可用一条无因次性能曲线表述，那么，在此曲线上所取的工况点不同，就会有许多组 $(\overline{Q}_1, \overline{p}_1)$、$(\overline{Q}_2, \overline{p}_2)$、$(\overline{Q}_3, \overline{p}_3)$…… 值。如果我们指定效率最高点（即最佳工况点）的一组 $(\overline{Q}, \overline{p})$ 值，作为这个"系列"的代表值，这样就把表征"系列"的手段由一条无因次曲线简化成两个参数值 $(\overline{Q}, \overline{p})$，作为这个系列的代表值。从而找到了非相似泵或风机的比较基础——比转数，以符号 n_s 表示，单位 r/min。

我国规定，在相似系列水泵中，确定一台标准模型泵。该泵在最高效率下，当有效功率 $N_m = 1$ 马力，扬程 $H_m = 1$m，流量 $Q_m = 0.075$m³/s 时，该标准模型泵的转数，就叫作与它相似的系列泵的比转数 n_s。

根据相似律公式（7-21）和式（7-22）。可得：

$$\frac{Q}{Q_m} = \left(\frac{n_s}{n}\right)^2 \left(\frac{H}{H_m}\right)^{\frac{3}{2}}$$

即

$$n_s = n\left(\frac{Q}{Q_m}\right)^{\frac{1}{2}} \left(\frac{H_m}{H}\right)^{\frac{3}{4}} \tag{7-28}$$

将 $H_m = 1.0m$，$Q_m = 0.075m^3/s$ 代入上式得：

$$n_s = \frac{3.65n\sqrt{Q}}{H^{3/4}} \qquad (7\text{-}29)$$

式中 Q——实际泵的设计流量，m^3/s；对单级双吸式离心泵，以 $Q/2$ 代入；

H——实际泵的设计扬程，m；对多级泵以 H/X 代入，X 为级数；

n——实际泵的设计转速，r/min。

这就是水泵比转数的计算公式。公式表明凡工况相似的水泵，它们的流量、扬程和转速一定符合式（7-29）所示的关系。

至于风机，我国规定，相似系列风机中，确定一台标准模型风机，该风机在最高效率情况下，压头 $p_m = 1mmH_2O$，流量 $Q_m = 1\ m^3/s$，将此标准模型风机的 p_m 和 Q_m 代入式（7-28），并将 H 换成 p，可得：

$$n_s = \frac{nQ^{1/2}}{p^{3/4}}$$

式中，p 的单位取 mmH_2O，其他同前。

特别要指出的是，在相似条件下，两台泵或风机的比转数是相等的。但反过来，比转数相等的两台泵或风机就不一定相似。故比转数绝不是相似条件，它的相等只是泵与风机相似的必要条件。

比转数的实用意义在于：

（1）比转数反映了某相似系列泵或风机的性能参数方面的特点。比转数大表明了流量大，压力低；反之，比转数小则表明流量小，压力高。

（2）比转数的大小反映了叶轮的几何形状。比转数大则流量大而扬程小，叶轮的出口宽度 b_2 与其 D_2 之比就越大，因此，叶轮的形状厚而小；比转数小，流量小而扬程大，则相应叶轮的出口宽度 b_2 与其 D_2 之比就越小，叶轮形状扁而大。表 7-3 反映了各种泵的几何形状与比转数的关系。

（3）比转数可以反映性能曲线的变化趋势。比转数越小，$Q\text{-}H$ 曲线越平坦，$Q\text{-}N$ 曲线上升较快，$Q\text{-}\eta$ 曲线变化越小；比转数越大，$Q\text{-}H$ 曲线下降较快，$Q\text{-}N$ 曲线变化较缓慢，$Q\text{-}\eta$ 曲线变化越大，见表 7-3。

泵的比转数、叶轮形状和性能曲线形状　　　　　　　　　表 7-3

泵的类型	离心泵			混流泵	轴流泵
	低比转数	中比转数	高比转数		
比转数	30～80	80～150	150～300	300～500	500～1000
叶轮形状					
D_2/D_0	≈3	≈2.3	≈1.8～1.4	≈1.2～1.1	≈1
叶片形状	圆柱形	入口处扭曲 出口处圆柱形	扭　曲	扭　曲	机翼型
性能曲线 大致的形状					

单 元 小 结

　　本单元介绍了离心泵与风机的基本构造及工作原理，对泵与风机的基本性能参数进行了讲解，分析了流体在泵与风机中的运动情况和泵与风机的基本方程式，对离心泵与风机的性能曲线进行了分析，详细介绍了相似定律与比转数的基本理论。要求熟悉离心泵与风机的基本构造，不同叶型的叶轮对泵或风机工作的影响，掌握离心泵与风机的工作原理，熟练识记泵与风机的基本性能参数，理解离心式泵与风机性能曲线的变化规律，掌握相似律在泵与风机运行、调节和选型中的应用，理解比转数的意义，了解泵与风机的基本方程式。

思 考 题 与 习 题

　　1. 离心式水泵产生轴向推力的原因是什么？有何危害性？一般采取什么措施消除？

　　2. 离心式泵与风机的基本性能参数有哪些？最主要的性能参数是哪几个？

　　3. 在本书中，H 代表扬程，P 代表风机的压头，而在工程实践中，风机样本上又常以 H 表示风机的压头，单位为 mmH_2O，此压头 H 与扬程 H 及压头 P 有何异同？

　　4. 速度三角形如何表达流体在叶轮流槽中的流动情况？

　　5. 在分析泵与风机的基本方程时，首先提出的三个理想化假设是什么？

　　6. 欧拉方程指出：泵或风机所产生的理论扬程 H_T，与流体种类无关。这个结论应如何理解？在工程实践中，泵在启动前必须预先向泵内充水，排除空气，否则水泵就打不上水来，这是否与上述结论互相矛盾？

　　7. 机内损失按其产生的原因可分为几种？造成这些损失的原因是什么？证明全效率等于各分效率之乘积。

　　8. 为了减小水泵的容积损失，水泵在设计时采取了哪些措施？

　　9. 请说明相似律综合式 $\dfrac{Q_n}{Q_m} = \sqrt{\dfrac{H_n}{H_m}} = \sqrt[3]{\dfrac{N_n}{N_m}} = \dfrac{n_n}{n_m}$ 有什么使用价值？

　　10. 同一系列的诸多泵或风机遵守相似律。那么，同一台泵或风机在同一个转速下运转，其各工况（即一条性能曲线上的许多点）当然更要遵守相似律。这些说法是否正确？

　　11. 简单论述相似律与比转数的含义和用途，指出两者的区别。

　　12. 为什么离心式泵与风机性能曲线中的 Q-η 曲线有一最高效率点？

　　13. 当泵或风机的使用条件与样本规定条件不同时，应该用什么公式进行修正？

　　14. 同一台水泵，在运行中转速由 n_1 变为 n_2，试问其比转数 n_s 值是否发生相应的变化？为什么？

　　15. 有一转速为 1480r/min 的水泵，理论流量 $Q=0.0833m^3/s$，叶轮外径 $D_2=360mm$，叶轮出口有效面积 $A=0.023m^2$，叶片出口安装角 $\beta_2=30°$，试作出口速度三角形。假设流体进入叶片前没有预旋运动，即 $v_{u1}=0$，试计算此泵的理论压头 $H_{T\infty}$。设涡流修正系数 $K=0.77$，那么 H_T 又为多少？

　　16. 已知 4-68 型风机在转速 $n=1500$ r/min 时无因次工况点见表 7-4。

4-68 型风机无因次性能表（测试条件：$t=20℃$，$p=101325Pa$）　　　表 7-4

无因次参数 测点 参数名称	1	2	3	4	5	6	7
$\overline{Q}$	0.165	0.185	0.205	0.225	0.245	0.265	0.285
$\overline{p}$	0.498	0.487	0.472	0.450	0.422	0.388	0.350
$\overline{N}$	0.094	0.100	0.104	0.109	0.112	0.116	0.118

求：（1）各工况点的全压效率；

（2）绘制无因次性能曲线；

（3）找出最高效率点的性能参数。

17. 根据上题无因次性能表，绘出 4-68 № 5 号风机 $n=2900$ r/min 下的性能曲线 $\overline{Q}$-$\overline{p}$，$\overline{Q}$-$\overline{N}$ 及 $\overline{Q}$-η，（№5 号风机 $D_2=0.5m$）写出铭牌参数。

18. 利用 4-68 № 5 号风机输送 60℃空气，转速为 1450r/min。求此条件下风机最高效率点上的性能参数，并计算该机的比转数 n_s 值。

19. 现有 KZG-13 型锅炉引风机一台，铭牌上的参数为 $n_0=960$r/min，$p_0=144$ mmH₂O，$Q_0=12000m^3/h$，$\eta=65\%$，配用电机功率 15kW，三角皮带传动，传动效率 $\eta_t=98\%$，今用此引风机输送温度为 20℃的清洁空气，n 不变，求在这种实际情况下风机的性能参数，并校核配用电机功率能否满足要求。

20. 在产品试制中，一台模型离心泵的尺寸为实际泵的 1/4，在转速 $n=750$ r/min 时进行实验。此时量出模型的设计工况出水量 $Q_m=11L/s$，扬程 $H_m=0.8m$，如果模型泵与实际泵的效率相等，试求实际水泵在 $n=960$r/min 时的设计工况流量和扬程。

21. 某一单吸单级泵，流量 $Q=45$ m³/h，扬程 $H=33.5$m，转速 $n=2900$r/min，试求其比转数 n_s 为多少？如该泵为双吸式，则其比转数应为多少？当该泵设计成八级泵，则比转数又为多少？

22. 一台多级泵从矿井内抽取流量 $Q=1.8m^3/min$ 的水，扬程为 650m，如果该泵的转速 $n=2900$r/min，试求该泵所需的最小级数（设各级比转数不低于 80）。

教学单元 8　离心式泵与风机的运行分析与选择

【教学目标】通过本单元教学，使学生掌握泵安装高度的确定方法，泵与风机工作点的确定；掌握工况调节的方法，泵与风机的选型，以及在选用中的注意事项；理解并联运行、串联运行的工况分析；理解离心式泵与风机常见故障的分析与排除方法；了解泵的汽蚀现象，水泵、风机的正确使用方法和正确的维护管理方法。

【素质目标】结合汽蚀现象及泵的安装高度要求，树立爱岗敬业、精益求精的职业观念；结合本教学单元涉及泵与风机实际运行问题，建立工程思维。

8.1　离心式泵管路附件与扬程计算

8.1.1　离心泵管路及附件

采用离心泵提升输送液体时，常配有管路及其他必要的附件。典型的离心泵管路附件装置如图 8-1 所示。

从吸液池液面下方的底阀开始到泵的吸入口法兰为止，这段管段叫作吸水管段。底阀的作用是阻止水泵启动前灌水时漏水。泵的吸入口处装有真空计，以便观察吸入口处的真空值。吸水管水平段的阻力应尽可能降低，其上一般不设阀门。水平管段要向泵方向抬升（$i=0.02$），以便于排除空气。过长的吸水管段还要装设防振件。泵出口以外的管段是压水管段，压水管段装有压力表，以测量泵出口压强。止回阀用来防止压水管段中的液体倒流。闸阀用来调节流量的大小。此外，还应装设排水管，以便将填料盖处漏出的水引向排水沟。有时出于防振的需要，在泵的出、入口处一般选用 K—ST 型可曲挠橡胶接头。另外，安装在供热、空调系统上的水泵还需在其出、入口装设温度计。

当两台或两台以上水泵的吸水管路彼此相连时，或当水泵处于自灌式灌水，即水泵的安装高程低于水池水面时，吸水管上应安装闸阀。

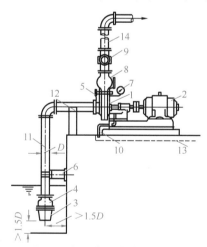

图 8-1　离心水泵管路附件装置
1—离心式泵；2—电动机；3—拦污栅；4—底阀；5—真空表；6—防振件；7—压力表；8—止回阀；9—闸阀；10—排水管；11—吸水管；12—支座；13—排水沟；14—压水管

8.1.2　运行中离心泵装置的总扬程

叶片泵的基本方程式揭示了决定水泵本身扬程的内在因素。对于水泵的设计、选型以及深入分析各种因素对水泵性能的影响非常有用。叶片泵的性能反映的是泵本身的性能，而在实际工程中，水泵的运行必然要与管道系统及外界条件（如水池水位、管网压力、水塔高度等）联系在一起。水泵配上动力机、管道以及一切附件后的系统称为水泵装置。

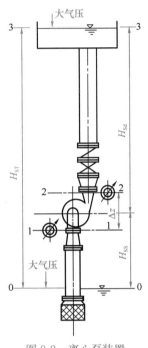

图 8-2　离心泵装置

1. 根据泵上压力表和真空计读数确定扬程

下面以图 8-2 所示的离心泵装置进行分析。

以吸水井水面 0-0 为基准面，列出水泵进口断面 1-1 及出口断面 2-2 的能量方程式。则扬程为：

$$H = H_2 - H_1$$

$$= z_2 + \frac{p_2}{\gamma} + \frac{v_2^2}{2g} - \left(z_1 + \frac{p_1}{\gamma} + \frac{v_1^2}{2g}\right)$$

$$= (z_2 - z_1) + \frac{p_2 - p_1}{\gamma} + \frac{v_2^2 - v_1^2}{2g} \tag{8-1}$$

式中　z_1、$\dfrac{p_1}{\gamma}$、$\dfrac{v_1^2}{2g}$——对应于断面 1-1 处的位置水头、绝对压强水头和流速水头，m；

z_2、$\dfrac{p_2}{\gamma}$、$\dfrac{v_2^2}{2g}$——对应于断面 2-2 处的位置水头、绝对压强水头和流速水头，m；

g——重力加速度，m/s²。

为了监视水泵的运行状况，按要求在水泵的进、出口法兰处分别安装真空表和压力表。表读数为相对压力，若折合成 mH₂O 高度，并分别由 H_v、H_d 表示真空表和压力表的读数，则式（8-1）可写成：

$$H = \left(\frac{p_a + p_d}{\gamma} - \frac{p_a - p_v}{\gamma}\right) + \frac{v_2^2 - v_1^2}{2g} + \Delta z$$

$$= \frac{p_d}{\gamma} + \frac{p_v}{\gamma} + \frac{v_2^2 - v_1^2}{2g} + \Delta z = H_d + H_v + \frac{v_2^2 - v_1^2}{2g} + \Delta z \tag{8-2}$$

式中　p_v、p_d——分别为真空表、压力表读数。

通常泵吸入口与出口的流速相差不大，$\left(\dfrac{v_2^2 - v_1^2}{2g} + \Delta z\right)$ 值较小，则式（8-2）可写成：

$$H = H_d + H_v \tag{8-3}$$

由式（8-3）可知，运行中水泵装置的总扬程为压力表和真空表读数（以 mH₂O 计）相加。

2. 泵在管网中工作时扬程的确定

（1）泵向敞开式水池供水

如图 8-2 所示，以吸水井水面 0-0 为基准面，吸水井水面 0-0 及水池水面 3-3 列能量方程可求出：

$$H = H_{st} + \frac{p_a}{\gamma} + \frac{v_3^2}{2g} + \sum h_s + \sum h_d - \left(\frac{p_a}{\gamma} + \frac{v_0^2}{2g}\right) = \frac{v_3^2 - v_0^2}{2g} + H_{st} + h_w \tag{8-4}$$

式中　H_{st}——上下两水池液面的高差，也称几何扬水高度，m；

　　　h_w——整个泵装置管路系统的阻力损失，m；

　　　$\sum h_s$——吸入管段的阻力损失，m；

　　　$\sum h_d$——压出管段的阻力损失，m。

如两池水面足够大时，则可以认为上下水池流速 $v_3 = v_0 = 0$，上式即可简化为：

$$H = H_{st} + h_w \tag{8-5}$$

此式说明泵的扬程为几何扬水高度和管路系统流动阻力之和。通常就是根据式（8-4）和式（8-5）得出的扬程，作为分析工况和选择泵型的依据。

（2）泵向压力容器供水

当上部水池不是开式，而是将液体压入压力容器时，如锅炉给水泵需将水由开式水池（液面压强为大气压 p_a）压入压强为 p 的锅炉内，则在计算时应考虑 $\dfrac{p - p_a}{\gamma}$ 的附加扬程。

如从低压容器（压强为 p_0）向高压容器（压强 p）供水时所需扬程应附加 $\dfrac{p - p_0}{\gamma}$。

（3）泵在闭合环路管网上工作

如果泵是在闭合环路上工作，那么泵所需扬程仅仅是等于该环路上的流动阻力。

8.2　离心式泵的汽蚀与安装高度

8.2.1　泵的汽蚀现象

8-1

泵的汽蚀

根据物理学知识，当液面压强降低时，相应的汽化温度也降低。例如，水在一个大气压（101.3kPa）下的汽化温度为 100℃；当水面压强降至 0.024at（2.43kPa），水在 20℃时就开始汽化。开始汽化时的液面压强叫作汽化压强，用 P_v 表示。汽蚀现象是客观存在的，但到 1893 年英国一艘驱逐舰进坞修理时，发现螺旋桨桨面有蜂窝状缺陷并有裂纹，不能使用，才首次认定。水泵在某种条件下工作时，也可能发生汽蚀现象。一旦发生汽蚀，水泵将不能正常工作，长期汽蚀作用时，叶轮也会因汽蚀而损坏。

水泵运转过程中，如果过流部分的局部区域（通常是叶轮入口的叶背处）的绝对压强小于输送液体相应温度下的饱和蒸汽压力时，即降低了汽化温度时，液体大量汽化，同时液体中的溶解气体也会大量逸出。气泡在移动过程中是被液体包围的，必然生成大量气泡。气泡随液体进入叶轮的高压区时，由于压力的升高，气泡产生凝结并受到压缩，急剧缩小以致破裂，形成"空穴"。液流由于惯性以高速冲向空穴中心，在气泡闭合区产生强烈的局部水击，瞬间压力可达几十兆帕，同时能听到气泡被压裂的炸裂噪声。实验证实，这种水击多发生在叶片进口壁面，甚至在窝壳表面，其频率可达 20000～30000Hz。高频的冲击压力作用于金属叶面，时间一长就会使金属叶面产生疲劳损伤，表面出现蜂窝状缺陷。蜂窝的出现又导致应力集中，形成应力腐蚀，再加上水和蜂窝表面间歇接触的电化学腐蚀，最终使叶轮出现裂缝，甚至断裂。水泵叶轮进口端产生的这种现象，称为水泵汽蚀。

1. 水泵汽蚀的两个阶段

汽蚀第一阶段：表现在水泵外部有轻微噪声和振动，水泵扬程和功率开始有些下降。

汽蚀第二阶段：空穴区会突然扩大，这时水泵的 H、N、η 将到达临界值而急剧下降，最后终于停止出水。

2. 产生汽蚀的具体原因

（1）泵的安装位置高出吸液面高度太多，即泵的几何安装高度 H_g 过大；

（2）泵安装地点的大气压较低，例如安装在高海拔地区；

（3）泵所输送的液体温度过高等。

8.2.2 水泵的吸水性能

1. 允许吸上真空高度 H_s

为保证水泵内部压力最低点不发生汽蚀，在水泵进口处所允许的最大真空值，以 mH_2O 表示。H_s 是表示离心泵吸水性能的一种方式。泵产品样本中，用 Q—H_s 曲线来表示水泵的吸水性能。

2. 汽蚀余量（Δh）

（1）汽蚀余量。是指在水泵进口处，单位重力的水所具有的大于饱和蒸汽压力的富余能量，以 Δh 表示，单位为 m。

（2）临界汽蚀余量（NPSH）$_a$。是指泵内最低压力点的压力为饱和蒸汽压力时，水泵进口处的汽蚀余量 Δh_{min}。临界汽蚀余量为泵内发生汽蚀的临界条件。

（3）必需汽蚀余量（NPSH）$_r$。泵产品样本中所提供的汽蚀余量是必需汽蚀余量 $[\Delta h]$。为了保证水泵正常工作时不发生汽蚀，将临界汽蚀余量适当加大，即为必需汽蚀余量。其计算式为：

$$[\Delta h] = \Delta h_{min} + 0.3m \tag{8-6}$$

对于大型泵，一方面 Δh_{min} 较大，另一方面从模型实验换算到原型泵时，由于比例效应的影响，0.3m 的安全值尚嫌小，Δh 可采用下式计算：

$$[\Delta h] = (1.1 \sim 1.3)\Delta h_{min} \tag{8-7}$$

3. 允许吸上真空高度和汽蚀余量的关系

$$H_s = \frac{p_a}{\gamma} - \frac{p_v}{\gamma} - [\Delta h] + \frac{v_1^2}{2g} \tag{8-8}$$

$$[\Delta h] = \frac{p_a}{\gamma} - \frac{p_v}{\gamma} - H_s + \frac{v_1^2}{2g} \tag{8-9}$$

式中　$\frac{p_a}{\gamma}$——安装水泵处的大气压力水头，m，与海拔高度有关，见表8-1；

$\frac{p_v}{\gamma}$——饱和蒸汽压力水头，m，与水温有关，见表8-2；

$\frac{v_1^2}{2g}$——水泵进口处的流速水头，m。

不同海拔高程大气压力值   表 8-1

海拔高程 (m)	0	100	200	300	400	500	600	700	800	900	1000	2000	3000	4000	5000
$\dfrac{p_a}{\gamma}$ (m)	10.33	10.22	10.11	9.97	9.89	9.77	9.66	9.55	9.44	9.33	9.22	8.11	7.47	6.52	5.57

水温与饱和蒸汽压力的关系   表 8-2

水温（℃）	0	5	10	20	30	40	50	60	70	80	90	100
$\dfrac{p_v}{\gamma}$ (m)	0.06	0.09	0.12	0.24	0.43	0.75	1.25	2.02	3.17	4.82	7.14	10.33

8.2.3 泵的安装高度

8-2

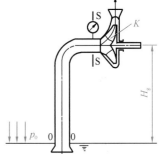

泵的安装高度

水泵轴线距吸水池最低水位的高度称为水泵的安装高度，如图 8-3 所示。对于大型泵应以吸液池液面至叶轮入口边最高点的距离为准。

如上所述，正确决定泵吸入口的真空度 H_s，是控制泵运行时不发生汽蚀而正常工作的关键，而它的数值与泵的安装高度以及吸入侧管路系统、吸液池液面压强、液体温度等密切相关。

用能量方程式即可建立泵吸入口压强的计算公式。这里列出图 8-3 中吸液池液面 0-0 和泵入口断面 S-S 的能量方程：

$$z_0 + \frac{p_0}{\gamma} + \frac{v_0^2}{2g} = z_s + \frac{p_s}{\gamma} + \frac{v_s^2}{2g} + \sum h_s$$

式中 z_0, z_s ——液面和泵入口中心标高，即泵的安装高度
$z_s - z_0 = H_g$，m；

p_0, p_s ——液面和泵入口处压强，Pa；

v_0, v_s ——液面和泵吸入口的平均流速，m/s；

$\sum h_s$——吸液管路的水头损失，m。

图 8-3 离心泵的几何
安装高度

通常认为，吸液池液面处的流速甚小，即 $v_0 = 0$。由此可得：

$$\frac{p_0}{\gamma} - \frac{p_s}{\gamma} = H_g + \frac{v_s^2}{2g} + \sum h_s \qquad (8-10)$$

此式说明，吸液池液面与泵入口断面之间泵所提供的压强水头差，用来克服吸入管的水头损失 $\sum h_s$，建立流速水头 $\dfrac{v_s^2}{2g}$，并将液体吸升到某一高度 H_g。

如果吸液池液面受大气压 p_a 作用，即 $p_0 = p_a$，那么 $\dfrac{p_a - p_s}{\gamma} = H_s$，正是泵入口处真空计所指示的真空度，单位为 m。于是式（8-10）可改写成：

$$H_s = \frac{p_a - p_s}{\gamma} = H_g + \frac{v_s^2}{2g} + \sum h_s \qquad (8-11)$$

由于泵通常是在一定流量下运行的，则 $\dfrac{v_s^2}{2g}$ 及管路水头 Σh_s 都应是定值，所以泵的吸入口真空度 H_s 将随泵的几何安装高度 H_g 的增加而增加。如果吸入口真空度增加至某一最大值 H_{smax} 时，即泵的吸入口处压强接近液体的汽化压强 p_v 时，则泵内就会开始发生汽蚀。通常，开始汽蚀的极限吸入口真空高度 H_{smax} 值是由制造厂用实验方法确定的。

显然，为避免发生汽蚀，由式（8-11）确定的实际 H_s 值应小于 H_{smax} 值，为确保泵的正常运行，制造厂又在 H_{smax} 值的基础上规定了一个"允许"的吸入口真空度，用 $[H_s]$ 表示。即：

$$H_s \leqslant [H_s] = H_{smax} - 0.3\text{m} \tag{8-12}$$

在已知泵的允许吸入口真空度 $[H_s]$ 的条件下，可用公式（8-11）计算出"允许的"水泵安装高度 $[H_g]$，而实际的安装高度应遵守：

$$H_g < [H_g] \leqslant [H_s] - \left(\frac{v_s^2}{2g} + \Sigma h_s\right) \tag{8-13}$$

计算中应注意：

（1）由于泵的流量增加时，流体流动损失和速度水头都增加，使得叶轮进口附近的压强更低了，所以 $[H_s]$ 应随流量增加而有所降低，如图 8-4 中 Q-$[H_s]$ 曲线所示。因此，用式（8-13）确定 H_g 时，必须以泵在运行中可能出现的最大流量为准。

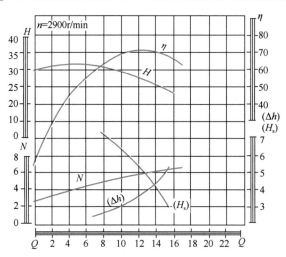

图 8-4　离心式泵 Q-$[H_s]$ 图和 Q-$[\Delta h]$ 曲线简图

（2）$[H_s]$ 值是由制造厂在大气压为 101.325kPa 和 20℃的清水条件下实验得出的。当泵的使用条件与上述条件不符时，应对样本上规定的 $[H_s]$ 值按下式进行修正：

$$[H_s'] = [H_s] - (10.33 - h_A) + (0.24 - h_v) \tag{8-14}$$

式中　$10.33 - h_A$——因大气压不同的修正值，其中 h_A 是当地的大气压强水头，它的值随海拔高度而变化，参见表 8-1；

　　　$0.24 - h_v$——因水温不同所作的修正值，其中 h_v 是与实际工作水温相对应的汽化压强水头，参见表 8-2。

工程实际中最常见的泵的安装位置是在吸液面之上。然而，还可能遇到泵安装在吸液面下方的情况，如供暖系统的循环泵、锅炉冷凝水泵，如图 8-5 所示。泵的这种安装形式称为灌注式。

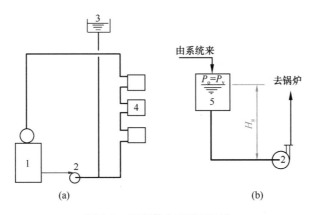

图 8-5　泵安装在吸液面下方

(a) 供暖系统的循环泵装置；(b) 锅炉冷凝水泵装置

1—锅炉；2—循环水泵；3—膨胀水箱；4—散热器；5—冷凝水箱

究竟在什么情况下要采用灌注式安装方式呢？这必须根据式（8-13）、式（8-14）作出技术上的判断。

【例题 8-1】12Sh-19A 型离心泵，流量为 0.22m³/s 时，由水泵样本中的 Q-[H_s] 曲线中查得，其允许吸入口真空度 [H_s] = 4.5m，泵进水口直径为 300mm，吸入管段的损失估计为 1.0m，当地海拔为 1000m，水温为 40℃。试计算其允许几何安装高度 [H_g]。

【解】由式（8-14）计算 [H'_s]。

由表 8-1 查出海拔 1000m 处的大气压为 9.22m，查表 8-2，水温 40℃时的汽化压力为 0.75m。

根据式（8-14）：

$$[H'_s] = 4.5 - (10.33 - 9.22) + (0.24 - 0.75) = 2.88\text{m}$$

泵入口的流速：

$$v_s = \frac{Q}{\frac{\pi}{4}d^2} = \frac{0.22}{0.785 \times (0.3)^2} \approx 3.11\text{m/s}$$

$$\frac{v_s^2}{2g} \approx 0.5\text{m} \qquad \Sigma h_s = 1\text{m}$$

由式（8-13）得允许几何安装高度为：

$$[H_g] = [H'_s] - \left(\frac{v_s^2}{2g} + \Sigma h_s\right) = 2.88 - (0.5 + 1) = 1.38\text{m}$$

【例题 8-2】一台单级离心泵，流量 Q 为 20m³/h，$\Delta h_{min} = 3.3$m，从封闭容器中抽送温度为 50℃的清水，容器中液面压强为 8.05kPa，吸入管阻力为 0.5m，已知水在 50℃时

的密度为 $988kg/m^3$，试求该泵允许的几何安装高度 $[H_g]$。

【解】从表 8-2 中查得水在 50℃时汽化压力 $p_V=1.25mH_2O$，由式（8-6）及式（8-13）可求出 $[H_g]$：

$$[H_g]=\frac{p_0-p_V}{\gamma}-\sum h_s-(\Delta h_{min}+0.3)$$

$$=\frac{8050}{988\times9.807}-1.25-0.5-(3.3+0.3)$$

$$=-4.52m$$

计算结果为负值，故该泵的轴中心至少位于容器液面以下 4.52m。

8.3　管路性能曲线与工作点

泵或风机是在一定的管路系统中工作的。泵与风机的性能曲线在某一转速下，所提供的流量和扬程是密切相关的，并有无数组对应值。一台泵或风机究竟能给出哪一组值，即在泵与风机性能曲线上哪一点工作，并非任意，而是取决于所连接的管路性能。当泵或风机提供的压头与管路所需要的压头得到平衡时，由此也就确定了泵或风机所提供的流量，这就是泵或风机的自动平衡性。此时，如该流量不能满足设计需要时，就需另选一台泵或风机的性能曲线，不得已时亦可用调整管路性能来满足需要。

8-3

管路性能曲线与工作点

8.3.1　管路性能曲线

所谓管路性能曲线是指离心式泵或风机在管路系统中工作时，其实际扬程（或压头）与实际流量之间的关系曲线。

如图 8-6 所示为一管路系统的示意图，以 0-0 为基准面，吸入容器的液面 1-1 和压出容器液面 2-2 列能量方程：

$$z_1+\frac{p_1}{\gamma}+\frac{v_1^2}{2g}+H=z_2+\frac{p_2}{\gamma}+\frac{v_2^2}{2g}+h_w$$

由图知 $\qquad \frac{v_1^2}{2g}=\frac{v_2^2}{2g}\approx0$

则 $\quad H=\left(z_2+\frac{p_2}{\gamma}\right)-\left(z_1+\frac{p_1}{\gamma}\right)+h_w=H_{st}+h_w$

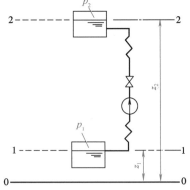

图 8-6　管路系统与泵的装置示意图

式中　H——管路中对应某一流量下所需提供的压头（或称扬程），mH_2O；

H_{st}——静压头（或称静扬程），表达式为 $H_{st}=\left(z_2+\frac{p_2}{\gamma}\right)-\left(z_1+\frac{p_1}{\gamma}\right)$；

h_w——吸入管路与压出管路的水头损失，$h_w=\sum h_s+\sum h_d$，mH_2O。

阻力损失取决于管网的阻力特性。由流体力学知：

$$h_w = SQ^2$$

式中　S——管路的阻抗，$\mathrm{s^2/m^5}$；

　　　Q——管网的流量，$\mathrm{m^3/s}$。

于是有：

$$H = H_{st} + SQ^2 \tag{8-15}$$

当静扬程 H_{st} 与管路阻抗 S 一定时，在以流量 Q 与扬程 H 组成的直角坐标图上，可以得到如图 8-7 所示的二次曲线，称之为管路性能曲线。

由式（8-15）可知，管路特性阻力系数不同，则管路性能曲线的形状也不同，也就是说，管路阻力愈大，即 S 愈大，则二次曲线愈陡，如图 8-7 所示（$S_1 < S_2 < S_3$）。

对于风机装置，因气体密度 ρ 很小，当风机吸入口与风管出口高程差不是很大时，气柱重量形成的压强可忽略，其静扬程可认为等于 0。所以，风机管路性能曲线的函数关系式为：

$$p = \gamma SQ^2 \tag{8-16}$$

这是一条通过坐标原点的二次曲线，管路阻力增大时，管路特性阻力系数 S 增大，性能曲线变陡，反之则平稳些，如图 8-8 所示（$S_1 < S_2 < S_3$）。

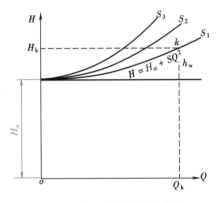
图 8-7　离心泵管路性能曲线

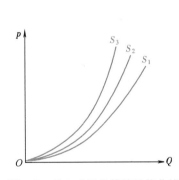
图 8-8　离心式风机管路性能曲线

8.3.2　泵或风机的工作点

如上所述，管路系统的性能是由工程实际要求所决定的，与泵或风机本身的性能无关。但是工程所需的流量及其相应的扬程必须由泵或风机来满足，这是一对供求矛盾。利用图解方法可以方便地加以解决。

鉴于通过泵或风机管路系统中的流量也就是泵或风机本身的流量，可以将泵或风机的性能曲线 H-Q 与管路性能曲线 C-E 按同一比例绘制在同一坐标图上，如图 8-9 所示。这两条曲线的交点 D 就是泵或风机的

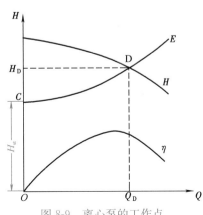
图 8-9　离心泵的工作点

工作点。显然，D 点表明所选定的泵或风机在流量为 Q_D 的条件下，向该装置提供的扬程 H_D 正是该工程所要求的，而又处在泵或风机的高效率范围内，这样的安排是恰当的、经济的。否则，应重新选择合适的泵或风机。

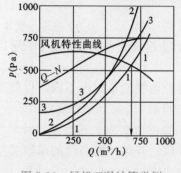

图 8-10　风机工况计算举例
（$n=2800\text{r/min}$）

【例题 8-3】 当某管路系统风量为 $500\text{m}^3/\text{h}$ 时，系统阻力为 300Pa，今预选一个风机的性能曲线如图 8-10 所示。试计算：

（1）风机实际工作点；

（2）当系统阻力增加 50% 时的工作点；

（3）当空气送入有正压 150Pa 的密封舱时的工作点。

【解】 （1）先绘出管网性能曲线

由 $$p=p_\text{w}=SQ^2$$

得 $$S=\frac{300}{(500)^2}=0.0012$$

当 $\qquad Q=500\text{m}^3/\text{h} \qquad p=300\text{Pa}$

$\qquad\qquad Q=750\text{m}^3/\text{h} \qquad p=675\text{Pa}$

$\qquad\qquad Q=250\text{m}^3/\text{h} \qquad p=75\text{Pa}$

由此可以绘出管网性能曲线 1-1。由曲线 1-1 与风机性能曲线交点（工作点）得出：当 $p=550\text{Pa}$ 时，$Q=690\text{m}^3/\text{h}$。

（2）当阻力增加 50% 时，管网性能曲线将改变

$$S=\frac{300\times 1.5}{(500)^2}=0.0018$$

当 $\qquad Q=500\text{m}^3/\text{h}$ 时 $\qquad p=450\text{Pa}$

$\qquad\qquad Q=750\text{m}^3/\text{h}$ 时 $\qquad p=1013\text{Pa}$

$\qquad\qquad Q=250\text{m}^3/\text{h}$ 时 $\qquad p=113\text{Pa}$

由此可绘出管网性能曲线 2-2。由曲线 2-2 与风机性能曲线交点得出：当压力为 610Pa 时，$Q=570\text{m}^3/\text{h}$。

（3）对第一种情况附加正压 150Pa（即管路系统两端压差）

$$p=150+SQ^2=150+0.0012Q^2$$

当 $\qquad Q=500\text{m}^3/\text{h} \qquad p=300+150=450\text{ Pa}$

$\qquad\qquad Q=750\text{m}^3/\text{h} \qquad p=150+675=825\text{ Pa}$

$\qquad\qquad Q=250\text{m}^3/\text{h} \qquad p=150+75=225\text{ Pa}$

按此点作出管网性能曲线 3-3（它相当于 1-1 曲线平移 150Pa），由它与风机性能曲线的交点得出：当 $p=590\text{Pa}$ 时，$Q=590\text{m}^3/\text{h}$。

此例可看出：当阻力增加 50% 时，风量减少 $\dfrac{690-570}{690}\times 100\%=17\%$，即阻力急剧增加，风量相应降低，但不与阻力增加成比例。因此，当管网计算的阻力与实际应耗的压力存在某些偏差时，对实际风量的影响并不突出。

此例的计算结果不能满足所要求的风量 $Q=500\text{m}^3/\text{h}$。因此，当风机供给的风量不能符合实际要求时，应采取适当的方法进行调节。

8.3.3　运行工况的稳定性

泵或风机的 $Q\text{-}H$ 性能曲线大致可分为三种类型：（1）平坦形；（2）陡降形；（3）驼峰形，如图 8-11 所示。前两种类型的性能曲线与管路性能曲线一般只有一个交点 D，如图 8-9 所示。D点表示泵或风机输出的流量恰好等于管道系统所需要的流量。而且，泵或风机所提供的扬程（或压头），也恰好满足管道在该流量下所需要的扬程，因而泵或风机能够在 D 点稳定运转。一旦工作点 D 受机械振动或电压波动所引起流速干扰而发生偏离时，那么，当干扰过后，工作点会立即恢复到原工作点 D 运行，所以，称 D 点为稳定的工作点。

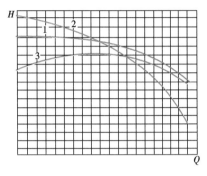

图 8-11　三种不同的 $Q\text{-}H$ 曲线
1—平坦形；2—陡降形；3—驼峰形

有些低比转数泵或风机的性能曲线呈驼峰形，这样的性能曲线与管路性能曲线有可能出现两个交点 D 和 K，如图 8-12 所示。这种情况下，只有 D 点是稳定工作点，在 K 点工作将是不稳定的。

当泵或风机的工况受机器振动和电压波动而引起转速变化的干扰时，就会离开 K 点。此时，K 点如向流量增大方向偏离，则机器所提供的扬程就大于管路所需的消耗水头，于是管路中流速加大，流量增加，则工况点沿机器性能曲线继续向流量增大的方向移动，直至 D 点为止。当 K 点向流量小的方向偏离时，K 点就会继续向流量减小的方向移动，直至流量等于 0 为止。此刻，如吸水管上未装底阀或止回阀时，流体将发生倒流。由此可见，工况点在 K 处是暂时平衡，一旦离开 K 点，便难于再返回到原点 K 了，故称 K 点为不稳定工作点。驼峰形 $Q\text{-}H$ 性能曲线与管路性能曲线还有可能出现相切的情况，如图 8-13所示。

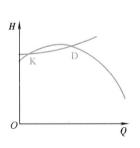

图 8-12　性能曲线呈
驼峰形的运行工况

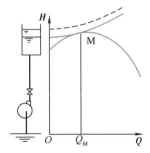

图 8-13　管路性能曲线
与 $Q\text{-}H$ 曲线相切

此时如果因为机械振动等因素干扰使泵或风机的工作点偏离切点 M，无论工作点向哪个方向偏离，都会因为泵或风机提供的扬程满足不了管路系统需要，流体因能量不足而减速，使工作点沿 $Q\text{-}H$ 曲线迅速向流量为 0 的方向移动，出现水泵不出水现象。可见，M 点是极不稳定工作点。此外，当水泵向高位水箱送水，或风机向压力容器或容量甚大的管道送风时，由于位能差 H_z 变化而引起管路性能曲线上移，如图 8-13 中虚线所示，以致与泵或风机的 $Q\text{-}H$ 曲线脱离，于是泵的流量将立即自 Q_M 突变为 0。因此，在使用驼峰形 $Q\text{-}H$ 性能曲线时，切忌将工作点选在切点 M 以及 K 点上。

大多数泵或风机的特性都具有平缓下降的曲线，当少数曲线有驼峰时，则工作点应选在曲线的下降段，故通常的运转工况是稳定的。

8.4 泵与风机的联合运行

两台或两台以上的泵或风机在同一管路系统中工作，称为联合运行。联合运行又分为并联和串联两种情况。其联合运行的目的，在于增加流量或增加压头。

8.4.1 并联运行

当系统要求的流量很大，用一台泵或风机其流量不够时，或需要增开或停开并联台数，以实现大幅度调节流量时，或保证不间断供水（气）的要求，作为检修及事故备用时，宜采用并联运行。

图 8-14(a) 是两台水泵在同一吸水池吸水，向同一管路供水，称为并联。图 8-14(b) 是两台风机的并联情况。现以离心泵为例，说明并联运行工况点确定方法。

并联运行的工况可以用数解和图解两种方法进行分析，这里仅介绍图解法。

在并联支管管路阻力相等或相差不大的条件下，泵或风机并联运行的特性曲线由各单机的性能曲线在等扬程（风压）下，叠加流量得到；管路性能曲线由静扬程和一条支管与干管的管路损失之和得到。

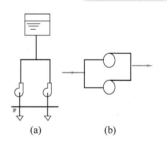

图 8-14 并联运行
(a) 两台泵并联；
(b) 两台风机并联

1. 两台性能相同的泵或风机并联

已知单台泵或风机的性能曲线Ⅰ，在等扬程（风压）下，使流量加倍，便得到并联运行的特性曲线Ⅱ。作管路性能曲线Ⅲ与Ⅱ交于 M 点，M 点即为并联运行工况点。Q_M 为并联工况流量，H_M 为并联工况扬程，如图 8-15 所示，曲线Ⅳ、Ⅴ是泵或风机的效率和功率性能曲线。

过 M 点作水平线与单机的性能曲线Ⅰ交于 D 点，D 点即为单机的工况点。扬程 $H_D = H_M$，流量 $Q_D = \frac{1}{2}Q_M$。D 点对应效率曲线上的 η_D，就是并联运行时单机的效率；对应功率曲线上的 N_D，就是并联运行时单机的功率。

管路性能曲线Ⅲ与单机的性能曲线Ⅰ的交点 C 是只开一台设备时的工作点，Q_C 为对应的流量。可见，$Q_C > Q_D$，表明只开一台设备时的流量大于并联机组中一台设备的流量。

这是因为并联后，管路内总流量加大，水头损失增加，所需压头加大，而多数情况下，泵与风机的性能是压头加大流量减小，所以并联运行时单台设备的流量减小了。由此得出，并联运行时的流量增加量 $\Delta Q = (Q_M - Q_C) < Q_C$，增加的流量小于系统中一台设备时的流量。也就是说，流量没有增加一倍，即 $Q_M < 2Q_C$。

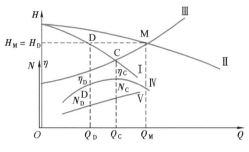

图 8-15　两台相同性能单机
并联运行工况分析

并联机组增加的流量 ΔQ 与管路性能曲线和泵或风机的性能曲线有关。管路性能曲线越平坦（阻抗 S 越小），ΔQ 越大；泵或风机的性能曲线越陡（比转数 n_s 越大），ΔQ 越大。因此，并联方式不宜用于管路性能曲线很陡或泵与风机性能曲线很平坦的管路系统中。

2. 两台性能不同的泵或风机并联

如图 8-16 所示，曲线 Ⅰ、Ⅱ 分别是两台泵或风机的性能曲线。Ⅰ＋Ⅱ 是并联运行的性能曲线。曲线 Ⅲ 是管路性能曲线。并联机组性能曲线的画法是在相同压头下，将 $Q_Ⅰ$ 与 $Q_Ⅱ$ 相加而得。管路性能曲线与并联机组性能曲线交于 M 点，M 点即为并联运行工况点，其流量为 Q_M，扬程为 H_M。曲线 Ⅳ$_1$、Ⅳ$_2$、Ⅴ$_1$、Ⅴ$_2$ 为单机的效率和功率性能曲线。

由 M 点作水平线与 Ⅰ 和 Ⅱ 交于 D 和 B 点，D、B 就是并联运行时两台单机各自的工况点，扬程 $H_D = H_B = H_M$，流量为 Q_D、Q_B，$Q_M = Q_D + Q_B$，效率为 η_D、η_B，功率为 N_D、N_B。

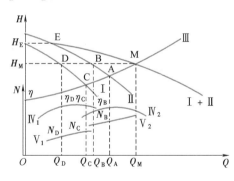

图 8-16　两台不同性能单机
并联运行工况分析

并联前每台泵或风机的工况点是 C 和 A。由图看出，$Q_M < Q_C + Q_A$，$H_M > H_A$，$H_M > H_C$。这表明，两台不同性能的泵或风机并联工作的总流量小于并联前各泵或风机单独工作的流量之和。其减少的程度与管路性能曲线形状有关。管路性能曲线越陡，总流量越小。

两台性能曲线不同的泵或风机并联时，压头小的泵或风机输出的流量很小。当并联工况点移至 E 点时，由于设备 Ⅰ 的压头不能大于 H_E，因而不能输出流量，此时应停开设备 Ⅰ。

并联运行时，应使各单机工况点处于高效区范围内；同时也尽量保证仅单机运行时，工况点也落在高效区内。

8.4.2　串联运行

当单台泵或风机不能提供所需的较高的扬程或风压时，或在改建扩建的管路系统中，由于阻力增加较大，需要提供较大的扬程或风压时，宜采用串联运行。串联运行时，第一台泵或风机的出口与第二台泵或风机的吸入口连接，如图 8-17（a）是两台泵的串联，图 8-17（b）是两台风机的串联。

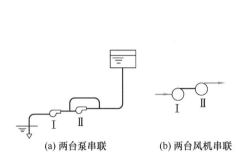

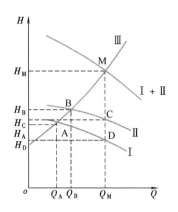

(a) 两台泵串联　　　(b) 两台风机串联

图 8-17　泵与风机的串联工作　　　图 8-18　两台单机串联运行工况分析

两台泵或风机串联运行，工况图解分析如图 8-18 所示。图中 Ⅰ、Ⅱ 为单机性能曲线，据等流量下扬程相加的原理，得到串联运行泵或风机的性能曲线 Ⅰ＋Ⅱ，作管路性能曲线 Ⅲ 与曲线 Ⅰ＋Ⅱ 交于 M 点，M 点就是串联工作的工况点，流量为 Q_M，扬程为 H_M。

由 M 点作垂直线与单机性能曲线 Ⅰ、Ⅱ 交于 D 点和 C 点即为单机的工况点，对应流量和扬程分别为 $Q_D = Q_C = Q_M$，$H_C + H_D = H_M$。由此 $H_A > H_D$，$H_B > H_C$，则 $H_M < H_B + H_A$，表明串联运行的扬程总是小于各单机独立运行时扬程之和，同时串联后的流量也增加了，这是因为总扬程加大，使管路中流体的速度加大，流量随之增加。泵或风机的性能曲线愈平坦，串联后增加的压头和流量愈大，愈适于串联工作。

串联运行时，应保证各单机在高效区内运行。在串联管路后面的单机，由于承受较高的扬程（风压）作用，选机时应考虑其构造强度。风机串联，因操作上可靠性较差，一般不推荐采用。

一般说来，两台或两台以上的泵或风机联合运行要比单机运行效果差，工况复杂，分析麻烦。

8.5　泵与风机的工况调节

实际工程中，随着外界的需求，泵与风机都要经常进行流量调节，即进行工况调节。如前所述，泵与风机运行时工况点的参数是由泵、风机的性能曲线与管路性能曲线共同决定的。所以工况调节就是用一定方法改变泵与风机性能曲线或管路性能曲线，来满足用户对流量变化的要求。

8.5.1　改变管路性能

改变管路性能曲线最常用的方法就是改变管路中的阀门开启程度，从而改变管路的阻抗，使管路性能曲线变陡或变缓，达到调节流量的目的。这种调节方法十分简单，应用最广。

8-5

泵与风机的工况调节

1. 压出管上阀门调节

如图 8-19 所示为管路性能调节工况分析示意图。曲线
1、2 和 3 分别为管网初始状态的性能曲线和调节后阻力增
减的性能曲线；曲线 4 为泵或风机的性能曲线。当关小压
出管道上的阀门，阻力增大，管路性能曲线变陡为曲线 2，
工况点移至 B，相应的流量由 Q_A 减至 Q_B。当开大管网中
的阀门，阻力减小，管路性能曲线变缓为曲线 3，工况点移
至 C 点，相应流量增为 Q_C。

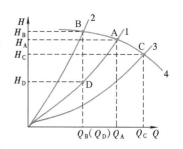

图 8-19　管路性能调节
的工况分析

由于阀门关小额外增加的能量损失为 $\Delta H = H_B - H_D$。
因为原来管路中流量为 Q_B 时需要的扬程是 H_D，相应多消耗的功率为：

$$\Delta N = \frac{\gamma Q_B \Delta H}{\eta_B}$$

可见，由于增加了阀门阻力，额外增加了压力损失，是不经济的，这种方法常用于频
繁的、临时性的调节。

2. 吸入管上阀门调节

此种方法只适用于风机。这是因为吸入管上设置调节阀，增加吸入口的真空值，可能
引起泵的汽蚀。

在吸入管上设置调节阀，通过吸入口的节流改变风机的进口压力，使风机性能曲线发
生变化，以适应流量或压力的特定要求。

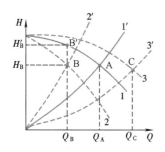

图 8-20　风机吸入管路
调节的工况分析

图 8-20 中曲线 1、1′分别为初始状态下的风机、管网性能
曲线。而 2、2′和 3、3′分别为关小和开大吸入管路调节阀之
后的风机和管网的性能曲线。显然，关小吸入管路阀门，其
工作状态点移至 B 点，则在同一流量条件下，与采用出口设
调节阀时的 B′点相比，消除了因 $\Delta H = H_B' - H_B$ 而产生的无
益功率消耗。所以，在风机吸入管路上的调节的经济性较好，
而且简单易行。

另一方面，由于在风机入口的调节，使风机入口喘振点
向小流量方向变化，这就可以使风机的流量调节范围加宽，
即有可能在较小的流量下工作。因此，吸入管路调节是一般
固定转数风机、鼓风机和压缩机广泛采用的调节方法。

8.5.2　改变泵或风机的性能

泵与风机性能调节方式可分为非变速调节和变速调节两大类。

非变速调节方式有：入口节流调节、离心式和轴流式风机的前导叶调节、切削叶轮调
节等。变速调节方式有：电气调速、机械调速、机电联合调速等。下面介绍几种主要的调
节方式：

1. 变速调节

泵或风机的变速即改变其转数。由相似律可知，改变泵或风机的转数，可以改变泵或风机的性能曲线，从而使工况点移动，流量随之改变。转数改变时泵与风机的性能参数变化如下：

$$\frac{Q}{Q'} = \frac{n}{n'} \qquad \frac{H}{H'} = \left(\frac{n}{n'}\right)^2 \qquad \frac{p}{p'} = \left(\frac{n}{n'}\right)^2 \qquad \frac{N}{N'} = \left(\frac{n}{n'}\right)^3 \qquad (8\text{-}17)$$

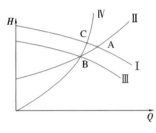

图 8-21 变速调节的工况分析

变速调节的工况分析如图 8-21 所示，图中曲线Ⅰ为转数 n 时泵或风机的性能曲线，曲线Ⅱ为管路性能曲线，两线交点 A 就是工况点。

将工况点调节至管路性能曲线上的 B 点，通过 B 点的泵或风机性能曲线Ⅲ，转数为 n'。转数比：

$$\frac{n}{n'} \neq \frac{Q_A}{Q_B}$$

因为相似律应满足相似工况的条件，而 A、B 两点不满足运动相似条件。

由式（8-17）相似工况点应满足以下关系：

$$\frac{H}{H'} = \frac{Q^2}{Q'^2} \text{ 或} \frac{H}{Q^2} = \frac{H'}{Q'^2} = S$$

得相似工况曲线方程为：

$$H = SQ^2 \qquad (8\text{-}18)$$

将 Q_B 及 H_B 代入得：

$$S = \frac{H_B}{Q_B^2}$$

则可以绘出通过 B 点的相似工况曲线Ⅳ，与转数 n 的性能曲线Ⅰ交于 C 点。B 点与 C 点是相似工况点，C 点又在转数为 n 的性能曲线上。因此有：

$$\frac{n}{n'} = \frac{Q_C}{Q_B}$$

改变泵或风机转数的方法有以下几种：

（1）改变电机转数

用电机拖动的泵或风机，可以在电机的转子电路中串接变阻器来改变电机的转数。这种方法的缺点是必须增加附属设备，调速系统价格较贵，对运行和检修的技术要求高；优点是可以实现无级调速，调速操作简单，提高了水泵的运行效率和扬程利用率。另一种是通过改变电机输入电流的频率来改变电机转数——变频调速的方法是目前最为常用的。变频调速的优点是可实现无级调速，操作非常简单，效率高，而且变频装置体积小便于安装等；缺点是调速系统（包括变频电源、参数测试设备、参数发送与接收设备、数据处理设备等）价格较贵，检修和运行技术要求高，会对电网产生某种程度的高频干扰等。

（2）调换皮带轮

调换传动皮带轮的大小可以改变叶轮的转速，还可在一定范围内调节转数。这种方法的优点是不增加额外的能量损失，缺点是调速范围很有限，并且要停机换轮。

（3）采用液力偶合器

液力偶合器是安装在电机与泵或风机之间的传动设备。与一般联轴器的不同之处在于它是通过液体（如油）来传递转矩，从而在电机转速恒定的情况下，改变泵或风机的转数。优点是能连续调速，很容易实现空载或轻载启动，调速操作简便。缺点是调节装置复杂，维修运行技术要求高，电能浪费大。

在理论上可以用增加转数的方法来提高流量，但是转数增加后，使叶轮圆周速度增大，因而可能增大振动和噪声，且可能发生机械强度和电机超载问题。所以一般不用增速的方法来调节工况。

2. 进口导流器调节

离心式通风机常采用进口导流器进行调节。常用的导流器有轴向导流器与径向导流器，如图 8-22 所示。

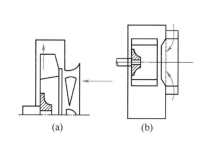

图 8-22　进口导流器简图
（a）轴向导流器；（b）径向导流器

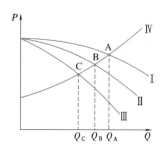

图 8-23　进口导流器调节的
工况分析

导流器的作用是使气流进入叶轮之前产生预旋，由欧拉方程式得知，$p = \rho(u_2 v_{u2} - u_1 v_{u1})$。当导流器全开时，气流无旋进入叶轮，此时叶轮进口切向速度 $v_{u1} = 0$，所得风量最大。向旋转方向转动导流器叶片，气流产生预旋，使切向风速 v_{u1} 加大，从而风压降低。导流器叶片转动角度越大，产生预旋越强烈，风压 p 越低。

图 8-23 是采用导流器调节方法的工况分析图。导流叶片角度为 0°、30°、60°，对应风机的性能曲线为Ⅰ、Ⅱ、Ⅲ，与管路性能曲线Ⅳ交于 A、B、C 三点，是三种情况下的工况点，流量分别为 Q_A、Q_B、Q_C。

采用导流器的调节方法，增加了进口的撞击损失，从节能角度看，不如变速调节，但比阀门调节消耗功率小，也是一种比较经济的调节方法。此外，导流器结构比较简单，可用装在外壳上的手柄进行调节，在不停机的情况下进行，操作方便灵活，这是比变速调节的优越之处。

3. 切削叶轮外径调节

对于泵还可以用切削叶轮外径来改变其性能，切削后泵的性能是按在大量实验资料的基础上统计的规律——切削律改变。

切削律为：

$$\frac{Q'}{Q} = \frac{D_2' F_2'}{D_2 F_2} \qquad \frac{H'}{H} = \left(\frac{D_2'}{D_2}\right)^2 \cdot \frac{\cot\beta_2'}{\cot\beta_2} \qquad \frac{N'}{H} = \left(\frac{D_2'}{D_2}\right)^3 \cdot \frac{F_2'}{F_2} \cdot \frac{\cot\beta_2'}{\cot\beta_2}$$

式中，Q'、H'、N' 为叶轮切削后的参数。

实践证明，切削量不大时，泵的效率可认为不变，具有相似工况的条件，故上式可不考虑 F_2、β_2 的修正，仅取直径比进行换算，所允许的切削量与比转速 n_s 有关，用 $\dfrac{D_2 - D_2'}{D_2}$ 表示切削率，其允许量与 n_s 的关系列在表 8-3 中：

叶 轮 切 削 限 量　　　　　　　　　　表 8-3

n_s	60	120	200	300	350
$\dfrac{D_2 - D_2'}{D_2}$	0.2	0.15	0.11	0.09	0.01
效率下降值	每切削 0.1，下降 1%		每切削 0.04，下降 1%		

对于水泵，制造厂通常对同一型号的泵，除标准叶轮以外，还提供几种经过切削的叶轮供选用。

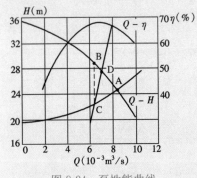

图 8-24　泵性能曲线

【例题 8-4】已知泵性能曲线如图 8-24 所示。管路阻抗 $S = 76000 \text{s}^2/\text{m}^5$，静扬程 $H_{st} = 19\text{m}$，转数 $n = 2900 \text{r/min}$。试求：

（1）水泵流量 Q、扬程 H、效率及轴功率 N；

（2）用阀门调节方法使流量减少 25%，求此时水泵的流量、扬程、轴功率和阀门消耗的功率；

（3）用变速调节方法使流量减少 25%，转速应调至多少？

【解】（1）由管路性能曲线方程 $H = H_{st} + SQ^2 = 19 + 76000Q^2$，计算得：

Q $(10^{-3}\text{m}^3/\text{s})$	0	2	4	6	8	10
H (m)	19	19.30	20.22	21.74	23.86	26.60

管路性能曲线与泵的 Q-H 曲线交于 A 点：

$$Q_A = 8.5 \times 10^{-3}\text{m}^3/\text{s} \quad H_A = 24.5\text{m} \quad \eta_A = 65\%$$

$$N_A = \frac{\gamma Q_A H_A}{\eta_A} = \frac{9.807 \times 8.5 \times 10^{-3} \times 24.5}{0.65} = 3.14\text{kW}$$

（2）阀门调节

$$Q_B = (1 - 0.25)Q_A = 0.75 \times 8.5 \times 10^{-3} = 6.38 \times 10^{-3}\text{m}^3/\text{s}$$

在泵的 Q-H 曲线上查得 B 点，$H_B = 28.8\text{m}$，$\eta_B = 65\%$。

$$N_B = \frac{\gamma Q_B H_B}{\eta_B} = \frac{9.807 \times 6.38 \times 10^{-3} \times 28.8}{0.65} = 2.77\text{kW}$$

由 B 点作垂线与管路性能曲线交于 C 点：

$$H_C = 19 + 76000 \times (0.00638)^2 = 22.09\text{m}$$

阀门增加的水头损失：

$$\Delta H = H_B - H_C = 28.8 - 22.09 = 6.71\text{m}$$

阀门消耗的功率：

$$\Delta N = \frac{\gamma Q_B \Delta H}{\eta_B} = \frac{9.807 \times 6.38 \times 10^{-3} \times 6.71}{0.65} = 0.65\text{kW}$$

（3）变速调节

将工况点调至 C 点的相似工况曲线的特性方程 $H=SQ^2$。

$Q(10^{-3}\,\mathrm{m}^3/\mathrm{s})$	6	6.38	7	8
H (m)	19.54	22.09	26.59	34.73

则有：

$$S = \frac{H_C}{Q_C^2} = \frac{22.09}{(6.38 \times 10^{-3})} = 542693\mathrm{s}^2/\mathrm{m}^5$$

相似工况曲线与泵的 $Q\text{-}H$ 曲线交于 D 点：

$$Q_D = 7.2 \times 10^{-3}\,\mathrm{m}^3/\mathrm{s}$$

由 $\dfrac{n}{n'} = \dfrac{Q_D}{Q_C}$ 得 $n' = n\dfrac{Q_C}{Q_D} = 2900 \times \dfrac{0.00638}{0.0072} = 2570\mathrm{r/min}$。

8.6　泵与风机的选用

由于泵或风机装置的用途和使用条件千变万化，而泵或风机的种类又十分繁多，故合理地选择其类型或形式及决定它们的大小，以满足实际工程所需的工况是很重要的。

在选用时应同时满足使用与经济两方面的要求。具体方法步骤归纳如下：

首先应充分了解整个装置的用途、管路布置、地形条件、被输送流体的种类、性质以及水位高度等原始资料。例如在选择水泵时分析泵的工作条件，如液体的温度、腐蚀性、是否清洁等，选择不同用途的水泵。同理，在选择风机时，也应搞清被送气体的性质，如清洁空气、烟气、含尘空气或易燃易爆及腐蚀气体等，以便选择不同用途的风机。

常用各类水泵与风机性能及适用范围，见表 8-4 及表 8-5。

8-6

泵与风机的选择

常用水泵性能及适用范围表（示例）　　　　　　　　　表 8-4

型号	名称	扬程范围 (m)	流量范围 (m³/h)	电机功率 (kW)	介质最高温度 (℃)	适 用 范 围
BG	管道泵	8～30	6～50	0.37～7.5		输送清水或理化性质类似的液体，装于水管上
NG	管道泵	2～15	6～27	0.20～1.3	95～150	输送清水或理化性质类似的液体，装于水管上
SG	管道泵	10～100	8～400	0.50～26		有耐腐型、防爆型、热水型、装于水管上
XA	离心式清水泵	25～96	10～340	1.5～100	105	输送清水或理化性质类似的液体
IS	离心式清水泵	5～25	6～400	0.55～110	80	输送清水或理化性质类似的液体
BA	离心式清水泵	8～98	4.5～360	1.5～55	80	输送清水或理化性质类似的液体
BL	直联式离心泵	8.8～62	4.5～120	1.5～18.5	60	输送清水或理化性质类似的液体
Sh	双吸离心泵	9～140	126～12500	22～1150	80	输送清水，也可作为热电站循环泵
D，DG	多级分段泵	12～1528	12～700	2.2～2500	80	输送清水或理化性质类似的液体
GC	锅炉给水泵	46～576	6～55	3～185	110	小型锅炉给水
N，NL	冷凝泵	54～140	10～510		80	输送发电厂冷凝水
J，SD	深井泵	24～120	35～204	10～100		提取深井水
4PΛ6	氨水泵	84～301	30	22～75		输送 20%浓度的氨水，吸收式冷冻设备主机

常用通风机性能及适用范围表（示例）　　　　　　　　　　　　　　　表 8-5

型号	名　　称	全压范围 (mmH$_2$O)	风量范围 (m³/h)	电机功率 (kW)	介质最高温度 (℃)	适　用　范　围
4-68	离心通风机	167～3302	565～79000	0.55～50	80	一般厂房通风换气、空调
4-72-11	塑料离心风机	196～1382	991～55700	1.10～30	60	防腐防爆厂房通风换气
4-72-11	离心通风机	196～3175	991～227500	1.1～210	80	一般厂房通风换气
4-79	离心通风机	176～3330	990～17720	0.75～15	80	一般厂房通风换气
7-40-11	排尘离心通风机	490～3165	1310～20800	1.0～40		输送含尘量较大的空气
9-35	锅炉通风机	784～5880	2400～150000	2.8～570		锅炉送风助燃
Y4-70-11	锅炉引风机	657～1382	2430～14360	3.0～75	250	用于 1～4t/h 的蒸汽锅炉
Y9-35	锅炉引风机	539～4449	4430～473000	4.5～1050	200	锅炉烟道排风
G4-73-11	锅炉离心式通风机	578～6860	15900～680000	10～1250	80	用于 2～670t/h 汽锅或一般矿井通风
30K4-11	轴流通风机	25～506	550～49500	0.09～10	45	一般工厂、车间办公室换气
T30	轴流通风机	～			45	一般建筑通风换气
SWF	灌流（斜流式）风机	143～1480	3053～95420	0.37～40		用于建筑、冷库、纺织等通风排烟
GPT	高温排烟专用风机	390～819	2600～93800	0.55～25	280	用于消防排烟或与通风共用的系统
HTF	外转子空调专用风机	20～1200	290～38000	0.033～18	45	用于小型空气处理设备

然后，根据工程最不利工况的要求，通过水力计算，确定工况最大流量 Q_{max} 和最高扬程 H_{max} 或风机的最高全压 p_{max}。然后分别加上 10%～15% 的附加值（考虑计算中的误差及漏风漏水等未预见因素）作为选择泵或风机的依据，即：

$$Q = (1.1 \sim 1.15)Q_{max}(\text{m}^3/\text{h})$$

$$H = (1.1 \sim 1.15)H_{max}(\text{m}) \text{ 或 } p = (1.1 \sim 1.15)p_{max}(\text{Pa})$$

泵或风机类型确定以后，要根据已知的流量、扬程（或压头）及管道的水力计算选定其型号、大小及台数。

现行的样本上有好几种不同的表达泵或风机性能的图表，一般可以先用综合的选择性能曲线图（图 8-25 和图 8-26）。这种选择性能曲线将同一类型的各种大小设备的性能绘在同一张图上，只需在该图上点绘出管路性能曲线，根据管路性能曲线与泵或风机性能曲线的相交情况，确定所需泵或风机的型号和台数。然后，再查单台设备的性能曲线图或表，确定该选定设备的转速、功率、效率以及配套电机的功率和型号。表 8-6、表 8-7 分别为 IS 型单级单吸离心泵和 4-68 型离心式通风机的性能示例（摘录）。对于风机还可以用无因次性能曲线进行选用。

对于流量比较小而均匀，用一台泵或风机可以满足需要的情况，不必作出管路性能曲线，可根据已知的流量和扬程（或压头），查阅有关产品样本或手册中的性能曲线图或表，直接选择大小型号合适的泵或风机。性能表中所提供的数据范围及性能曲线上用"⌐⌐"线划分的区域均属机械的高效区范围，可以直接选用。

值得注意的是，若采用性能曲线图选择，图上只有轴功率曲线，需另选电机型号及传动配件。配套电机的功率可根据下式计算：

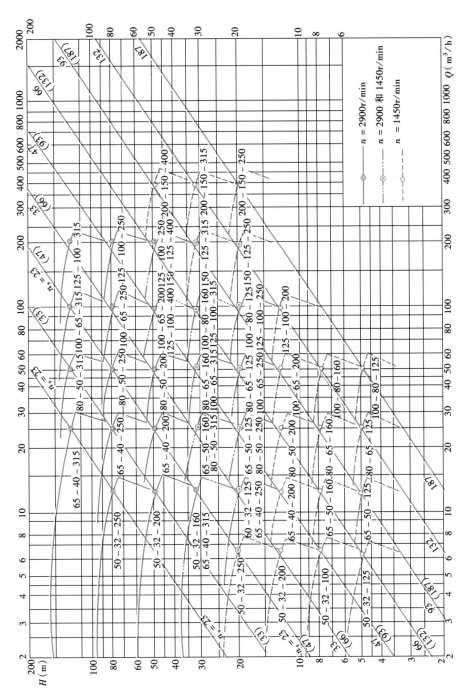

图 8-25　IS 系列离心水泵性能曲线综合图

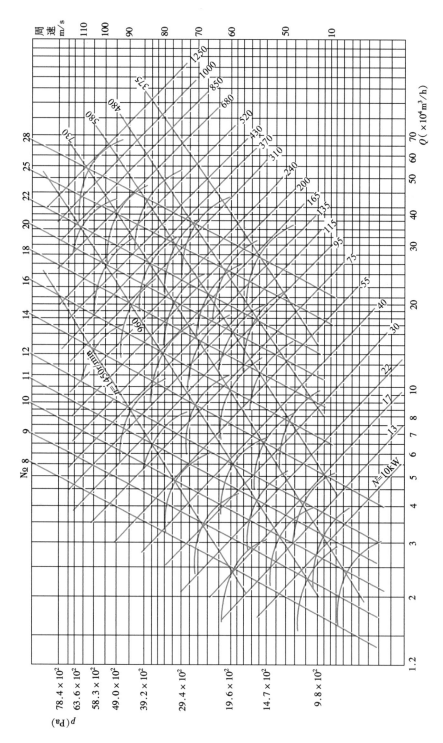

图 8-26　G4-72-1 单吸入离心锅炉通风机性能选择曲线（轴向导流，导叶全开 0℃时，进口温度 20℃，进口压力 101325Pa，介质密度 1.2kg/m³）

$$N_{\mathrm{m}} = K \frac{N}{\eta_{\mathrm{t}}} = K \frac{\gamma Q H}{\eta_{\mathrm{t}} \eta}$$

式中　N_{m}——电动机功率，kW；

　　　K——备用系数，取 $1.15 \sim 1.50$；

　　　η——泵或风机的全效率；

　　　η_{t}——传动效率，对于电动机直接传动，$\eta_{\mathrm{t}} = 1.0$；对于联轴器直接传动，$\eta_{\mathrm{t}} = 0.95 \sim 0.98$；对于三角皮带传动 $\eta_{\mathrm{t}} = 0.9 \sim 0.95$。

IS 型离心泵性能表　　　　　　　　　　　　　　　　表 8-6

型号	流量 Q (m³/h)	扬程 H (m)	电机功率 (kW)	转速 n (r/min)	效率 (%)	吸程 (m)	叶轮直径 (mm)
IS50-32-160	8-12.5-16	35-32-28	3	2900	55	7.2	160
IS50-32-250	8-12.5-16	86-80-72	11	2900	3.5	7.2	250
IS65-50-125	17-25-32	22-20-18	3	2900	69	7	125
IS65-50-160	17-25-32	35-32-28	4	2900	66	7	160
IS65-40-250	17-25-32	86-80-72	15	2900	48	7	250
IS65-40-315	17-25-32	140-125-115	30	2900	39	7	315
IS80-50-200	31-50-64	55-50-45	15	2900	69	6.6	200
IS80-65-160	31-50-64	35-32-28	7.5	2900	73	6	160
IS80-65-125	31-50-64	22-20-18	5.5	2900	76	6	125
IS100-65-200	65-100-125	55-50-45	22	2900	76	5.8	200
IS100-65-250	65-100-125	86-80-72	37	2900	72	5.8	250
IS100-65-315	65-100-125	140-125-115	75	2900	65	5.8	315
IS100-80-125	65-100-125	22-20-18	11	2900	81	5.8	125
IS100-80-160	65-100-125	35-32-28	15	2900	79	5.8	160
IS150-100-250	130-200-250	86-80-72	75	2900	78	4.5	250
IS150-100-315	130-200-250	140-125-115	110	2900	74	4.5	315
IS200-150-250	230-315-380	22-20-18	30	1460	85	4.5	250
IS200-150-400	230-315-380	55-50-45	75	1460	80	4.5	400

4-68 型离心式通风机性能表（摘录）　　　　　　　表 8-7

机号 No	传动方式	转速 (r/min)	序号	全压 (Pa)	流量 (m³/h)	内效率 (%)	电机功率 (kW)	电机型号
2.8	A	2900	1	990	1131	78.5	1.1	Y802-2
			2	990	1319	83.2		
			3	980	1508	86.5		
			4	940	1696	87.9		
			5	870	1885	86.1		
			6	780	2073	80.1		
			7	670	2262	73.5		

机号 No	传动方式	转速 (r/min)	序号	全压 (Pa)	流量 (m³/h)	内效率 (%)	电机功率 (kW)	电机型号
4	A	2900	1	2110	3984	82.3	4	Y112M-2
			2	2100	4534	86.2		
			3	2050	5083	88.9		
			4	1970	5633	90.0		
			5	1880	6182	88.6		
			6	1660	6732	83.6		
			7	1460	7281	78.2		
4.5	A	2900	1	2710	5790	83.3	7.5	Y132S$_2$-2
			2	2680	6573	87.0		
			3	2620	7355	89.5		
			4	2510	8137	90.5		
			5	2340	8920	89.2		
			6	2110	7902	84.5		
			7	1870	10485	79.4		
4.5	A	1450	1	680	2895	83.3	1.1	Y90S-4
			2	670	3286	87.0		
			3	650	3678	89.5		
			4	630	4069	90.5		
			5	580	4460	89.2		
			6	530	4851	84.5		
			7	470	5242	79.4		

选用中的注意事项：

(1) 当流量较大时，宜考虑多台设备并联运行，但台数不宜过多，尽可能采用同型号的设备，互为备用。但在选用风机时，尽可能避免采用多台并联或串联的工作方式，当不可避免地需要采用串联时，第一级通风机到第二级通风机间应有一定的管长。

(2) 尽量选用大泵，一般大泵的效率较高。当系统损失变化较大时，要考虑大小兼顾，以便灵活调配。

(3) 选用设备时，应使其工作点处于其 Q-H 性能曲线下降段的高效区域（即最高效率点的 $\pm10\%$ 区间内），以保证工作点的稳定和高效运行。

(4) 泵或风机样本上所提供的参数是在某特定标准状态下实测而得的。当实际条件与标准状态的条件不符时，应按教学单元 7.7 节有关公式进行换算，根据换算后的参数查设备样本或手册进行设备选用。

(5) 选择水泵时，还应查明设备的允许吸上真空高度或允许汽蚀余量，以便确定水泵的安装高度。在选用允许吸上真空高度 H_s 时，应考虑使用介质温度及当地大气压强值进行修正。

（6）选择风机时，应根据管路布置及连接要求确定风机叶轮的旋转方向及出风口位置。旋转方向，从主轴叶轮或电机位置看叶轮旋转方向，顺时针者为"右"，逆时针者为"左"。出风口位置，以叶轮的旋转方向和进出风口方向（角度）表示，写法是：右（左）出风口角度/进风口角度。其基本出风口位置为 8 个，特殊用途可增加补充，如图 8-27 所示。对于有噪声要求的通风系统，应尽量选用效率高、叶轮圆周速度低的风机，并根据通风系统产生噪声和振动的传播方式，采取相应的消声和减振措施。

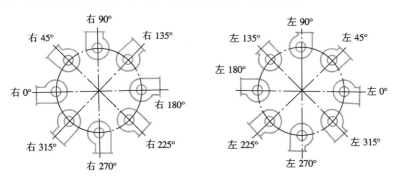

图 8-27　离心通风机出风口位置

【例题 8-5】某空气调节系统需要从冷水箱向空气处理室供水，最低水温为 10℃，要求供水量 35.8m³/h，几何扬水高度 8m，处理室喷嘴前应保证有 17m 的压头，供水管路布置后经计算管路损失达 6.1mH₂O。为了使系统能随时启动，故将水泵安装位置设在冷水箱之下。试选择水泵。

【解】根据已知条件可知，要求泵装置输送的液体是温度不高的清水，且泵的位置较低，不必考虑汽蚀问题，可以选用吸送清水的 IS 型离心泵。选用时所依据的参数计算如下：

$$Q = 1.1 Q_{max} = 1.1 \times 35.8 = 39.38 m^3/h$$

$$H = 1.1 H_{max} = 1.1 \times (8 + 17 + 6.1) = 34.21 m$$

查表 8-6，选用一台 IS80-65-160 型水泵。该泵转速 $n = 2900 r/min$ 时，配用电机功率为 7.5kW，泵的效率为 73%。

若此空调每日运行 24 小时，应考虑增设同样型号的水泵一台作为备用泵。

【例题 8-6】某地大气压为 98.07kPa，输送温度为 70℃的空气，风量为 5900m³/h，管道阻力为 2000Pa，试选用风机、应配用的电机及其他配件。

【解】因为用途和使用条件无特殊要求，因而可选用新型节能型 4-68 型离心式通风机。根据工况要求的风量和风压，考虑增加 10% 的附加预见量作为选用时的依据：

$$Q = 1.1 \times 5900 = 6490 m^3/h$$

$$p = 1.1 \times 2000 = 2200 Pa$$

由于使用地点大气压及输送气体温度与样本数据采用的标准不同，应予换算：

$$p_0 = p = \frac{101.325}{98.07} \cdot \frac{273 + 70}{273 + 20} = 2200 \times 1.033 \times \frac{343}{293} = 2660 Pa$$

$$Q_0 = Q = 6490 m^3/h$$

根据 p 和 Q 值，查表 8-7，选用一台 4-68No4.5A 型风机，该机转速 $n=2900$r/min，性能序号 2，工况点参数 $p=2680$Pa，$Q=6573$m³/h，内效率 87%，配用电机功率 7.5kW，型号为 Y132S₂-2。

有些类型的风机在样本或设计手册中给出了 Q-p 性能曲线综合图，如图 8-26 所示。选择时，根据工作参数 Q 和 p 在图上定出位置，工作点落在哪条曲线上就可以选择哪一台风机，由图中直接查出机号、功率及转速等参数，十分方便。

8.7 常见故障的分析与排除

离心式泵与风机如果安装、运行、维护不当，就会引起机器及电动机等各方面故障及事故发生，从而降低了设备效能，缩减了设备使用寿命，造成不必要的浪费。离心式泵与风机管理、运行操作及事故处理等方面有一定的差异但基本原则是一致的，现分别说明。

8.7.1 离心泵的使用、维护及其故障分析

1. 启动前的准备

（1）外观检查。检查水泵和电机的固定是否良好，螺栓有无松动、脱离，转动部件周围是否有妨碍运转的杂物等。

（2）润滑检查。检查轴承用油的油质、油量、油温，轴承、电机用水冷时冷却水应畅通。

（3）填料检查。检查填料的松紧程度是否合适。

（4）进水管检查。检查吸水井水位、滤网有无杂物堵塞。

（5）盘车。盘车是用手或专用工具（盘车装置）转动联轴器，转动过程中应注意泵内是否有摩擦、撞击声及卡涩现象。若有，应查明原因，迅速进行处理。

（6）阀门的原始状态。如离心泵启动前出水闸阀应是关闭的。

（7）灌泵。非自灌式工作的水泵，启动前必须充水，过程中要注意泵体的放气。

2. 启动

（1）按启动按钮。过程中应注意电流变化情况，倾听水泵机组转动声音。

（2）待转速稳定后，打开仪表阀。观察出水压力表、进口真空表是否正常。

（3）打开出水管上的闸阀，逐渐加大出水量，直到出水阀门全开为止。过程中应注意配电屏上电流表逐渐增大，真空表读数逐渐增加，压力表读数逐渐下降。过程中还要注意到离心泵不允许无载长期运行，这个时间通常以 2～4min 为限。

3. 运行中的监督

（1）监盘。检查与分析仪表盘上的各种参数，如温度、压力、流量、电流、功率等，发现异常情况时应作相应的处理。

（2）巡检。定时巡回检查水泵、电机及工艺流程的运行状态。如轴封填料盒是否发热，滴水是否正常，泵与电动机的轴承和机壳温度，以及水泵的出水压力等。

（3）抄表。包括定期抄录有关的运行参数，填写运行日志，为运行管理提供基本材料。

4. 停车

接到停车命令后，按如下程序停车：

（1）缓闭出水闸阀。

（2）按停止按钮。

（3）关闭仪表阀。

（4）停供轴封水和轴承冷却水、停供电机（对水冷电动机）冷却水。

（5）视情况决定泵体是否排水。

（6）视情况决定是否断开机组电源。

5. 水泵、电动机的定期检查

水泵、电机累计运行一定的时间后，应进行解体检查。拆检时，应观察或测定各部件有无磨损、变形、腐蚀及部件主要尺寸，如有缺陷必须进行处理或更换。如口环磨损应更换、填料失效应更换、泵轴变形应校正等。

6. 故障诊断与处理

离心泵常见故障现象、原因及排除方法见表 8-8。

离心泵常见故障现象、原因及排除方法

表 8-8

故　　障	产 生 原 因	排 除 方 法
启动后水泵不出水或出水量不足	1. 泵壳内有空气，灌泵工作没做好 2. 吸水管路及填料有漏气 3. 水泵转向不对 4. 水泵转速太低 5. 叶轮进水口及流道堵塞 6. 底阀堵塞或漏水 7. 吸水井水位下降，水泵安装高度太大 8. 减漏环及叶轮磨损 9. 水面产生旋涡，空气带入泵内 10. 水封管堵塞 11. 吸水管抬头安装	1. 继续灌水或抽气 2. 堵塞漏气，适当压紧填料 3. 对换电线接头，改变转向 4. 检查电路，是否电压过低 5. 揭开泵盖，清除杂物 6. 清除杂物或修理 7. 核算吸水高度，必要时降低安装高度 8. 更换磨损零件 9. 加大吸水口淹没深度或采取防止措施 10. 拆下清通 11. 吸水管应改为低头安装
水泵开启不动或启动后轴功率过大	1. 填料压得太死，泵轴弯曲，轴承磨损 2. 多级泵中平衡孔堵塞或回水管堵塞 3. 靠背轮间隙太小，运行中两轴相顶 4. 电压太低 5. 输送液体比重过大 6. 流量超过使用范围太多	1. 松一点压盖，矫直泵轴，更换轴承 2. 清除杂物，疏通回水管 3. 调整靠背轮间隙 4. 检查电路，向电力部门反映情况 5. 更换电动机，提高功率 6. 关小出水闸阀
水泵机组振动和噪声	1. 地脚螺栓松动或没填实 2. 安装不良，联轴器不同心或泵轴弯曲 3. 水泵产生汽蚀 4. 轴承损坏或磨损 5. 基础松软 6. 泵内有严重摩擦 7. 出水管存留空气	1. 拧紧并填塞地脚螺栓 2. 找正联轴器不同心度，矫直或换轴 3. 降低吸水高度，减少水头损失 4. 更换轴承 5. 加固基础 6. 检查咬住部位 7. 在存留空气处，加装排气阀

故 障	产 生 原 因	排 除 方 法
轴承发热	1. 轴承磨损 2. 轴承缺油或油太多（使用黄油时） 3. 油质不良，不干净 4. 轴弯曲或联轴器没找正好 5. 滑动轴承的甩油环不起作用 6. 叶轮平衡孔堵塞 7. 多级泵平衡轴向力装置失去作用	1. 换轴承 2. 规定油面加油，去掉多余黄油 3. 更换合格润滑油 4. 矫下或更换泵轴，找正联轴器 5. 放正油环位置或更换油环 6. 清除平衡孔上堵塞的杂物 7. 检查回水管是否堵塞，联轴器是否相碰，平衡盘是否损坏
运行中压头降低	1. 转速降低 2. 水中含有空气 3. 压水管损坏 4. 叶轮损坏和密封磨损	1. 检查原动机及电源 2. 检查吸水管路和填料箱的严密性，压紧或更换填料 3. 关小压力管阀门，并检查压水管路 4. 拆开修理，必要时更换
电动机过载	1. 转速高于额定转速 2. 水泵流量过大，扬程低 3. 水泵叶轮被杂物卡住 4. 电网中电压降太多 5. 电动机发生机械损坏	1. 检查电路及电动机 2. 关小出水闸阀 3. 揭开泵盖，检查水泵 4. 检查电路 5. 检查电动机
电动机电流过小	1. 吸水底阀或出水闸阀打不开或开不足 2. 水泵汽蚀	1. 检查吸入底阀和出水闸阀开度 2. 降低吸水高度
填料处发热，渗漏水过少或没有	1. 填料压得过紧 2. 填料环安装位置不对 3. 水封管堵塞 4. 填料盒与轴不同心	1. 调整松紧度，使滴水呈滴状连续渗出 2. 调整填料环位置，使它正好对准水封管口 3. 疏通水封管 4. 检查，改正不同心地方

8.7.2 离心式风机的安装、使用及其故障分析

1. 风机的安装、调整和试运行

（1）安装准备

1）安装前应对各机件进行全面检查，检查机件是否完整。

2）观察叶轮与机壳的旋转方向是否一致。

3）检查各机件连接是否紧密、转动部分是否灵活。

（2）安装注意事项

1）风机与风管联结时，要使空气在进出风机时尽可能均匀一致，不要有方向或速度的突然变化，更不许将管道重量加在风机壳上。

2）风机进风口与叶轮之间的间隙对风机出风量影响很大，安装时应严格按照图纸要求进行校正，确保其轴向与径向的间隙尺寸。

3）对用皮带轮传动的风机，在安装时要注意两皮带轮外侧面必须成一直线。否则，应调整电动机的安装位置。

4）对用联轴器直接传动的风机，安装时应特别注意主轴与电机轴的同心度，同心度允差为 0.05mm，联轴器两端面不平行度允差为 0.02mm。

5）风机安装完毕，拨动叶轮，检查是否有过紧或碰撞现象。待总检合格后，才能进行试运转。

（3）风机的试运行

风机初次运行或大修后运行，应先进行试运行（跑合）。过程为：风机启动运行 1～2h 后，停车检查紧固件是否松动、轴承及其他部件是否正常；之后再运行 6～8h，如情况正常，即可交付运行。

2. 风机的操作与维护

（1）风机的启动

1）关闭进风调节门，稍开出风调节门。

2）检查联轴器是否安装牢靠，间隙尺寸是否符合要求，所有紧固件是否固紧。

3）盘车时，转动部件不允许有碰击、摩擦声、卡涩现象。

4）检查轴承润滑油的油质、油量是否符合要求，冷却水供给是否正常。

5）关电前检查电机绝缘电阻是否合格，关电后检查仪表是否正常。

6）以上工作完成后可启动风机。但必须在无载荷的情况下进行，待达到额定转速后，逐步将进风管道上的闸阀开启，直到额定工况为止。在此期间，应严格控制电流，不得超过电机的额定值。

（2）风机的运行

风机的运行，原则上与水泵运行一样，应进行监盘、巡检、抄表工作。这里介绍巡回检查的主要内容：

1）监督风机轴承的润滑油、冷却水是否畅通，轴承温度或温升是否正常，电机温升是否正常，风量和风压、电机电流等是否正常。

2）密切注意风机在运行中的振动情况，及噪声、碰击、摩擦声。

3）运行中应严格控制风机进口温度。如果所输送气体温度变化很大时，应按换算公式进行换算，以免电机过载。

（3）停机

停机前关闭进风调节门，关小出风调节门，然后按操作规程停止电动机。

（4）风机的维护保养

1）定期清除风机内部积灰、污垢等杂质，并防止锈蚀。

2）风机累计运行 3～6 个月进行一次轴承检查，更换一次润滑脂，加注时以注满轴承空间的 2/3 为宜。

3）对备用风机或停车时间过长的风机，应定期将转子旋转 180°，以免轴弯曲。

3. 故障诊断与处理

离心风机常见故障现象、原因及排除方法见表 8-9。

离心风机常见故障现象、原因及排除方法　　　　　　　　　　表 8-9

故障现象	可 能 原 因	处 理 措 施
压力过高排出流量减小	1. 气体温度过低或气体所含固体杂质增加，使气体比重增大 2. 出风管道和调节挡板被尘土等杂物堵塞 3. 进风管道和调节挡板或被杂物堵塞 4. 出风管道破裂，或管道法兰不严密 5. 叶轮的叶片严重磨损	1. 测定气体比重，消除比重大的原因 2. 开大出风调节门，或进行清扫 3. 开大进风调节门，或进行清扫 4. 焊接裂口，或更换管道法兰垫片 5. 更换叶片或叶轮
压力过低排出流量增大	1. 气体温度过高使气体比重减小 2. 进风管道破裂或管道法兰不严	1. 测定气体比重，消除比重减小的原因 2. 焊接裂口，或更换法兰垫片
逆风系统调节失灵	1. 压力表和真空表失灵，调节门卡住或失灵 2. 由于流量减小太多，或管道堵塞引起流量急剧减小，使风机在不稳定区工作	1. 修理或更换测压表和真空表，修复调节门 2. 需要量减小时应打开旁路门或降低转速；如管道堵塞，应进行清扫
叶轮损坏或变形	1. 叶片表面腐蚀或磨损 2. 叶轮变形后歪斜过大，使叶轮径向跳动或端面跳动过大	1. 如个别损坏，可以修理或者更换个别叶片；如过半损坏，应换叶轮 2. 卸下叶轮，用铁锤矫正，或将叶轮平放，压轮盘某侧边缘
机壳过热	在调节门关闭情况下风机运转时间过长	停车冷却或打开调节门降温
轴承过热	1. 轴瓦研刮不良或接触不良 2. 轴瓦表面出现裂纹、破损、擦伤、剥落、熔化、磨纹及脱壳等缺陷 3. 轴承与轴的安装位置不正，使轴衬磨损 4. 轴承与轴承箱孔之间的过盈太小或有间隙而松动，或轴承箱螺栓过紧或过松 5. 滚动轴承损坏，轴承保护架与机件碰撞 6. 润滑油脂质量不良、变质，或杂质过多 7. 润滑油含有过多的水分或抗乳化度较差	1. 重新研刮轴瓦或找正 2. 重新浇注轴瓦进行焊补 3. 重新找正 4. 调整轴承与轴承箱孔间的垫片，和轴承箱与座之间的垫片 5. 修理或更换滚动轴承 6. 更换润滑油或润滑油脂 7. 更换润滑油，并消除冷却器漏水故障
风机振动	1. 叶片不对称，或部分叶片腐蚀或磨损严重 2. 叶片上附有不均匀附着物，如铁锈、积灰等 3. 风机在不稳定区运行，或负荷急剧变化 4. 双吸风机的两侧进风不等（由于管道堵塞或两侧进风口挡板调整不对称） 5. 联轴器安装未找正 6. 轴衬或轴颈磨损使间隙过大，轴衬与轴承箱之间的预紧力过小或有间隙而松动 7. 转子的叶轮、联轴器与轴松动 8. 联轴器的螺栓松动，滚动轴承的固定螺母松动 9. 基础浇灌不良，地脚螺母松动，垫片松动 10. 基础或基座刚度不够，促使转子的不平衡度引起剧烈振动 11. 风道未留膨胀余地，与风机连接处的管道未加支撑或安装和固定不良 12. 叶轮歪斜与机壳内壁相碰，或机壳刚度不够，左右晃动 13. 叶轮歪斜与集流器相碰	1. 更换坏的叶片或叶轮，再找平衡 2. 清扫和擦净叶片上的附着物 3. 开大调节门或旁路门 4. 清扫进风管道灰尘，并调整挡板使两侧进风口负压相等 5. 调整或重新找正 6. 补焊轴衬合金，调整垫片，或研刮轴承箱中分面 7. 修理轴和叶轮，重新配键 8. 拧紧螺母 9. 查明原因后，给以适当修补和加固，拧紧螺母，填充间隙 10. 处理方法与 1 相同 11. 进行调整和修理，加装支撑装置 12. 修理叶轮 13. 修理叶轮和集流器

单　元　小　结

　　本单元介绍了泵的汽蚀及其危害，给出泵安装高度的计算方法，介绍了管路特性曲线及泵与风机的工作点的确定，对泵与风机运行工况的稳定性进行了分析，然后介绍了泵与风机串联运行和并联运行，简单概述了工况调节的方法，并对泵与风机的选用原则、选用方法和选用中的注意事项进行了介绍，最后介绍了离心式泵与风机常见故障的分析与排除方法等。要求掌握泵与风机工作点的确定，熟知泵的汽蚀现象及泵安装高度的确定方法，掌握工况调节的方法，理解并联运行、串联运行的工况分析，重点掌握泵与风机的选择方法和步骤，以及在选用中的注意事项，熟悉管路特性曲线的特点，了解离心泵与风机使用与维护、常见故障原因及排除方法。

思 考 题 与 习 题

1. 什么是泵或风机装置的管道系统性能曲线？它与哪些因素有关？
2. 试简述泵产生汽蚀的原因和产生汽蚀的条件。
3. 离心式泵的安装高度与哪些因素有关？为什么高海拔地区泵的安装高度要降低？
4. 为什么要考虑水泵的安装高度？什么情况下必须使泵装设在吸水池面以下？
5. 水泵的性能曲线中 Q-$[H_s]$ 和 Q-$[\Delta h]$ 曲线都与泵的汽蚀有关，试简述其区别。
6. 泵或风机运行时，工况点如何确定？
7. 实际工程中，在已知流量 Q 和管路阻力 h_w 的情况下，如何确定管路系统的性能曲线？
8. 什么是水泵装置的工况调节？工况调节的基本途径和方法有哪些？
9. 两台泵或风机并联运行时，其总流量 Q 为什么不能等于单机运行所提供的流量 Q_1 和 Q_2 之和？
10. 泵或风机联合运行时，如何确定其流量 Q、扬程 H（或压头 p）和功率 N？
11. 选择泵与风机的主要依据是什么？

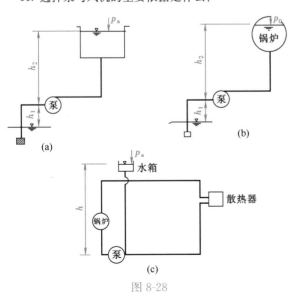

图 8-28

12. 简述泵与风机选用中的注意事项。

13. 离心泵、风机启动前要做哪些准备工作？运行中要做哪些工作？停机时要做哪些工作？故障处理的程序是怎样的？哪些情况下必须紧急停机？

14. 某离心式水泵的输水量 $Q=5L/s$，水泵进水口直径 $d=400mm$，经计算，吸水管的水头损失为 $1.25mH_2O$，铭牌上允许吸上真空高度 $H_s=6.7m$，输送水温 50℃ 的清水，当地海拔高度为 1000m，试确定水泵最大安装高度 H_g。

15. 某泵装置的已知条件如下：$Q=0.12m^3/s$，吸入管径 $d=0.25m$，水温为 40℃（重度 $\gamma=973N/m^3$），$[H_s]=5m$，吸水面标高 102m，水面为大气压，吸入管段阻

力为 0.79m，试求泵轴标高最高为多少？如该泵装在昆明地区，海拔高度为 1800m，泵的安装位置标高应为多少？若此泵输送水温不变，地区海拔仍为 1800m，但采用一个凝结水泵，制造厂提供的临界汽蚀量为 $\Delta h_{min}=1.9m$，凝结水箱内的压强为 9kPa，泵的安装位置有何限制？

16. 已知水泵轴线标高 130m，吸水面标高 126m，上水池液面标高 170m，吸入管段阻力为 0.18m，压出管段阻力 1.91m。试求泵所需的扬程。

17. 管路性能曲线函数关系式为 $H=H_{st}+SQ^2$。水塔供水、锅炉给水及热水供暖循环系统工况如图 8-28 所示。试分析这三种工况中 H_{st} 各等于什么？

18. 如图 8-29 所示的泵装置从低水箱抽送重度 $\gamma=9610N/m^3$ 的液体，已知条件如下：

$$x = 0.1m$$

$$y = 0.35m$$

$$z = 0.1m$$

M_1 读数为 124kPa，M_2 读数为 1024kPa，$Q=0.025m^3/s$，$\eta=0.80$ 试求此泵所需的轴功率为多少（注该装置中的两压力表高差为 $y+z-x$）？

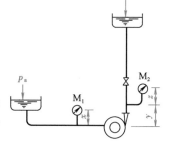

图 8-29

19. 某离心式风机的 $Q\text{-}H$ 性能曲线如图 8-30 所示。试在同一坐标图上作两台同型号的风机并联运行和串联运行的联合 $Q\text{-}H$ 性能曲线。设想某管路性能曲线，对两种联合运行的工况进行比较，说明两种联合运行方式各适用于什么情况。

20. 某水泵转速 $n_1=950r/min$ 的性能曲线 $(Q\text{-}H)_1$ 如图 8-31 所示，其管路性能曲线方程为 $H=10+17500Q^2$。试求：

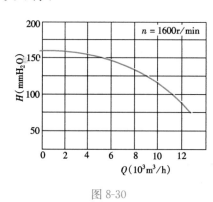

图 8-30

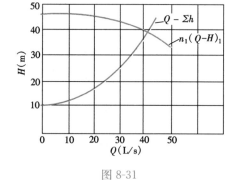

图 8-31

(1) 该水泵装置工况点的 Q 和 H 值；

(2) 保持静扬程为 10m，而流量减少 33.3%，则其相应的转速 n_2 应为多少？

(3) 绘制转速为 n_2 时水泵的性能曲线。

21. 某工厂供水系统由清水池往水塔充水，如图 8-32 所示。清水池最高水位标高为 112.00m，最低水位为 108.00m，水塔地面标高为 115.00m，最高水位标高为 140.00m，水塔容积为 40m³，要求 1h 内充满水，试选择水泵。已知吸水管路水头损失 $h_{w1}=1.0m$，压水管路水头损失 $h_{w2}=2.5m$。

22. 某地大气压强值为 98.07kPa，输送温度为 65℃的空气，风量为 6550m³/h，管道阻力为 240mmH₂O，查表 8-7 选一台合适的通风机。

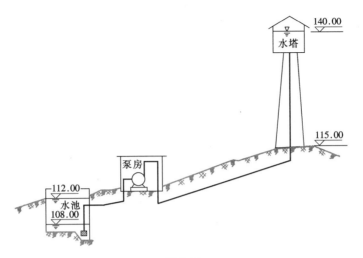

图 8-32

教学单元 9　其他常用泵与风机

【教学目标】通过本单元教学，使学生掌握轴流泵与风机的工作原理和性能曲线的特点；理解轴流泵与风机的基本构造，往复式泵的构造、工作原理及性能；熟悉贯流式风机的特点和适用范围；了解管道泵、真空泵、空压机、混流泵与混流风机的构造及特点。

【素质目标】结合不同类型泵与风机的特点，了解暖通空调专业运行能耗现状，再次提升节能意识、生态意识和专业使命感。

9.1　轴流式泵与风机

轴流式泵与风机是一种比转数较高的叶片式流体机械，它们的突出特点是流量大而扬程较低。

9.1.1　轴流式泵与风机的基本构造

1. 轴流式泵的基本构造

轴流式泵的外形很像一根弯管，泵壳直径与吸水口直径差不多，既可以垂直安装（立式）、水平安装（卧式），也可以倾斜安装（斜式），但它们的基本部件相同。现以立式半调节式轴流泵（图 9-1）为例介绍如下：

（1）吸入管

为了改善吸入口处的水力条件，便于汇集水流，一般采用流线型的喇叭管。

（2）叶轮

是轴流泵的主要工作部件。从叶片泵基本方程式可知，叶片的形状和安装角度直接影响到泵的性能。叶轮按叶片安装角度调节的可能性，可以分为固定式、半调式、全调式三种。固定式轴流泵的叶片与轮毂铸成一体，叶片的安装角度不能调节；半调式轴流泵的叶片是用螺栓装配在轮毂体上的，叶片的根部刻有基准线，轮毂体上刻有相应的安装角度位置线，如图 9-2 所示。根据不同的工况要求，可将螺母松开，转动叶片，改变叶片的安装角度，从而改变水泵的性能曲线。全调式轴流泵可以根据不同的扬程与流量要求，在停机或不停机的情况下，通过一套油压调节机构来改变叶片的安装角度，从而改变泵的性能，以满足用户使用要求。

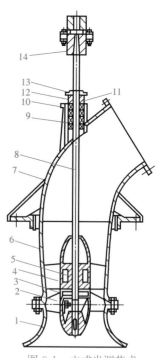

图 9-1　立式半调节式
轴流泵结构图

1—吸入管；2—叶片；3—轮毂体；
4—导叶；5—下导轴承；6—导叶
管；7—出水弯管；8—泵轴；9—上
导轴承；10—引水管；11—填料；
12—填料盒；13—压盖；
14—泵轴联轴器

（3）导叶

导叶固定在泵壳上或泵轴上，一般轴流泵中有 6～12 片。导叶的作用就是把叶轮中向上流出的水流旋转运动变为轴向运动，减少水头损失，把旋转的动能变为压力能。

（4）轴与轴承

泵轴是用来传递扭矩的。在大型全调式轴流泵中，多做成空心轴，里面安置调节操作油管，以改变叶片的安装角。轴承有两种：1）导轴承（图 9-1 中 5 和 9）。主要是用来承受径向力，起径向定位作用。2）推力轴承安装在电机座上。在立式轴流泵中用来承受水流作用在叶片上方的压力及水泵转动部件重量，维持转子的轴向位置，并将这些推力传递到机组的基础上去。

（5）密封装置

轴流泵出水弯管的轴孔处需要设置密封装置。目前一般仍用压盖填料型的填料盒。

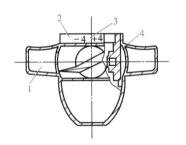

图 9-2　半调式叶片

1—叶片；2—轮毂；3—角度
位置；4—调节螺母

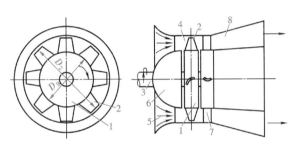

图 9-3　轴流风机的构造示意图

1—叶轮；2—叶片及轮毂；3—轴；4—机壳；5—集流器；
6—流线体；7—后整流器；8—扩散器

2. 轴流式风机的基本构造

如图 9-3 所示为轴流风机的构造示意图，由图可知风机的主要零部件有：

（1）转子

转子由叶轮与轴组成。叶轮是轴流风机的主要工作部件，由轮毂和铆在其上的叶片组成，叶轮上的叶片有板型、机翼型，机翼型较常见。叶片从根部到叶梢是扭曲的，与轴流泵一样，风机叶片的安装角度是可以调节的，调节安装角度能改变风机的流量和压头。

（2）固定部件

固定部件主要由两部分组成：

1）钟罩形入口和轮毂罩。其作用是使气流呈流线型，平稳而均匀地进入叶轮，以减小入口流动损失。有的风机的电机就装在轮毂罩内。大型轴流风机通常用皮带或三角皮带来驱动叶轮，因而结构上与我们介绍的风机有所差异。

2）导叶和尾罩。一些大型轴流风机在叶轮下游设有固定的导叶以消除气流在增压后的旋转。其后还可以设置流线型尾罩，有助于气流的扩散，进而使气流中的一部分动压转变为静压，减少流动损失。

9.1.2 轴流式泵与风机的工作原理

轴流式泵与风机的工作原理是以空气动力学中机翼的升力理论为基础的，其叶片与机翼具有相似的截面形状，一般称这类形状的叶片为翼形叶片。在风洞中对翼形叶片进行的绕流实验表明：当流体绕过翼形叶片时，在叶片的首端 A 点处分离成为两股流体，它们分别经过叶片的上表面（即轴流泵、风机叶片的工作面）和下表面（轴流泵、风机的叶片背面），然后同时在叶片尾端 B 点汇合。由于沿叶片下表面的路程要比沿上表面路程长，因此，流体沿叶片下表面的流速要比沿叶片上表面流速大，相应地，叶片下表面所受的压力将小于上表面。于是流体对叶片将有一个由上向下的作用力 P，同样，叶片对流体也将产生一个反作用力 P'，此 P' 的大小与 P 相等方向由下向上，作用在流体上，如图 9-4 所示。

对于轴流式泵与风机都具有翼形断面的叶片，在流体中作高速旋转时，相当于流体相对于叶片产生急速的绕流，如上所述，叶片对流体将施加力 P'，在此力的作用下流体的能量增加，可被提升到一定的高度。

如果在某轴流式风机的叶轮上，假想用一定的半径 R 作一圆周截面，将其部分沿圆周展开，就得出一列叶片断面的展开图，称为叶栅图，如图 9-5 所示。当叶轮旋转运动时，叶片向右运动，产生升力，各叶片上侧的气体压力升高而将气体推走；下侧因压力下降而将气体吸入，上下两侧的压强差就是轴流风机产生的风压。

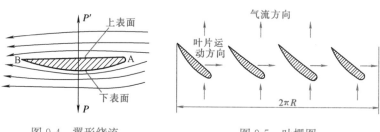

图 9-4　翼形绕流　　　　　图 9-5　叶栅图

显然，叶片的安装角愈大叶片上下两侧的压强差就愈大，泵或风机产生的扬程或压头也愈大。可见，调节叶片安装角度，就可以改变轴流式泵或风机的性能。

从教学单元 7 离心式泵与风机基本方程推导过程可知，不论叶片形状如何，方程的形式仅与流体在叶片进、出口处的动量矩有关，即不管叶轮内部的流体流动情况怎样，能量的传递都决定于进、出口速度三角形。

轴流式泵与风机理论压头方程式为：

$$H_T = \frac{1}{g}(u_2 v_{u2} - u_1 v_{u1})$$

如图 9-6 所示为流体质点流过轴流式泵或风机叶栅的运动情况，即质点流经叶栅的进、出口速度三角形。由于叶栅是按同一半径截取的，所以具有相同的圆周速度即：

$$u_1 = u_2 = u$$

则：

$$H_{\mathrm{T}} = \frac{u}{g}(v_{\mathrm{u2}} - v_{\mathrm{u1}})$$

如图 9-6 所示，在设计工况下，$v_{\mathrm{u1}} = 0$，则：

$$H_{\mathrm{T}} = \frac{u}{g}v_{\mathrm{u2}} \qquad\qquad (9\text{-}1)$$

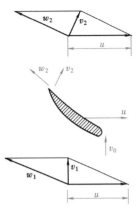

从式（9-1）可以看出，在叶梢处产生的压头将大于叶根处的压头。这就会使风机出风侧产生由于压差而引起的旋涡运动，从而使能量损失增加，效率下降。针对这种情况，叶片常制成扭曲形状，使之在不同半径处具有不同的安装角，从而使叶片不同半径处具有不同的 v_{u2} 值，来保证 uv_{u2} 乘积近似不变，这样就能使整个叶片各截面的压头趋于平衡，避免旋涡运动发生。

图 9-6　气流质点流过
叶栅的运动情况

9.1.3　轴流式泵与风机性能曲线的特点

和离心式泵与风机一样，轴流式泵与风机的性能曲线也是指在一定转速下，流量 Q 与扬程 H（或压头 P）、功率 N 及效率 η 等性能参数之间的内在关系。性能曲线也是根据实测获得的。

图 9-7 为轴流式泵与风机性能曲线示例，从图中可以看出，轴流式泵与风机的性能有如下特点：

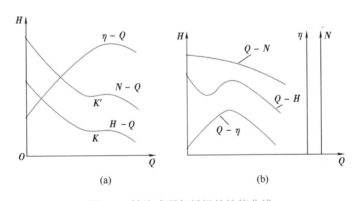

图 9-7　轴流式泵与风机的性能曲线
(a) 轴流泵性能曲线；(b) 轴流风机性能曲线

（1）$Q\text{-}H$ 曲线呈陡降形，曲线上有拐点。扬程随流量的减小而剧烈增大，当流量 $Q = 0$ 时，其空转扬程达最大值。这是因为当流量比较小时，在叶片的进出口处产生二次回流现象，部分从叶轮中流出的流体又重新回到叶轮中去被二次加压，使压头增大。同时，由于二次回流的反向冲击造成的水力损失，致使机器效率急剧下降。因此，轴流式泵或风机在运行过程中适宜在较大的流量下工作。

（2）$Q\text{-}N$ 曲线也呈陡降曲线。机器所需的轴功率随流量的减少而迅速增加。当流量 $Q = 0$ 时，功率 N 达到最大值。此值要比最高效率工况时所需的功率大 $1.2 \sim 1.4$ 倍。因此，与离心式泵与风机相反，轴流式泵或风机应当在管路畅通下开动。尽管如此，当启动与停机时，总是会经过最低流量的，所以轴流泵或风机所配用的电机要有足够的余量。

（3）Q-η 曲线呈驼峰形。这表明轴流式泵或风机的高效率工作范围很窄。一般都不设置调节阀门来调节流量，而采用调节叶片安装角度或改变机器转速的方法来调节流量。

9.1.4 轴流式泵与风机的选用

轴流式泵与风机的选用方法与离心式泵与风机基本相同，一般大多采用通用特性曲线和性能表进行选择计算或采用有关性能表直接选用。

常用的轴流泵是 ZLB 型立式轴流泵以及 QZW 型卧式轴流泵，它们的部分性能曲线图及性能表见图 9-8 及表 9-1。

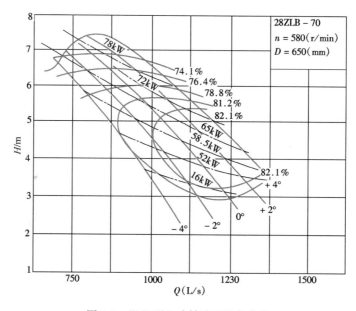

图 9-8　ZLB 型立式轴流泵性能曲线

ZLB 型立式轴流泵性能表　　　　　　　　　　　　　　　　　　表 9-1

型 号	叶片安装角 度	流 量 Q （m³/h）	扬 程 H （m）	转速 n （r/min）	电机功率 （kW）	效 率 η （%）
14ZLB-70	$-4°$	554—702—3.65	7.3—5.35—3.65	1450	22	70—75.5—70
	$-2°$	648—792—900	7.3—5.4—3.4			71.5—76.5—70
	$0°$	745—882—1015	2.07—5.5—2.82			72—77.2—70
	$+2°$	857—990—1091	6.8—5.6—3.6			72.5—77.5—70
	$+4°$	1080—1170	5.15—3.76			76—70

续表

型　号	叶片安装角　度	流量 Q（m³/h）	扬程 H（m）	转速 n（r/min）	电机功率（kW）	效　率 η（%）
20ZLB-70	−4°	137−1760−2060	9.64−7.0−4.35	980	55	70−79.6−78.5
	−2°	172−2010−2250	8.2−6.43−4.9			74.5−80−73.5
	0°	208−2160−2510	7.0−6.3−3.9			79.8−81.2−77
	+2°	234−2560−2660	6.6−5.5−4.76			81.5−82−81.5
	+4°	2700−2858	5.6−4.4	730	28	88−79
	−4°	1020−1310−1530	5.32−3.95−2.45			68.2−78.4−77.2
	−2°	1175−1500−1675	5.16−3.62−2.76			73−78.8−71.9
	0°	1480−1610−1870	4.16−3.56−2.16			77.8−80.1−75.6
	+2°	1710−1910−1990	3.95−3.10−2.63			80.4−80.8−80.1
	+4°	1640−1960−2100	4.44−3.52−2.82			75.4−82−81.5

ZLB 型立式轴流泵其特点是流量大、扬程低，适于输送清水或理化性质类似于水的液体，液体的温度不超过 50℃。可供电站循环水、城市给水、农田排灌。

QZW 型卧式轴流泵可输送温度低于 50℃ 的清水，适于城市给水、排水、农田排灌。

型号意义举例：　20　Z　L　B　—　70

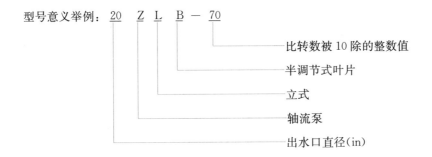

国产的轴流式风机根据压力高低分为低压和高压两类。低压轴流式风机全压小于或等于 490.35Pa，高压轴流式通风机全压大于 490.35Pa 而小于 4903.5Pa。常用的轴流式通风机按用途不同可分为一般厂房通风换气用轴流式风机，锅炉轴流式通风机、引风机，矿井轴流式通风机，冷却塔轴流式通风机，空气调节用轴流式风机等。

T35-11 型轴流式通风机性能见表 9-2。它是代替 01-11 型轴流式风机的新型节能产品。所输送气体必须是非易燃性、无腐蚀、无显著粉尘的气体，其温度不得超过60℃。

T35-11 型轴流式通风机性能表（摘录）　　　表 9-2

机号	叶轮直径 (mm)	叶轮周速 (m/s)	主轴转速 (r/min)	叶轮角度 θ (°)	风量 (m³/h)	全压 (Pa)	全压效率	需用轴功率 (kW)	采用轴功率 (kW)	配用电动机 型号	配用电动机 功率 (kW)
4	400	60.7	2900	15	4806	309	0.87	0.475	0.546	YSF-7122	0.550
				20	6316	345	0.88	0.688	0.791	YSF-8022	1.100
				25	7826	354	0.895	0.895	0.988	YSF-8022	1.100
				30	8513	380	0.88	1.021	1.175	YSF-8022	1.100
				35	9336	473	0.86	1.427	1.641	YT90S-2	1.500
		30.4	1450	15	2406	77	0.87	0.059	0.068	YSF-5624	0.090
				20	3163	86	0.88	0.086	0.099	YSF-6314	0.120
				25	3920	88	0.895	0.107	0.123	YSF-6314	0.120
				30	4263	95	0.88	0.128	0.147	YSF-6324	0.180
				35	4676	118	0.86	0.179	0.206	YSF-7114	0.250
4.5	450	34.2	1450	15	3427	98	0.87	0.107	0.123	YSF-6314	0.120
				20	4504	109	0.88	0.156	0.179	YSF-6324	0.180
				25	5581	112	0.895	0.195	0.224	YSF-7114	0.250
				30	6070	120	0.88	0.231	0.266	YSF-7124	0.370
				35	6658	150	0.86	0.322	0.370	YSF-7124	0.370

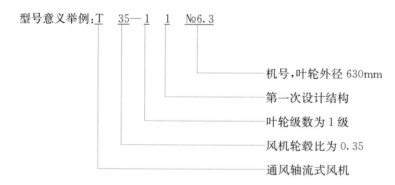

型号意义举例: T 35—1 1 No6.3

　　机号，叶轮外径 630mm
　　第一次设计结构
　　叶轮级数为 1 级
　　风机轮毂比为 0.35
　　通风轴流式风机

　　轴流式泵或风机样本上所提供的性能参数及性能曲线均是在某特定条件和一定转速下实测而得的。当实际使用介质的条件与实测条件不符时或实际转速与测定转速不符时，均应按教学单元 7.7 节有关公式进行换算，然后根据换算后的参数查相应设备样本或手册，进行轴流式泵或风机的选用工作。

9.2　管　道　泵

　　管道泵也称为管道离心泵，其结构参见图 9-9，该泵的基本结构与离心泵十分相似，主要由泵体、泵盖、叶轮、轴、泵体密封圈等零件组成，泵与电动机共轴、叶轮直接装在电机轴上。

　　管道泵是一种比较适合于管道增压、冷热水循环等系统应用的水泵，与离心泵相比具有以下特点：

　　（1）泵的体积小，重量轻，进、出水口均在同一直线上，可以直接安装在回水干管上，不需设置混凝土基础，安装方便，占地极少。

　　（2）采用机械密封，密封性能好，泵运行时不会漏水。

　　（3）泵的效率高、耗电少、噪声低。

　　常用的管道泵有 G 型、BG 型两种。

　　G 型管道泵是立式单级单吸离心泵，适宜于输送温度低于 80℃、无腐蚀性的清水或理化性质类似清水的液体，该泵可以直接安

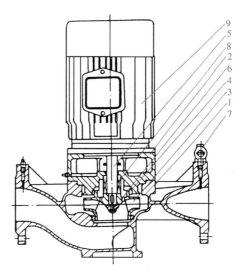

图 9-9　G 型管道离心泵结构图
1—泵体；2—泵盖；3—叶轮；4—泵体密封环；
5—轴；6—叶轮螺母；7—空气阀；
8—机械密封；9—电动机

装在水平或竖直管道中，也可以多台串联或并联运行，宜作循环水或高楼供水用泵。G 型管道泵的性能曲线参见图9-10。

　　BG 型立式单级单吸离心管道泵适用于输送温度不超过 80℃ 的清水、石油产品及其他无腐蚀性液体，可供城市给水、供热管道中途加压之用。流量范围为 $2.5\sim25\text{m}^3/\text{h}$，扬程 $4\sim20\text{m}$。BG 型管道泵性能曲线参见图 9-11。

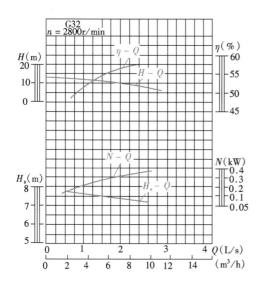

图 9-10　G32 型管道泵性能曲线图

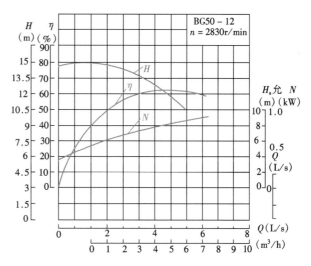

图 9-11　BG 型管道泵性能曲线图

9.3 真空泵与空气压缩机

9.3.1 真空泵

真空式气力输送系统中，要利用真空泵在管路中保持一定的真空度。在抽吸式吸入管段的大型装置中，启动时也常用真空泵抽气充水。常用的真空泵是水环式真空泵，水环式真空泵实际上是一种压气机，它抽取容器中的气体将其加压到高于大气压，从而能够克服排气阻力将气体排入大气。

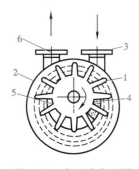

图 9-12 水环式真空泵
构造示意图
1—叶轮；2—泵壳；3—进气管；
4—进气空间；5—排气空间；
6—排气管

水环式真空泵的构造如图 9-12 所示，它是由泵壳、叶轮、进气口、排气口等组成。其工作原理是：叶轮偏心地安装在泵壳内，启动前泵内充一定量的水，叶轮旋转后，由于离心力的作用，水在泵腔内形成旋转水环。由于边界条件的约束，在图示方向旋转时，上部水环表面与轮毂相切，下部水环内表面脱离轮毂，在叶片间形成空腔。右半部沿旋转方向片间空腔逐渐增大，从吸入口吸入的空气压力逐渐降低；左半部片间空腔逐渐变小，空腔内的气体受到压缩，压力逐渐增大，最后从排气口排出。

真空泵在工作时应不断补充水，用来保证形成水环和带走摩擦引起的热量。

我国生产的水环式真空泵有 SZ 型和 SZB 型，前者最高压强可达 205.933kPa（作为压气机时用）。表 9-3 为 SZ 型水环式真空泵的性能简表。

SZ 型水环式真空泵的工作性能简表 表 9-3

| 型号 | 下列压强下的抽气量（m³/min） | | | | | 极限压强 (mmHg) | 电机功率 (kW) | 转速 (r/min) | 耗水量 (L/min) |
| | 760 | 465 | 304 | 152 | 76 | | | | |
	(mmHg)								
SZ-1	1.5	0.64	0.40	0.12		122	4	1450	10
SZ-2	3.4	1.65	0.95	0.25		98	10	1450	30
SZ-3	11.5	6.8	3.6	1.5	0.5	60	30	975	70
SZ-4	27.0	17.6	11	3	1	53	70	730	100

9.3.2 空气压缩机

空气具有可压缩性，经空气压缩机做机械运动使本身体积缩小、压力提高后的空气称为压缩空气。它是一种重要的动力源，有着无污染、清晰透明、输送方便、无害、易燃性小等显著的特点。

　　空气压缩机（简称：空压机）作为一种重要的能源产生形式，被广泛应用于生活生产的各个环节。随着工业和科技的发展，空压机在人们生活中的应用也越来越广泛了，例如应用在制冷的作用中，家中的冰箱、冰柜以及在大型农业公司中的冷库和恒温库中，通过能量的转化来达到制冷的目的。在一些工业相对发达的城市，空压机的应用就更为广泛了，制作食品的公司会用空压机来对原材料进行充分搅拌；建筑业上，建筑材料的调制也必然离不开空压机；坐公交车的时候，车门会自动打开和闭合，其实这也是应用了空压机的缘故。尤其是双螺杆式的空压机被广泛应用于机械、冶金、电子电力、医药、包装、化工、食品、采矿、纺织、交通等众多工业领域，成为压缩空气的主流产品。

　　空气压缩机就是把一个标准大气压的空气通过能量转化的方式输出，来满足用户需求的设备，能量转化一般可理解为机械能转为气体的能量。压缩机的排气压力一般大于0.3MPa，当排气压力小于0.3MPa时，一般称为风机。

　　空气压缩机的种类很多，通常按压缩方式分为动力式和容积式，动力式又分为透平式、离心式等；容积式分为活塞式、回转式等；按用途可分为冰箱压缩机，空调压缩机，制冷压缩机，门窗启闭用、纺织机械用、轮胎充气用、矿用、船用、医用、喷砂喷漆用压缩机等。

　　容积式压缩机是直接依靠改变气体容积来提高气体压力的压缩机。如回转式压缩机是由旋转元件的强制运动实现的。如图 9-13 所示分别是回转压缩机的各种典型结构示意图。滑片式压缩机是回转式变容压缩机，其轴向滑片在同圆柱缸体偏心的转子上作径向滑动，截留于滑片之间的空气被压缩后排出。罗茨双转子式压缩机属回转容积式压缩机，其中两个罗茨转子互相啮合从而将气体截住，并将其从进气口送到排气口。螺杆压缩机是回转容积式压缩机，其中两个带有螺旋形齿轮的转子相互啮合，使两个转子啮合处体积由大变小，从而将气体压缩并排出。

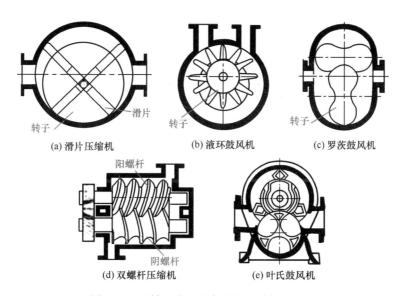

(a) 滑片压缩机　　　　(b) 液环鼓风机　　　　(c) 罗茨鼓风机

(d) 双螺杆压缩机　　　　(e) 叶氏鼓风机

图 9-13　回转压缩机的各种典型结构示意图

9.4 往复泵

往复泵是最早应用于实际工程中的一种液体输送机械，属于容积式水泵的一种。它是利用泵体工作室容积周期性地改变来输送液体并提高其能量。由于泵的主要工作部件（活塞与柱塞）的运动为往复式，故称为往复泵。目前由于离心泵的广泛应用，使往复泵的应用范围已逐渐缩小。但由于往复泵具有在水压急剧变化时仍能维持几乎不变的流量这一特点，使其仍有所应用。

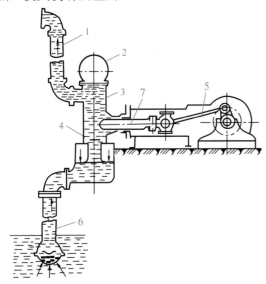

图 9-14 往复泵的工作示意图

1—压水管路；2—压水空气室；3—压水阀；4—吸水阀；
5—曲柄连杆机械；6—吸水管；7—柱塞

9.4.1 工作原理

如图 9-14 所示为往复泵的工作示意图。当柱塞通过曲柄连杆机构带动向右移动时，泵缸内容积逐渐增大，压力降低，上端的压水阀被压而关闭，下端的吸水阀便在吸水液面上大气压力作用下而打开，液体经吸水管进入泵缸，直到柱塞移动到右端顶点为止，完成了吸水过程。当柱塞从右端顶点向左移动时，泵缸容积逐渐减小，压力升高，出水阀受压被顶开，吸水阀被压而关闭，直到柱塞到达左端顶点为止，由此将水排出，进入压水管，完成了压水过程。如此往复运动，水就间歇而不间断地由吸水管吸入泵缸再由压水管排出。

柱塞往复一次，泵缸只吸入和排出一次水，这种泵称为单作用往复泵，也称单动泵。若活塞往复一次，泵缸完成两次吸水和排水，这种泵称为双作用往复泵，也称双动泵。

9.4.2 往复泵的性能参数

1. 流量

单作用活塞泵的理论流量（不考虑容积损失）Q_T 为：

$$Q_T = ASn \tag{9-2}$$

式中　　A——柱塞或活塞断面面积，m^2；

　　　　n——活塞每分钟的往返次数，次/min；

　　　　S——冲程，m。

对于双作用往复泵，在计算流量时要考虑活塞杆的截面积 a 对流量的影响，故双作用往复泵的理论流量为：

$$Q_T = (2A - a)Sn \tag{9-3}$$

实际上，由于有回流泄漏及吸入空气等因素的影响，泵的实际流量 Q 总是小于理论流量 Q_T。往复泵的实际流量为：

$$Q = \eta_v Q_T \tag{9-4}$$

式中　η_v——容积效率。

由式（9-2）可知，往复泵的流量与柱塞的冲程有关，如果柱塞单位时间内的往复次数恒定，则可以通过调节柱塞的冲程来改变泵的流量，同时也可以通过计量柱塞冲程数来计量泵的流量。计量泵就是利用调节冲程的调节器来显示流量。在水厂的自动投药系统中，可直接利用柱塞计量泵作为混凝剂溶液的投加设备，泵在投加药液的同时还能对所投加药液量进行较精确地控制。柱塞计量泵实际上是一种流量可以调节控制的柱塞式往复泵，流量的大小借助改变柱塞的行程和往复次数来进行调节。

2. 扬程

往复泵的扬程是依靠活塞的往复运动，将机械能以静压的形式直接传给液体。因此，其扬程与流量无关，理论上可达到无穷大值，这是它与离心泵不同的地方。它的实际扬程仅取决于管路系统所需要的总能量及水泵本身的设计强度，包括管路系统静扬程 H_{st}，吸、压水管道中的总水头损失 $\sum h$，即：

$$H = H_{st} + \sum h \tag{9-5}$$

式中　H_{st}——管道系统的静扬程值，m；

　　　$\sum h$——吸、压水管道的总水头损失，m。

从理论上来说，往复泵可以达到任意大的扬程，它的 Q_T-H_T 曲线是一条垂直于横坐标的直线，如图 9-15 中虚线所示。实际上由于受泵内机械强度和原动机功率的限制，泵的扬程不可能无限增大。同时在较高的增压下，漏损会加大，以致实际 Q-H 曲线向左略有偏移。应当指出往复泵的流量是不均匀的，因为活塞在一个行程中的位移速度总是从 0 到最大再减少到 0，然后重复，如此往复循环。在图 9-15 中 Q-H 曲线是按平均流量绘制的。

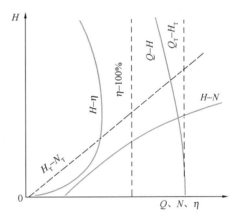

图 9-15　往复泵的性能曲线

往复泵在一定的往复次数工作时，理论流量 $Q_T = ASn$ 为定值，理论轴功率 $N_T = \gamma Q_T H_T$ 只与 H_T 有关，故 H_T-N_T 是一条通过原点的直线。实际的 H-N 曲线因高压头下流量有所减少而稍微向下弯曲，如图 9-15 所示，注意该图 N 和 η 尺度都标注在横坐标轴上。

效率曲线一般随 H 值的增加而下降。此外，当 H 很小时，由于有效功率很小而机械损失基本未变，以致效率下降很快。H-η 曲线也绘于图 9-15 中。

3. 往复泵的性能特点和应用

往复泵的性能特点可归纳为：（1）往复泵是一种高扬程、小流量的容积式水泵，可用作系统试压、计量等。（2）必须开阀启动，否则有损坏水泵、动力机和传动机构的可能。

（3）不能用闸阀调节流量，否则不但不能减小流量，反而增加动力机功率的消耗。（4）泵在启动时能把吸水管内的空气逐步吸入并排出，启动前不需充水。（5）在系统的适当位置设置安全阀，或其他调节流量的设施。（6）出水量不均匀，严重时运行中可能造成冲击和振动现象。

往复泵与离心泵相比，外形尺寸和重量都大，价格也高，结构较复杂，操作管理不便，所以多数使用场合被离心泵所代替。但特别适用于高扬程、小流量、输送黏性较大的液体，例如机械装置中的润滑设备和水压机等处。在小型锅炉房和供暖锅炉房中，常装设利用锅炉饱和蒸汽为动力的蒸汽活塞泵作为锅炉补给水泵。

9.5 贯流式风机

贯流式风机是莫蒂尔于 1892 年研制的。但是，差不多直到近代，这种形式的风机才获得广泛应用。

贯流式风机与轴流式或离心式风机工作方式不同，它有一个圆筒形的多叶叶轮转子，转子上的叶片互相平行且按一定的倾角沿转子圆周均匀排列，呈前向叶型，转子两端面是封闭的。叶轮的宽度没有限制，当宽度加大时，流量也增加。某些贯流式风机在叶轮内缘加设不动的导流叶片，以改善气流状态。气流沿着与转子轴线垂直的方向，从转子一侧的叶栅进入叶轮，然后穿过叶轮转子内部，第二次通过转子另一侧的叶栅，将气流排出，即气流横穿叶片两次，如图 9-16 所示。

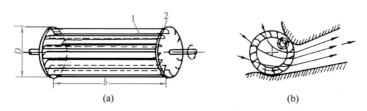

(a)　　　　　　　　　　　　　　　(b)

图 9-16　贯流式风机示意图

（a）贯流式风机结构示意图；（b）贯流式风机的气流

1—叶片；2—封闭端面

贯流式风机叶轮内的速度场是不稳定的，流动情况较为复杂。

贯流式风机的流量 Q 与叶轮直径 D_2、叶轮圆周速度 u 及叶轮宽度 b 成正比。即：

$$Q = \overline{\Phi} b D_2 u$$

式中，$\overline{\Phi}$ 称为流量系数，因叶轮宽度没有限制而加入了宽度 b 的因素，即 $\overline{\Phi} = \dfrac{Q}{b u D_2}$，

而不是一般离心风机所采用的 $\overline{Q} = \dfrac{Q}{3600 u \dfrac{\pi D^2}{4}}$，一般说来：

小流量风机 $\overline{\Phi} = 0 \sim 0.3$

中流量风机 $\overline{\Phi} = 0.3 \sim 0.9$

大流量风机 $\overline{\Phi} > 0.9$

显然，当叶轮宽度增大时，流量也随之增大。宽度增大，制造的技术要求也愈高。

贯流式风机的全压 $H = \dfrac{1}{2}\overline{H}\rho u^2$。

式中，$\overline{H}$ 称为压力系数，一般为 $0.8\sim3.2$。ρ 为气体密度。贯流式风机的全压系数较大，$Q\text{-}H$ 曲线是驼峰形的，效率较低，一般约为 $30\%\sim50\%$，图 9-17 是这种风机的无因次性能曲线。图中：

压力系数 $\overline{H} = \dfrac{H}{\dfrac{1}{2}\rho u^2}$

流量系数 $\overline{\Phi} = \dfrac{Q}{buD_2}$

功率系数 $\overline{N} = \dfrac{\overline{H}\cdot\overline{\Phi}}{\eta}$

静压系数 $\overline{H_j} = \dfrac{H_j}{\dfrac{1}{2}\rho u^2}$

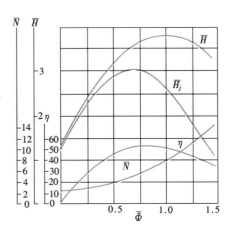

图 9-17　贯流式风机的
无因次性能曲线

由于它结构简单，具有薄而细长的出口截面，不必改变流动的方向等特点，使它适宜于安装在各种扁平或细长形的设备里，与建筑物相配合。如图 9-18 所示的贯流式风机，与其他风机相比，这种风机的动压较高、气流不乱、可获得扁平而高速的气流、并且气流到达的宽度比较宽等特点，使贯流式风机获得了许多用途。目前广泛应用在低压通风换气，空调工程，尤其在风机盘管、空气幕装置及小型废气管道抽风，车辆、电动机冷却及家用电器等设备上。

图 9-18　贯流式风机

贯流式风机至今还存在许多问题有待解决，特别是各部分的几何形状对其性能有重大影响。不完善的结构甚至导致风机完全不能工作。

一般贯流式风机的使用范围为：流量 $Q<500\mathrm{m^3/min}$，全压 $H<980\mathrm{Pa}$。

9.6　混　流　泵

混流泵是介于离心泵和轴流泵之间的一种泵，当原动机带动叶轮旋转后，对液体的作用既有离心力又有轴向推力，是离心泵和轴流泵的综合，液体斜向流出叶轮。混流泵的比转速高于离心泵，低于轴流泵，一般在 $300\sim500$ 之间。它的扬程比轴流泵高，但流量比轴流泵小，比离心泵大。它兼有离心泵和轴流泵优点，结构简单，高效区宽，使用方便。混流泵主要用于农业排灌，另外还用于城市排水，也可作为热电站循环水泵使用。

图 9-19　混流泵

按混流泵（图 9-19）出水室的不同，混流泵有蜗壳式和导叶式两种类型。蜗壳式混流泵有卧式和立式之分，其中以卧式应用较多；导叶式混流泵也有卧式和立式两种，其中立式混流泵与立式轴流泵类似。

中、小型混流泵多数属于蜗壳式，大型混流泵多数是导叶式。与轴流泵一样，混流泵的叶片一般是固定的，但大型导叶式混流泵的叶片可做成全调节式的。根据运行的需要，随时可调节叶片的安装角，以扩大其高效率运行范围。

混流泵与卧式离心泵和轴流泵相比其扬程低，流量大，所以叶轮形状比较特殊。由于叶轮的进口直径与出口直径相差较小，流道宽度与出口直径的比例相对较大，因此蜗壳的相对宽度比离心泵大。叶片从进口到出口均为扭曲形，叶片出口边倾斜，工作时产生离心力和推力，水流从叶轮出口流出的方向，既不是径向（如离心泵）也不是轴向（如轴流泵），而是介于二者之间的斜向，故混流泵也称为斜流泵。混流泵叶轮的形状：低比转数叶轮是封闭的，有前后盖板，与离心泵叶轮类似；高比转数叶轮是开敞式的，与轴流泵类似。

9.7　混流风机

混流风机又名斜流风机，是介于轴流风机和离心风机之间的风机。斜流风机的叶轮让空气既做离心运动又做轴向运动，壳内空气的运动混合了轴流与离心两种运动形式，所以叫混流。

混流（斜流）风机的特点有风压系数比轴流风机高，流量系数比离心风机大，可用在风压和流量都"不大不小"的场合。它填补了轴流风机和离心风机之间的空白，同时具备安装简单方便的特点。混流式风机结合了轴流式和离心式风机的特征，外形看起来更像传统的轴流式风机。机壳可具有敞开的入口，但更常见的情况是，它具有直角弯曲形状，使电机可以放在管道外部，排泄壳缓慢膨胀，以放慢空气或气体流的速度，并将动能转换为有用的静态压力。

SWF(B) 系列低噪节能混流通风机是介于轴流式和离心式通风机之间的一种新型风机，具有离心式风机的高压力，轴流风机的大流量，效率高，节能好，噪声低，安装方便等特点。风机设计新颖，结构紧凑，体积小，重量轻，易安装，转速小于 2000r/min，噪声低于 75dB，风机联接管道安装在空调箱内时，噪声小于 70dB。该系列混流通风机广泛应用于隧道、地下车库、高级民用建筑、冶金、厂矿等场所的通风换气及消防高温排烟等。如图 9-20 所示为混流风机外观图。

混流风机主要由叶轮、机壳、进口集流器、出口导流片、电动机等部件组成。机壳采用圆筒形，分三段法兰连接成整体，出口进口顺着气流连接管网，进口集风器制成收敛式流线型，装有吸音网板组成的整体结构，出口装有导流片，使出口气流有良好的气流分布，稳定的压力特性。

混流风机可作为一般通风换气用，使用条件如下：

（1）应用场所：作为一般工厂及建筑物的室内通风换气，既可用作输入气体，也可用作排出气体。

（2）输送气体的种类：空气和其他不可燃的气体，对人体无害、对钢材无腐蚀性的气体。

（3）气体内的杂质：气体内不允许有黏性物质，所含的尘土及硬质颗粒物不大于 $150mg/m^3$。

图 9-20　混流风机

（4）根据用户特殊需要还可以设计用磁电机传动，实现无级变速，满足变风量系统的要求。

（5）气体的温度：不超过 80℃。

单 元 小 结

本单元首先介绍了轴流泵与风机的基本构造、工作原理、性能曲线的特点及选用，同时还介绍了一些常用水泵和风机，如往复泵、管道泵、真空泵与空压机、贯流式风机、混流泵与混流风机的结构、适用场合、工作原理及性能特点。要求掌握轴流泵与风机的工作原理和性能曲线的特点；理解轴流泵与风机的基本构造，往复泵的构造、工作原理及性能；熟悉贯流式风机的特点和适用范围；了解管道泵、真空泵、空压机、混流泵与混流风机的构造及特点。

思 考 题 与 习 题

1. 简叙轴流式泵与风机的基本构造和工作原理。
2. 轴流式泵或风机为什么要"开闸运动"？
3. 离心水泵和轴流水泵在性能上有些什么差异？它们分别应用于什么场合？
4. 离心式通风机反转后，风流方向是否反过来？轴流式风机反转后，风流方向是否也反过来？为什么？
5. 某厂房通风所需要最大风压 $P_{max}=320Pa$，最小风压 $P_{min}=230Pa$，所需风量 $Q=80m^3/min$，试选择轴流式通风机。
6. 简述水环式真空泵的构造和工作原理。
7. 空压机主要用于哪些领域？
8. 管道泵与离心泵相比有哪些特点？
9. 贯流式风机的构造和工作原理与离心式、轴流式风机有何不同？
10. 简叙双作用活塞式往复泵的基本构造和工作原理。
11. 为什么说往复泵的扬程与流量无关？
12. 应用往复泵时，要注意些什么？
13. 简述混流泵的特点。
14. 简述混流风机的构造和特点。

参考文献

[1] 蔡增基，龙天渝．流体力学泵与风机[M].5版．北京：中国建筑工业出版社，2009.

[2] 周谟仁．流体力学泵与风机[M].3版．北京：中国建筑工业出版社，1994.

[3] 白桦．流体力学泵与风机[M].武汉：武汉理工大学出版社，2008.

[4] 刘家春．水泵与水泵站[M].2版．北京：中国建筑工业出版社，2014.

[5] 付祥钊．流体输配管网[M].4版．北京：中国建筑工业出版社，2018.

[6] 刘京，刘鹤年，陈文礼，等．流体力学[M].4版．北京：中国建筑工业出版社，2023.

[7] 文绍佑．水力学[M].2版．北京：中国建筑工业出版社，2004.

[8] 赵孝保．工程流体力学[M].南京：东南大学出版社，2004.